PLC 应用技术
（西门子 S7-1200）

主　编　孙　琳

副主编　陶　帅　王　璐　赵振鲁

参　编　张意如　徐　凯

北京理工大学出版社

BEIJING INSTITUTE OF TECHNOLOGY PRESS

内 容 提 要

本书紧贴岗位，围绕课程主旨，从工程开发的角度，系统地介绍了西门子S7-1200 PLC的硬件结构和组态、指令，博途软件的使用以及在综合案例中的典型应用。主要内容分为4个模块10个项目：S7-1200系统入门知识、S7-1200基础指令、S7-1200功能指令、S7-1200应用与提高。本书还在每一部分的编写中加入"电气控制系统安装与调试"全国职业技能大赛试题解析，扩展所学知识的深度和广度。

本书注重实际，强调应用，可以作为电气自动化技术、机械制造及其自动化、机电一体化、工业自动化等相近专业的PLC教材，也可以供工程技术人员自学和作为培训教材。

版权专有　侵权必究

图书在版编目（CIP）数据

PLC应用技术：西门子S7-1200 / 孙琳主编.--北京：北京理工大学出版社，2023.1

ISBN 978-7-5763-1862-3

Ⅰ.①P…　Ⅱ.①孙…　Ⅲ.①PLC技术—教材　Ⅳ.①TM571.61

中国版本图书馆CIP数据核字（2022）第222747号

出版发行 / 北京理工大学出版社有限责任公司
社　　址 / 北京市海淀区中关村南大街5号
邮　　编 / 100081
电　　话 / （010）68914775（总编室）
　　　　　　（010）82562903（教材售后服务热线）
　　　　　　（010）68944723（其他图书服务热线）
网　　址 / http://www.bitpress.com.cn
经　　销 / 全国各地新华书店
印　　刷 / 河北鑫彩博图印刷有限公司
开　　本 / 787毫米×1092毫米　1/16
印　　张 / 19
字　　数 / 450千字
版　　次 / 2023年1月第1版　2023年1月第1次印刷
定　　价 / 85.00元

责任编辑 / 钟　博
文案编辑 / 钟　博
责任校对 / 周瑞红
责任印制 / 王美丽

图书出现印装质量问题，请拨打售后服务热线，本社负责调换本书紧贴岗位技能需求，结合高职高专的人才培养目标，采用"项目引领、任务驱动"的教学模式，全书紧盯课程培养目标，以典型任务为主线，通过不同的工程项目和实例，将理论知识完全嵌入每一个实践项目，做到教、学、做的紧密结合。

本书以西门子 S7-1200 为例，系统地介绍了西门子 S7-1200 PLC 的硬件结构和组态、指令，博途软件的使用以及在综合案例中的典型应用。主要内容分为 4 个模块 10 个项目：S7-1200 系统入门知识、S7-1200 基础指令、S7-1200 功能指令、S7-1200 应用与提高。项目由多个任务组成，通过任务的逐一破解，体现了真实、完整的实际工作任务，充分体现了基于工作过程的全新教学理念，实现了教、学、做一体化的教学模式。在编写的过程中，编者将典型工作任务、全国职业技能大赛试题解析等有机地融入教材，力求最大限度地扩展知识的深度和广度。

本书由辽宁建筑职业学院和亚龙智能装备集团股份有限公司共同开发，由辽宁建筑职业学院孙琳教授担任主编，陶帅、王璐、赵振鲁（亚龙智能装备集团股份有限公司）任副主编，张意如、徐凯参编。具体分工如下：王璐负责模块一项目一、项目二的编写；孙琳负责模块二项目三、项目四的编写；陶帅负责模块三项目五、项目六的编写；徐凯负责模块三项目七的编写；赵振鲁负责模块四项目八的编写；张意如负责模块四项目九、项目十的编写。

限于编者的学识水平，书中难免存在错误、疏漏之处，在此，全体编写者殷切期望使用本书的各位读者给予批评指正。

编　者

CONTENTS 目录

CONTENTS

模块一
S7-1200系统入门知识

项目一　初识PLC控制系统
项目二　初识博途软件

项目一　初识 PLC 控制系统

任务一　恒压供水系统选型

任务目标

1. 了解 PLC 的发展历史；
2. 了解西门子系列 PLC 的特点；
3. 熟悉 S7-1200 硬件组成与工作原理；
4. 具备根据项目对 PLC 进行合适选型的能力；
5. 培养对 PLC 学习的专业认同感。

任务描述

恒压供水是一种水利系统的供水方式，能够保持供水压力的恒定，可使供水和用水之间保持平衡，即用水多时供水也多，用水少时供水也少，从而提高了供水的质量。那么如何使用 PLC 实现恒压供水呢？PLC 是什么？其结构如何？如何对 PLC 进行选型和设备拓展呢？

知识储备

一、PLC 的发展史

1. PLC 的产生

传统的继电接触器控制系统具有结构简单、价格低、操作容易、技术难度较小等优点，被长期广泛地应用在工业控制的各个领域。这种系统存在着以下缺点：

(1)继电器接点之间、接点与线圈之间存在着大量的连接导线，因而使控制功能单一，更改困难。

(2)大量的继电器元器件需集中安装在控制柜内，因而使设备体积庞大，不易搬运。

(3)继电器接点的接触不良、导线的连接不牢等会导致设备故障的大量存在，且查找、排除故障困难，使系统的可靠性降低。

(4)继电器动作时固有的电磁时间，使系统的动作速度较慢。

因此，继电接触器控制系统越来越不能满足现代化生产的控制要求，特别是当产品更新换代时，生产加工线发生改变，需要对旧的继电接触器控制系统进行改造，为此所带来的经济损失是相当大的。

20世纪60年代末期，美国汽车制造业竞争十分激烈，为了适应市场要求从少品种大批量生产向多品种小批量生产的转变，尽可能减少转变过程中继电接触器控制系统的设计制造时间，降低经济成本，1968年，美国通用汽车公司(General Motors，GM)公开招标，要求采用新的控制装置取代生产线上的继电接触器控制系统。其具体要求如下。

(1)程序编制、修改简单，采用工程技术语言。

(2)系统组成简单、维护方便。

(3)可靠性高于继电接触器控制系统。

(4)与继电接触器控制系统相比，体积小、能耗低。

(5)购买、安装成本可与继电器控制柜相竞争。

(6)能与中央数据收集处理系统进行数据交换，以便监视系统运行状态及运行情况。

(7)采用市电输入(美国标准系列电压值 AC 115 V)，可接受现场的按钮、行程开关信号。

(8)采用市电输出(美国标准系列电压值 AC 115 V)，具有驱动电磁阀、交流接触器、小功率电动机的能力。

(9)能以最少的变动及在最短的停机时间内，从系统的最小配置扩展到系统的最大配置。

(10)程序可存储，存储器容量至少能扩展到 4 000 B。

1969年，美国数字设备公司根据上述要求，首先研制出了世界上第一台可编程序控制器 PDP-14，用于美国通用汽车公司的生产线，取得了令人满意的效果。由于这种新型工业控制装置可以通过编程改变控制方案，且专门用于逻辑控制，所以人们称这种新的工业控制装置为可编程序逻辑控制器(Programmable Logic Controller，PLC)。

2. PLC 的发展

PLC 的出现引起了世界各国的普遍重视，日本日立公司从美国引进了 PLC 技术并加以消化后，于1971年试制成功了日本第一台 PLC；1973年德国西门子公司独立研制成功了欧洲第一台 PLC；我国从1974年开始研制 PLC 产品，1977年开始工业应用。

PLC 从产生到现在，已发展到第四代产品。其过程基本可分为如下阶段。

第一代 PLC(1969—1972年)：大多采用1位机开发，用磁芯存储器存储，只具有单一的逻辑控制功能，机种单一，没有形成系列化。

第二代 PLC(1973—1975年)：采用了8位微处理器及半导体存储器，增加了数字运算、传送、比较等功能，能实现模拟量的控制，开始具备自诊断功能，初步形成系列化。

第三代 PLC(1976—1983年)：随着高性能微处理器及位片式 CPU 在 PLC 中大量的使用，PLC 的处理速度大大提高，从而促使它向多功能及连网通信方向发展，增加了多种特殊功能，如浮点数的运算、三角函数、表处理、脉宽调制输出等，自诊断功能及容错技术发展迅速。

第四代 PLC(1983 年至今)：不仅全面使用 16 位、32 位高性能微处理器，高性能位片式 CPU，精简指令系统(Reduced Instruction Set Computer，RISC)等高级 CPU，而且在一台 PLC 中配置了多个微处理器，进行多通道处理，同时生产了大量内含微处理器的智能模块，使得第四代 PLC 产品成为具有逻辑控制功能、过程控制功能、运动控制功能、数据处理功能、联网通信功能的真正名副其实的多功能控制器。

正是由于 PLC 具有多种功能，并集三电(电控装置、电仪装置、电气传动控制装置)于一体，使得 PLC 在工厂中备受欢迎，用量高居首位，成为现代工业自动化的三大支柱(PLC、机器人、CAD/CAM)之一。

随着 PLC 的发展，其功能已经远远超出逻辑控制的范围，因而，"PLC"已不能描述其多功能的特点。1980 年，国际电气制造业协会(NEMA)给它起了一个新的名称，叫作"Programmable Controller"，简称 PC。由于 PC 这一缩写在我国早已成为个人计算机(Personal Computer)的代名词，为避免造成名词术语混乱，在我国仍沿用 PLC 表示可编程序控制器。

从 20 世纪 70 年代初开始，在 50 年左右的时间里，PLC 发展成了一个巨大的产业，据不完全统计，现在世界上生产 PLC 的厂商有 200 多家，生产 400 多个品种的 PLC 产品。其中在美国注册的厂商超过 100 家，生产 200 多个品种的 PLC；日本有 70 家左右的 PLC 厂商，生产 200 多个品种的 PLC；欧洲注册的厂商有十几家，生产几十个品种的 PLC。

目前生产 PLC 的厂商较多，但能配套生产，且大、中、小微型 PLC 均能生产的不算太多。较有影响的，且在中国市场中占有较大份额的公司如下。

(1)德国西门子公司。它有 SS 系列的产品，如 SS-95U、100U、115U、135U 及 155U，其中 135U、155U 为大型机，控制点数可达 60 000 多点，模拟量可达 300 多路，现在基本上退出了市场。后来又推出 S7 系列机，有 S7-200(小型)，S7-1200、S7-300(中型)，S7-1500 及 S7-400(大型)。

(2)日本三菱公司。其小型机 FI 系列前期在国内用得很多，后又推出 FX2 系列产品，性能有很大提高。它的中、大型机为 A 系列，如 AIS、AZC、A3A 等。

(3)日本 OMRON(欧姆龙)公司。它有 CPM2A/2C、CQM1 系列产品，内置 RS-232C 接口和实时时钟，并具有 PID 功能，CQMIH 是 CQMI 的升级产品。中型机有 C200H、C200HS、C200HX、C200HG、C200HE、CS1 系列。C200H 是前些年畅销的高性能中型机，配置齐全的 IO 模块和高功能模块具有较强的通信和网络功能。大型机有 C1000H、C2000H、CV(CV500/CV1000/CV2000/CVM1)等。C1000H、C2000H 可单机或双机热备运行，安装带电插拔模块，C2000H 可在线更换 IO 模块；CV 系列中除 CVM1 外，均可采用结构化编程，易读、易调试，并具有更强大的通信功能。OMRON 公司生产的 PLC 在中、小、微方面更具特长，在中国及世界市场都占有相当大的份额。

(4)美国莫迪康公司(施耐德)。其小型机 M238 和西门子的 S7-200 性能接近，编程平台是 SoMachine；M258，中型 PLC，与西门子的 S7-300 性能接近，但结构有所差异，编程平台是 SoMachine；M340，Premium 中型 PLC，与西门子的 S7-300 性能接近，编程平台是 Unitry；Quantumn，大型 PLC，与西门子的 S7-400 性能接近，编程平台是 Unitry。

(5)美国通用汽车公司、日本 FANAC 合资的 GE-FANAC 机型。有 90-20 系列小型机，型号为 211；90-30 系列中型机，其型号有 344、331、323、321 等多种；90-70 系列大型机，点数可达 24000 点。另外，还可有 8000 路的模拟量，它可以用软设定代替硬设定，结构化编程，有多种编程语言，有 914、781/782、771772、731/732 等多种型号。

我国的 PLC 研制、生产和应用发展也很快，尤其在应用方面更为突出。在 20 世纪 70 年代末和 80 年代初，我国随国外成套设备、专用设备引进了不少国外的 PLC。此后，在传统设备改造和新设备设计中，PLC 的应用逐年增多，并取得显著的经济效益，PLC 在我国的应用越来越广泛，对提高我国工业自动化水平起到了巨大的作用。目前，我国不少科研单位和工厂在研制与生产 PLC，如北京和利时集团、浙大中控集团、浙大中自集成控制股份有限公司、深圳顾美科技有限公司、厦门海为科技有限公司、深圳市汇川技术股份有限公司、上海正航电子科技有限公司、深圳合信自动化技术有限公司、无锡信捷电气股份有限公司等。

二、西门子系列简介

1. 西门子 PLC 简介

德国的西门子公司是欧洲最大的电子和电气设备制造商之一，生产的 SIMATIC 可编程序控制器在欧洲处于领先地位，最新的 SIMATIC 产品包括 SIMATIC S7、M7 和 C7 等几大系列。

SIMATIC S7 系列产品可分为通用逻辑模块（LOGO!）、微型 PLC（S7-200 系列）、中等性能系列 PLC（S7-300 系列）和高性能系列 PLC（S7-400 系列）4 个产品系列。近几年，西门子公司又推出了 S7-1200/1500 系列产品。从产品性能上看，S7-1200 相当于高端 S7-200 和低端 S7-300；S7-1500 相当于中高端的 S7-300、S7-400。西门子 S7 家族产品价格与 CPU 性能趋势（PLC 的 I/O 点数、运算速度、存储容量及网络功能）如图 1-1 所示。

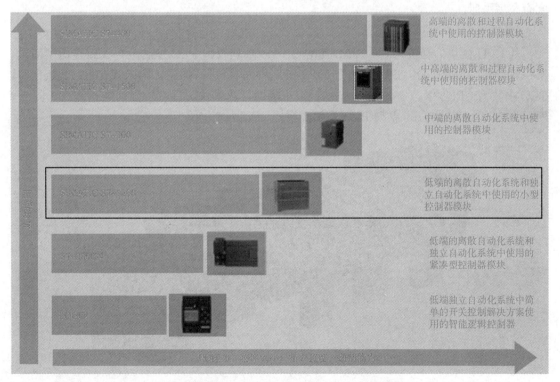

图 1-1　西门子 S7 家族产品价格与 CPU 性能趋势

LOGO 是西门子公司研制的通用逻辑模块，其外形如图 1-2 所示。LOGO 集成有控制功能（带背景光的操作和显示面板）、电源、用于扩展模块的接口［用于程序模块（插卡）的接口和 PC 电缆］、预组态的标准功能（如接通/断开延时继电器、脉冲继电器和软键）、定时器、数字量和模拟量标志、数字量/模拟量输入和输出、取决于设备的类型。无操作面板和显示单元的特殊型号，可用于小型机械设备、电气装置、控制柜及安装工程等。

图 1-2　LOGO 外形

LOGO 能做什么？一般来说可在家庭和安装工程中使用（如用于楼梯照明、室外照明、遮阳篷、百叶窗、商店橱窗照明等），也可在开关柜和机电设备中使用（如门控系统、空调系统或雨水泵等）。LOGO 还能用于暖房或温室等专用控制系统，用于控制操作信号，以及通过连接一个通信模块（如 AS-i）用于机器或过程的分布式就地控制。

目前的 LOGO 基本型有两个电压等级：

（1）等级 1（≤24 V）：如 12 V DC、24 V DC、24 V AC；

（2）等级 2（>24 V）：如 115～240 V AC/DC。

类型也只有两种：

（1）带显示：8 个输入和 4 个输出；

（2）无显示（"LOGO! Pure"）：8 个输入和 4 个输出。

LOGO 使用的是"Soft Comfort"（轻松软件），生成并且测试控制程序，模拟功能，一般配有文献手册。

2. S7-200 简介

从 CPU 模块的功能来看，SIMATIC S7-200 系列微型 PLC 发展至今大致经历了两代。第一代产品（21 版），其 CPU 模块为 CPU 21X，主机可进行扩展；第二代产品（22 版），其 CPU 模块为 CPU22X，是在 21 世纪初投放市场的，速度快，具有较强的通信能力。图 1-3 所示为 SIMATIC S7-200 系列 PLC 外部实物。

图 1-3　SIMATIC S7-200 系列 PLC 外部实物

SIMATIC S7-200（简称 S7-200）系列 PLC 适用各行各业，尤其是各种场合中的检测、监测及控制的自动化，在集散自动化系统中发挥了强大作用。其使用范围可涵盖从替代继电器的简单控制到更复杂的自动化控制，应用领域极为广泛，覆盖所有与自动检测、自动化控制有关的工业及民用领域中的设备，包括各种机床、机械、电力设施、民用设施、环境保护设备等，如冲压机床、磨床、印刷机械、橡胶化工机械、中央空调、电梯、运动系统。

S7-200 系列一体化小型机的优点：极高的可靠性，丰富的指令集，易于掌握，便捷的操作，丰富的内置集成功能，实时特性，比较强的通信能力，丰富的扩展模块等。

S7-200 系列 PLC 可提供 5 个不同的基本型号的 8 种 CPU 供使用。S7-200 CPU 的技术指标见表 1-1。

表 1-1　S7-200 CPU 的技术指标

特性	CPU 221	CPU 222	CPU 224	CPU 224XP	CPU 226
本机 I/O： • 数字量 • 模拟量	6 入/4 出	8 入/6 出	14 入/10 出	14 入/10 出 2 入/1 出	24 入/16 出
最大扩展模块数量	0 个模块	2 个模块	7 个模块	7 个模块	7 个模块
数据存储区	2 048 字节	2 048 字节	8 192 字节	10 240 字节	10 240 字节
掉电保持时间	50 小时	50 小时	100 小时	100 小时	100 小时
程序存储器： • 可在运行模式下编辑 • 不可在运行模式下编辑	4 096 字节 4 096 字节	4 096 字节 4 096 字节	8 192 字节 12 288 字节	12 288 字节 16 384 字节	16 384 字节 24 576 字节
高速计数器： • 单相 • 双相	4 路 30 kHz 2 路 20 kHz	4 路 30 kHz 2 路 20 kHz	6 路 30 kHz 4 路 30 kHz	4 路 30 kHz 2 路 20 kHz 3 路 20 kHz 1 路 100 kHz	6 路 30 kHz 4 路 30 kHz
脉冲输出(DC)	2 路 20 kHz	2 路 20 kHz	2 路 20 kHz	2 路 100 kHz	2 路 20 kHz
模拟电位器	1	1	2	2	2
实时时钟	配时钟卡	配时钟卡	内置	内置	内置
通信口	1×RS-485	1×RS-485	1×RS-485	2×RS-485	2×RS-485
浮点数运算	有	有	有	有	有
I/O 映像区	256 128 入/128 出	256 128 入/128 出	256 128 入/128 出	256 128 入/128 出	256 128 入/128 出
布尔指令执行速度	0.22 μs/指令	0.22 μs/指令	0.22 μs/指令	0.22 μs/指令	0.22 μs/指令
外形尺寸/mm	90×80×62	90×80×62	120.5×80×62	140×80×62	190×80×62

S7-200 系列 PLC 的数据存储区划分比较细，按存储器存储数据的长短可划分为字节存储器、字存储器和双字存储器 3 类。字节存储器有 7 个，分别是输入映像寄存器 I、输出映像寄存器 Q、变量存储器 V、位存储器 M、特殊存储器 SM、顺序控制继电器 S 和局部存储器 L；字存储器有 4 个，分别是定时器 T、计数器 C、模拟量输入寄存器 AI 和模拟量输出寄存器 AQ；双字存储器有 2 个，分别是累加器 AC 和高速计数器 HC。其寻址范围见表 1-2。

表 1-2　S7-200 系列 PLC 存储器寻址范围

技术规范	CPU 222 CN	CPU 224 CN	CPU 224XP CN	CPU 226 CN
用户程序大小： • 带运行模式下 • 不带运行模式下	4 kb 4 kb	8 kb 12 kb	12 kb 16 kb	16 kb 24 kb
用户数据大小	2 kb	8 kb	10 kb	10 kb
输入映像寄存器(I)	I0.0～I15.7	I0.0～I15.7	I0.0～I15.7	I0.0～I15.7
输出映像寄存器(Q)	Q0.0～Q15.7	Q0.0～Q15.7	Q0.0～Q15.7	Q0.0～Q15.7
模拟量输入寄存器(只读)	AIW0～AIW30	AIW0～AIW62	AIW0～AIW62	AIW0～AIW62
模拟量输出寄存器(只写)	AQW0～AQW30	AQW0～AQW62	AQW0～AQW62	AQW0～AQW62
变量存储器(V)	VB0～VB2047	VB0～VB8191	VB0～VB10239	VB0～VB10239
局部存储器(L)	LB0～LB63	LB0～LB63	LB0～LB63	LB0～LB63
位存储器(M)	M0.0～M31.7	M0.0～M31.7	M0.0～M31.7	M0.0～M31.7
特殊存储器(SM)	SM0.0～SM299.7	SM0.0～SM549.7	SM0.0～SM549.7	SM0.0～SM549.7
只读型	SM0.0～SM29.7	SM0.0～SM29.7	SM0.0～SM29.7	SM0.0～SM29.7
定时器	T0～T255	T0～T255	T0～T255	T0～T255
计数器	C0～C255	C0～C255	C0～C255	C0～C255
高速计数器	HC0～HC5	HC0～HC5	HC0～HC5	HC0～HC5
累加器	AC0～AC3	AC0～AC3	AC0～AC3	AC0～AC3

STEP 7-Micro win 编程软件为 S7-200 PLC 用户开发、编辑和监控自己的应用程序提供了良好的编程环境，其使用两个系列号的编程软件。

3. S7-1200 简介

SIMATIC S7-1200(简称 S7-1200)，是西门子公司在 2009 年正式推出的一款新产品，经过近几年的推广，市场使用情况良好，目前是西门子公司的主推产品之一。其外形如图 1-4 所示。

图 1-4　S7-1200 外形

S7-1200 控制器具有模块化、结构紧凑、功能全面等特点，适用多种应用场合，能够保障现有投资的长期安全。由于该控制器具有可扩展的灵活设计，符合工业通信最高标准的通信接口，以及全面的集成工艺功能，因此它可以作为一个组件集成在完整的综合自动化解决方案中。其优点如下。

(1)可扩展性强、灵活度高的设计。

1)信号模块：最大的 CPU 最多可连接 8 个信号模块，以便支持其他数字量和模拟量 I/O。

2)信号板：可将一个信号板连接至所有的 CPU，通过在控制器上添加数字量或模拟量 I/O 来自定义 CPU，同时不影响其实际大小。

3)内存：为用户程序和用户数据之间的浮动边界提供多达 50 kb 的集成工作内存，同时提供多达 2 Mb 的集成加载内存和 2 kb 的集成记忆内存。可选的 SIMATIC 存储卡可轻松转移程序供多个 CPU 使用，该存储卡也可用于存储其他文件或更新控制器系统固件。

(2)集成 PROFINET 接口。集成的 PROFINET 接口用于进行编程及 HMI 和 PLC-to-PLC 的通信。另外，该接口支持使用开放以太网协议的第三方设备。该接口具有可自动纠错的 RJ45 连接器，并提供 10/100 Mb/s 的数据传输速率。它支持多达 16 个以太网连接及以下协议：TCP/IP native、ISOonTCP 和 S7 通信。

(3)S7-1200 集成技术。S7-1200 具有进行计算和测量、闭环回路控制和运动控制的集成技术，是一个功能非常强大的系统，可以实现多种类型的自动化任务。其可用于速度、位置或占空比控制的高速输出：控制器集成了两个高速输出，可用作脉冲序列输出或调谐脉冲宽度的输出。

1)PLC open 运动功能块：支持控制步进电动机和伺服驱动器的开环回路速度和位置。

2)驱动调试控制面板：工程组态 SIMATIC STEP 7 Basic 中随附的驱动调试控制面板，简化了步进电动机和伺服驱动器的启动和调试操作。它提供了单个运动轴的自动控制和手动控制，以及提供在线诊断信息。

3)用于闭环回路控制的 PID 功能：最多可支持 16 个 PID 控制回路，用于简单的过程控制应用。

S7-1200 使用的编程软件 TIA 博途 V13 SP1 版本开始提供对硬件版本 4.0 以上产品的支持，但是支持的仿真器需要另外安装 S7-PLCSIM V13 SP1 以上版本才可以进行仿真。

4. S7-300/400 简介

SIMATIC S7-300/400(简称 S7-300/400)是西门子公司生产的中大型机，产品性能稳定，网络通信功能强大，程序简单，性价比高，目前广泛应用于工业自动化控制领域。其模块化结构、易于实现分布式的配置以及性价比高、电磁兼容性强、抗振动冲击性能好的特点，使其成功地应用于范围广泛的自动化领域。

S7-400 是用于中高端性能范围的可编程序控制器。S7-400 PLC 的主要特色：极高的处理速度、强大的通信性能和卓越的 CPU 资源裕量。它是功能强大的 PLC，适用于中高端性能控制领域。

其优点如下：解决方案满足最复杂的任务要求，具有分级功能的 CPU 以及种类齐全的模板，总能为其自动化任务找到最佳的解决方案；实现分布式系统和扩展通信能力都很简便，组成系统灵活自如；用户友好性强，操作简单，免风扇设计；随着应用的扩大，系统扩展无任何问题。

S7-300/400 可使用 STEP 7-Micro win V5.5 SP2 来编程，用 S7-PLCSIM V5.4 SP5 来实现仿真，同时，也可用 TIA 博途 V13 SP1 及以上版本来实现编程与仿真。

5. S7-1500 简介

SIMATIC S7-1500（简称 S7-1500）是 2013 年 3 月正式在中国推出的新一代 PLC。该系列专为中高端设备和工厂自动化设计。新一代控制器以高性能、高效率的优势脱颖而出，除卓越的系统性能外，该控制器还能集成一系列功能，包括运动控制、保障工业信息安全，以及可实现便捷安全应用的故障安全功能。集成于 TIA 博途的诊断功能通过简单配置即可实现对设备运行状态的诊断，简化工程组态，并降低项目成本。S7-1500 外形如图 1-5 所示。

图 1-5　S7-1500 外形

S7-1500 控制器目前包括 3 种型号的 CPU，分别是 1511、1513 和 1516，这 3 种型号适用于中端性能的应用。每种型号也都将推出 F 型产品（故障安全型），以提供安全应用，并根据端口数量、位处理速度、显示屏规格和数据内存等性能特点分成不同等级。根据自动化任务的需要，每个 CPU 最多可添加 32 个扩展模块，例如，通信和工艺模块或输入/输出模块，与 SIMATIC ET 200MP 架构相同。其主要优势如下。

（1）系统性能：高水平的系统性能和快速信号处理能够极大地缩短响应时间，加强控制能力。为达到这一目的，S7-1500 设置了高速背板总线，具有高波特率和高效的传输协议。点到点的反应时间不到 500 ms，位指令的运算时间最短可达 10 ns 之内（因 CPU 而异）。CPU 1511 和 CPU 1513 控制器设置两个 PROFINET 端口，CPU 1516 控制器设置 3 个端口：两个用于与现场级通信，第 3 个用于整合至企业网络。此外，集成 Web 服务器支持非本地系统和过程数据查询，以实现诊断。

（2）运动控制：在现场工艺方面，S7-1500 标准化的运动控制功能使其与众不同。这使得模拟量和 Profidrive 兼容驱动不需要其他模块就可以实现直接连接，支持速度和定位轴及编码器。

（3）工业信息安全：工业信息安全集成的概念从块保护延伸至通信完整性，帮助用户确保应用安全。集成的专有知识保护功能（如防止机器复制）能够帮助防止未授权的访问和修改。

（4）故障安全：S7-1500集成了故障安全功能。为实现故障安全自动化，配置了F型（故障安全型）的控制器，对标准和故障安全程序使用同样的工程设计与操作理念，用户在定义、修改安全参数的时候可以借助安全管理编辑器。

（5）设计处理：设计和处理以方便操作为前提，最大限度地实现用户友好性（对许多细节进行了创新，例如，SIMATIC控制器第一次安装了显示装置），并能显示普通文本信息，从而实现全工厂透明化。

（6）系统诊断：集成系统诊断具有强大的诊断功能，只需配置，不需要编程即可实现诊断。另外，显示功能实现了标准化。各种信息，如来自驱动器的信息或者相关的错误信息，都以普通文本信息的形式在CPU显示器上显示出来，在各种设备上，如TIA博途、人机界面（HMI）、Web服务器显示的信息都是一致的。

（7）使用TIA博途进行工程设计：西门子新的自动化设备都要集成到TIA博途工程设计软件平台，S7-1500控制器也不例外。该设计为控制器、HMI和驱动产品在整个项目中共享数据存储和自动保持数据一致性提供了标准操作的概念，同时，提供了涵盖所有自动化对象的强大的库。

三、S7-1200硬件组成

S7-1200 PLC控制系统硬件由CPU模块（简称CPU）、信号板、信号模块和通信模块组成。CPU模块、扩展模块及信号板如图1-6所示。

S7-1200CPU
家族及模块

图1-6　CPU模块、扩展模块及信号板

1. CPU模块

微处理器相当于人的大脑和心脏，它不断地采集输入信号，执行用户程序，刷新系统的输出，存储器用来储存程序和数据。

S7-1200的PRFINET接口用于与编程计算机、HMI（人机界面）、其他PLC或其他设备通信。此外，它还通过开放的以太网协议支持与第三方设备的通信。CPU模块具体技术参数见表1-3。

目前，S7-1200 PLC的CPU有5类：CPU 1211C、CPU 1212C、CPU 1214C、CPU 1215C和CPU 1217C。每类CPU模块又细分三种规格：DC/DC/DC、DC/DC/RLY和AC/DC/RLY。CPU模块供电电源类型（DC表示直流电源，AC表示交流电源）/输入电源类型（DC表示直流电源输入）/输出形式（DC表示晶体管输出，RLY表示继电器输出）AC/DC/RLY的含义是：CPU模块的供电电压是交流电，范围为120～240 V AC；输入电源是直流电源，范围为20.4～28.8 V DC；输出形式是继电器输出。

表 1-3　CPU 模块技术参数

特性	CPU 1211C	CPU 1212C	CPU 1214C	CPU 1215C	CPU 1217C
外形尺寸(mm×mm×mm)	90×100×75	90×100×75	110×100×75	130×100×75	150×100×75
工作存储器/装载存储器	50 kb/1 Mb	75 kb/2 Mb	100 kb/4 Mb	125 kb/4 Mb	150 kb/4 Mb
信号模块扩展个数	无	2	8	8	8
最大本地数字量 I/O 点数	14	82	284	284	254
最大本地模拟量 I/O 点数	13	19	67	69	69
高速计数器	最多可组态 6 个使用任意内置或信号板输入的高速计数器				
脉冲输出(最多 4 点)	100 kHz	100 kHz 或 30 kHz			1 MHz 或 100 kHz
上升沿/下降沿中断点数	6/6	8/8	12/12		
脉冲捕获输入点数	6	8	14		
传感器电源输出电流/mA	300	300	400		

2. 数字量 I/O 模块

数字量输入/数字量输出(DI/DQ)模块和模拟量输入/模拟量输出(AI/AQ)模块统称为信号模块。可以选用 8 点、16 点和 32 点的数字量输入/数字量输出模块(表 1-4),来满足不同的控制需要。继电器输出(双态)的 DQ 模块的每一点,可以通过有公共端子的一个常闭触点和一个常开触点,在输出值为 0 和 1 时,分别控制两个负载。

所有的模块都能方便地安装在标准的 35 mm DIN 导轨上。所有的硬件都配备了可拆卸的端子板,不用重新接线,就能迅速地更换组件。

表 1-4　数字量输入/输出模块

型号	型号
SM1221,8 输入 DC24V	SM1222,8 继电器输出(双态),2 A
SM1221,16 输入 DC24 V	SM1223,8 输入 DC 24 V/8 继电器输出,2 A
SM1222,8 继电器输出,2 A	SM1223,16 输入 DC 24 V/16 继电器输出,2 A
SM1222,16 继电器输出,2 A	SM1223,8 输入 DC 24 V/8 输出 DC 24 V,0.5 A
SM1222,8 输出 DC24 V,0.5 A	SM1223,16 输入 DC 24 V/16 输出 DC 24 V,0.5 A
SM1222,16 输出 DC24 V,0.5 A	SM1223,8 输入 AC 230V/8 继电器输出,2 A

3. 信号板

S7-1200 所有的 CPU 模块的正面都可以安装一块信号板,并且不会增加安装的空间。有时添加一块信号板,就可以增加需要的功能。例如数字量输出信号板使继电器输出的 CPU 具有高速输出的功能。

安装时首先取下端子盖板,然后将信号板直接插入 S7-1200 CPU 正面的槽内(图 1-7)。

信号板有可拆卸的端子,因此可以很容易地更换信号板。有下列信号板和电池板。

图 1-7　信号板安装

(1)SB 1221 数字量输入信号板，4 点输入的最高计数频率为 200 kHz。数字量输入、数字量输出信号板的额定电压有 DC24 V 和 DC5 V 两种。

(2)SB 1222 数字量输出信号板，4 点固态 MOSFET 输出的最高计数频率为 200 kHz。

(3)SB 1223 数字量输入/输出信号板，2 点输入和 2 点输出的最高频率均为 200 kHz。

(4)SB 1231 热电偶信号板和 RTD（热电阻）信号板，它们可选多种量程的传感器，分辨率为 0.1 ℃/0.19 ℉，15 位＋符号位。

(5)SB 1231 模拟量输入信号板，有一路 12 位的输入，可测量电压和电流。

(6)SB 1232 模拟量输出信号板，一路输出，可输出分辨率为 12 位的电压和 11 位的电流。

(7)CB 1241 RS-485 信号板，提供一个 RS-485 接口。

(8)B297 电池板，适用于实时时钟的长期备份。

S7-1200CPU
的扩展功能

4. 模拟量 I/O 模块

在工业控制中，某些输入量（如压力、温度、流量、转速等）是模拟量，某些执行机构（例如电动调节阀和变频器等）要求 PLC 输出模拟量信号，而 PLC 的 CPU 只能处理数字量。

模拟量首先被传感器和变送器转换为标准量程的电流或电压，如 4～20 mA 和±0～10 V，PLC 用模拟量输入模块的 A/D 转换器将它们转换成数字量。带正负号的电流或电压在 A/D 转换后用二进制补码来表示。模拟量输出模块的 D/A 转换器将 PLC 中的数字量转换为模拟量电压或电流，再去控制执行机构。模拟量 I/O 模块的主要任务就是实现 A/D 转换（模拟量输入）和 D/A 转换（模拟量输出）。

A/D 转换器和 D/A 转换器的二进制位数反映了它们的分辨率，位数越多，分辨率越高。模拟量输入/模拟量输出模块的另一个重要指标是转换时间。

(1)SM 1231 模拟量输入模块。有 4 路、8 路的 13 位模块和 4 路的 16 位模块。模拟量输入可选±10 V、±5 V 和 0～20 mA、4～20 mA 等多种量程。电压输入的输入电阻大于等于 9 Ω，电流输入的输入电阻为 280 Ω，双极性模拟量满量程转换后对应的数字为 −27 648～27 648，单极性模拟量为 0～27 648。

(2)SM 1231 热电偶和热电阻模拟量输入模块。有 4 路、8 路的热电偶（T）根块和 4 路、8 路的热电阻（RD）模块。可边多种量程的传感器，分辨率为 0.1 ℃/0.10 ℉，15 位＋符号位。

(3)SM 1232 模拟量输出模块。有 2 路和 4 路的模拟量输出模块，−10～＋10 V 电压输出为 14 位，最小负载阻抗 1 000 Ω。0～20 mA 或 4～20 mA 电流输出为 13 位，最大负载阻抗 600 Ω。−27 648～27 648 对应满量程电压，0～27 648 对应满量程电流。

电压输出负或为电阻时转换时间为 300 μs。负载为 1 μf 电容时转换时间为 750 μs。

电流输出负数为 1 mH 电感时，转换时间 600 μs，负载为 10 mH 电感时为 2 ms。

(4)SM 1234 4 路模拟量输入/2 路模拟量输出模块。

SM1234 模块的模拟量输入和模拟量输出通道的性能指标分别与 SM 1231 AI4×13 bit 模块和 SM 1232 AQ2×14 bit 模块的相同，相当于这两种模块的组合。

5. 相关设备

相关设备是为了充分和方便地利用系统硬件与软件资源而开发及使用的一些设备，主要有编程设备、人机操作界面等。

(1)编程设备主要用来进行用户程序的编制、存储和管理等，并将用户程序送入 PLC，在调试过程中，进行监控和故障检测。S7-1200 PLC 的编程软件为 TIA Portal。

(2)人机操作界面主要是指专用操作员界面，常见的如触摸面板、文本显示器等，用户可以通过该设备轻松地完成各种调整和控制任务。

任务实施

恒压供水系统通过安装在用户供水管道上的压力变送器实时地测量参考点的水压，检测管网出水压力，并将其转换为 4～20 mA 或者 0～10 V 的电信号，此检测信号是实现恒压供水的关键参数。由于电信号为模拟量，故必须通过 PLC 的 A/D 转换模块才能读入并与设定值进行比较，将比较后的偏差值进行 PID 运算，再将运算后的数字信号通过 D/A 转换模块转换成模拟信号作为变频器的输入信号，控制变频器的输出频率，从而控制电动机的转速，进而控制水泵的供水流量，最终使用户供水管道上的压力恒定，实现变频恒压供水。其工作原理如图 1-8 所示。

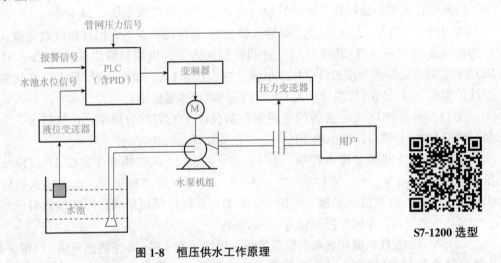

S7-1200 选型

图 1-8 恒压供水工作原理

一、CPU 的选型

1. 根据信号模块扩展情况选型

根据恒压供水工作原理的描述，该任务需要实现现场采集模拟量和 CPU 处理数字量的转换，因此，需要扩展 A/D 转换模块、D/A 转换模块，对 CPU 的要求是信号模块至少可以扩展为 2 个，根据表 1-3，可知道 1211C 无法扩展信号模块，因此可以选择除 1211C 外的 4 个型号的 CPU，若为了系统扩容方便，为扩展留裕量，本项目 CPU 可在 1212C、1214C、1215C、1217C 中进行选择。

2. 根据输入输出点数选型

根据任务要求，对 I/O(输入/输出)端进行了分配，分配表见表 1-5，可以看出 CPU 需要输入端子9个、输出端子5个。根据表1-5，可知道1211C最大本地数字量I/O点数为14个，刚好符合，但无预留裕量，因此可以选择除1211C外的1212C、1214C、1215C、1217C 4个型号的CPU。

表1-5　I/O(输入/输出)分配表

输入信号		输出信号	
启动	I0.0	变频器启动	Q0.0
停止	I0.1	变频器复位信号	Q0.1
变频器复位	I0.2	电动机正转信号	Q0.2
变频器报警	I0.3	KM1	Q0.3
水池水位上限位	I0.4	报警信号	Q0.4
水池水位下限位	I0.5		
M1 变频	I0.6		
M1 工频	I0.7		
变送器模拟信号	I1.0		

二、模拟量扩展方式

1. PLC 自带模拟量输入

以1214C为例(参考表1-3)，本身CPU自带两路模拟量输入，本项目中模拟量为水压值，因此，CPU自带模拟完全可以满足设计要求，可以不进行扩展。

2. 信号板扩展

模拟量也可以通过信号板进行扩展，如图1-9所示。本项目可以选用SB 1231模拟量输入信号板。

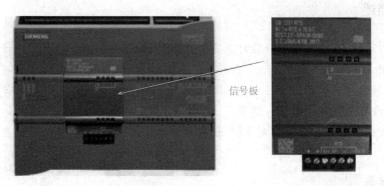

信号板

图1-9　信号板扩展

3. 模拟量模块扩展

模拟量扩展的第三种方式为模块扩展，可以根据项目的不同，利用SM1231、SM1232、SM1234按需选择，进行扩展(图1-10)。

图 1-10　模拟量模块扩展

任务二　　彩灯控制硬件装配

≫任务目标

1. 了解 S7-1200 PLC 的外部结构;
2. 掌握 S7-1200 系列连线方法;
3. 能够根据不同任务要求进行系统硬件接线;
4. 遵循安全规范,养成良好的硬件装配习惯。

任务描述

我们可以通过 PLC 来实现一盏灯点亮与熄灭的控制,这是利用 PLC 进行开关量控制的一个简单应用。要求如下。

(1)按下按钮 SB1,彩灯 HL 点亮。

(2)按下按钮 SB2,彩灯 HL 熄灭。

要想完成这个任务,首先要对 PLC 进行硬件接线装配,如何对 PLC 进行接线呢?

知识储备

一、S7-1200 PLC 的外部结构

S7-1200 PLC 的 CPU 模块将微处理器、集成电源、模拟量 I/O 点和多个数字量 I/O 点

集成在一个紧凑的盒子中，形成功能比较强大的 S7-1200 系列微型 PLC，如图 1-11 所示。以下按照图中序号顺序介绍其外部的各部分的功能。

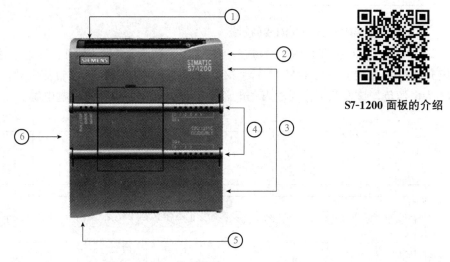

S7-1200 面板的介绍

图 1-11　PLC 外部结构

①电源接口。用于向 CPU 模块供电的接口，有交流和直流两种供电方式。

②存储卡插槽。位于上部保护盖下面，用于安装 SIMATIC 存储卡。

③接线连接器。也称为接线端子，位于保护盖下面。接线连接器具有可拆卸的优点，便于 CPU 模块的安装和维护。

④板载 I/O 的状态 LED。通过板载 I/O 的状态 LED 指示灯(绿色)的点亮或熄灭，指示各输入或输出的状态。

⑤集成以太网口(PROFINET 连接器)。位于 CPU 的底部，用于程序下载、设备组网。这使得程序下载更加方便快捷，节省了购买专用通信电缆的费用。

⑥运行状态 LED。用于显示 CPU 的工作状态，如运行状态、停止状态和强制状态等，详见表 1-6。

表 1-6　S7-1200 PLC 的 CPU 状态 LED 含义

说明	STOP/RUN(黄色/绿色)	ERROR(红色)	MAINT(黄色)
断电	灭	灭	灭
启动、自检或固件更新	闪烁(黄色和绿色交替)	—	灭
停止模式	亮(黄色)	—	—
运行模式	亮(绿色)	—	—
取出存储卡	亮(黄色)	—	闪烁
错误	亮(闪烁黄色或绿色)	闪烁	—
请求维护 强制 I/O 需要更换电池(如果安装了电池板)	亮(黄色或绿色)	—	亮
硬件出现故障	亮(黄色)	亮	灭
LED 测试或 CPU 固件出现故障	闪烁(黄色和绿色交替)	闪烁	闪烁
CPU 组态版本未知或不兼容	亮(黄色)	闪烁	闪烁

二、CPU 1214C 的接线

1. CPU 1214C(AC/DC/RLY)接线

CPU 1214C(AC/DC/RLY)接线，如图 1-12 所示。在图中 L1、N 端子接交流电源，电压允许范围为 120～－240 V。L＋、M 为 PLC 向外输出 24 VDC 直流电源，L＋ 为电源正，M 为电源负，该电源可作为输入端电源使用，也可作为传感器供电电源。

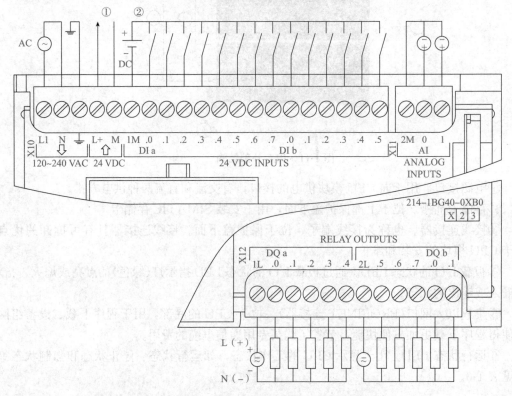

图 1-12　CPU 1214C(AC/DC/RLY)接线

(1)输入端子 CPU 1214C 共有 14 点输入，端子编号采用 8 进制。输入端子为 Ia.0～Ia.7、Ib.0～Ib.5，公共端为 1 M。

(2)输出端子 CPU 1214C 共有 10 点输出，端子编号也采用 8 进制。输出端子共分 2 组。Q0.0～Q0.4 为第一组，公共端为 1L；Qa.5～Qb.1 为第二组，公共端为 2L。根据负载性质的不同，输出回路电源支持交流和直流。

2. CPU 1214C(DC/DC/DC)接线

CPU 1214C(DC/DC/DC)接线如图 1-13 所示。在图中，电源为 DC24 V，输入点接线与 CPU 1214C（AC/DC/RLY）相同。不同点在于输出点的接线，输出端共分 1 组。Qa.0～Qb.1 为第一组，公共端为 3L＋、3M。根据负载性质的不同，输出回路电源只支持直流电源。

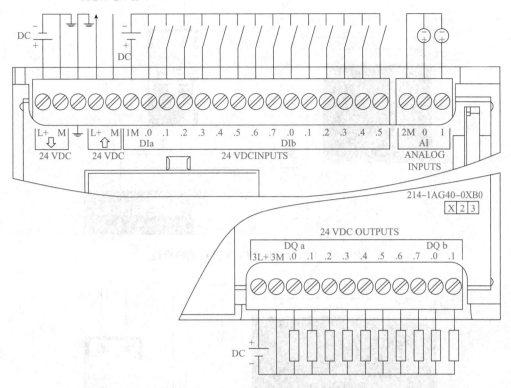

24 V DC传感器电源输出

214-1AG40-0XB0

图 1-13　CPU 1214C(DC/DC/DC)接线

　　"1 M"是输入端的公共端子，与 24 V DC 电源相连，电源有两种连接方法，对应 PLC 的 NPN 型和 PNP 型接法。当电源的负极与公共端子相连时，为 PNP 型接法。PNP 型和 NPN 型接法往往不容易区分，经常混淆，掌握以下方法，就不容易出错。把 PLC 作为负载，以输入开关(通常为接近开关)为对象，若信号从开关流出(信号从开关流出，向 PLC 流入)，则 PLC 的输入为 PNP 型接法，把 PLC 作为负载，以输入开关(通常为接近开关)为对象，若信号从开关流入(信号从 PLC 流出，向开关流入)，则 PLC 的输入为 NPN 型接法。

三、S7-1200 PLC 实物接线

1. CPU 1214C DC/DC/DC 电源接线

CPU 1214C DC/DC/DC 电源接线如图 1-14 所示。

开关电源：L 接火线，N 接零线。通过开关电源把 AC 220 V 转换为 DC 24 V。V＋为 24 V，V－为 0 V。

电源接线：S7-1200 PLC 电源接线柱 L＋接开关电源 V＋(24 V)端，接线柱 M 接开关电源 V－(0 V)端。

2. CPU 1214C AC/DC/RLY 电源接线

CPU 1214C AC/DC/RLY 电源接线如图 1-15 所示。

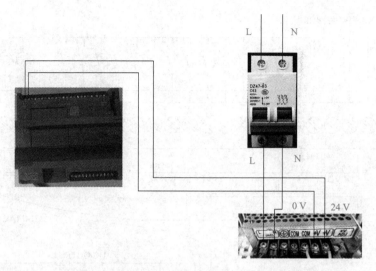

图 1-14　CPU 1214C DC/DC/DC 电源接线

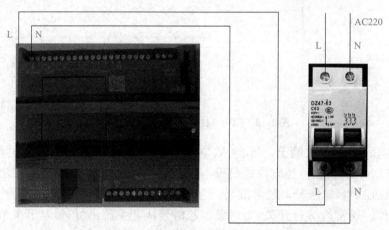

图 1-15　CPU 1214C AC/DC/RLY 电源接线

电源接线：S7-1200 PLC 电源接线柱 L1 接断路器的出线端的火线 L，S7-1200 PLC 电源接线柱 N 接断路器的出线端的零线 N。断路器的进线端分别接一根火线和零线，L 为火线，N 为零线。

3. CPU 1214C DC/DC/DC 输入接线

CPU 1214C DC/DC/DC 输入接线如图 1-16 所示。

电源接线：S7-1200 PLC 电源接线柱 L＋接开关电源 V＋(24 V)端，接线柱 M 接开关电源 V－(0 V)端。

输入接线：输入公共端 1M 短接到开关电源的 V－。按钮开关 SB1 常开触点 24 接 24 V，23 接端子 I0.0；行程开关 SQ1 常开触点 4 接 24 V，3 接端子 I0.1；PNP 型光电开关的棕色电源线接 24 V，蓝色线接 0 V，黑色信号线接端子 I0.2。

4. CPU 1214C AC/DC/RLY 输入接线

CPU 1214C AC/DC/RLY 输入接线如图 1-17 所示。

电源接线：S7-1200 PLC 电源接线柱 L1 接断路器的出线端的火线 L，接线柱 N 接断路器的出线端的零线 N。断路器的进线端分别接一根火线和零线。

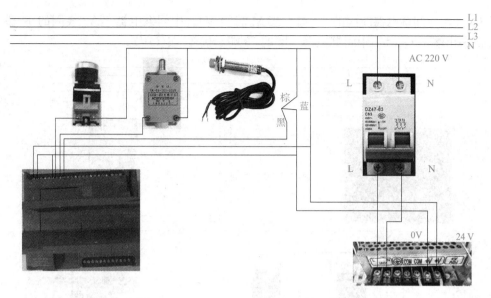

图 1-16　CPU 1214C DC/DC/DC 输入接线

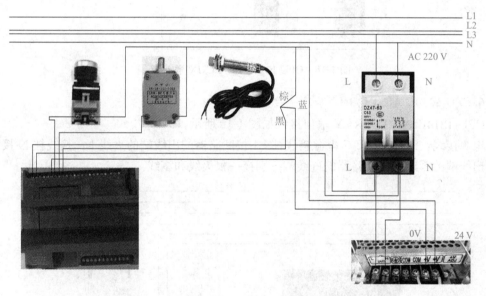

图 1-17　CPU 1214C AC/DC/RLY 输入接线

　　输入接线：输入公共端 1M 短接到开关电源的 V−。按钮开关 SB1 常开触点 24 接开关电源 V+（24 V），23 接端子 I0.0；行程开关 SQ1 常开触点 4 接开关电源 V+（24 V），3 接端子 I0.1；PNP 型光电开关的棕色电源线接开关电源 V+（24 V），蓝色线接 V−（0 V），黑色信号线接端子 I0.2。

5. CPU 1214C DC/DC/DC 输出接线

　　CPU 1214C DC/DC/DC 输出接线如图 1-18 所示。

　　电源接线：S7-1200PLC 电源接线柱 L+接开关电源 V+，接线柱 M 接开关电源 V。PLC 的 3L+接 V+，3M 接 V−。

　　输出接线：3L+接 V+，3M 接 V−。中间继电器 KA1 线圈的 14 端子接 PLC 的输出

端子 Q0.0，中间继电器线圈的 13 端子接 M 端（0 V）。中间继电器 KA2 线圈的 14 端子接
PLC 的输出端子 Q0.1，中间继电器线圈的 13 端子接 M 端（0V）。

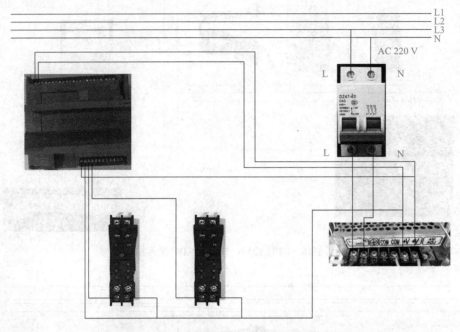

图 1-18　CPU 1214C DC/DC/DC 输出接线

6. CPU 1214C AC/DC/RLY 输出接线

CPU 1214C AC/DC/RLY 输出接线如图 1-19 所示。

电源接线：S7-1200 PLC 电源接线柱 L1 接断路器的出线端的火线 L，接线柱 N 接断路
器的出线端的零线 N。断路器的进线端分别接一根火线和零线。

图 1-19　CPU 1214C AC/DC/RLY 输出接线

输出接线：输出公共端 1L，接断路器 L。交流接触器 KM1 线圈端子 A1 接 PLC 的输出端子 Q0.0，交流接触器 KM1 端子 A2 接断路器的出线端的零线 N。交流接触器 KM2 线圈端子 A1 接 PLC 的输出端子 Q0.1，交流接触器 KM1 端子 A2 接断路器的出线端的零线 N。

7. CPU 1214C DC/DC/DC 输入和输出接线

CPU 1214C DC/DC/DC 输入和输出接线如图 1-20 所示。

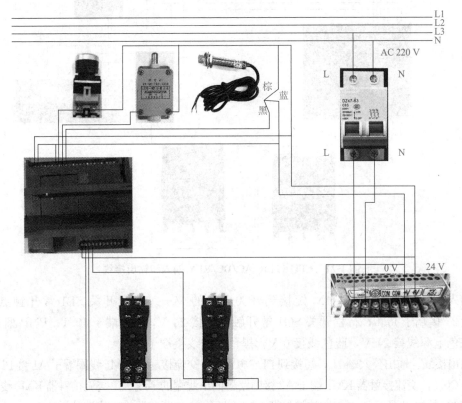

图 1-20　CPU1214C DC/DC/DC 输入和输出接线

电源接线：S7-1200 PLC 电源接线柱 L＋接开关电源 V＋，接线柱 M 接开关电源 V－。PLC 的 3L＋接 L＋，3M 接 M。

输入接线：输入公共端 1M 接按钮开关 SB1 常开触点 24 接 24 V，23 接端子 I0.0；行程开关 SQ1 常开触点 4 接 24 V，3 接端子 I0.1；PNP 型光电开关的棕色电源线接 24 V，蓝色线接 0 V，黑色信号线接端子 I0.2。

输出接线：输出公共端 3M 短接到开关电源 V－，输出公共端 3L＋短接到开关电源 V＋。中间继电器 KA1 线圈的 14 端子接 PLC 的输出端子 Q0.0，中间继电器线圈的 13 端子接 M 端(0 V)。中间继电器 KA2 线圈的 14 端子接 PLC 的输出端子 Q0.1，中间继电器线圈的 13 端子接 M 端(0 V)。

8. CPU 1214C AC/DC/RLY 输入和输出接线

CPU 1214C AC/DC/RLY 输入和输出接线如图 1-21 所示。

电源接线：S7-1200 PLC 电源接线柱 L1 接断路器的出线端的火线 L，接线柱 N 接断路器的出线端的零线 N。断路器的进线端分别接一根火线和零线。

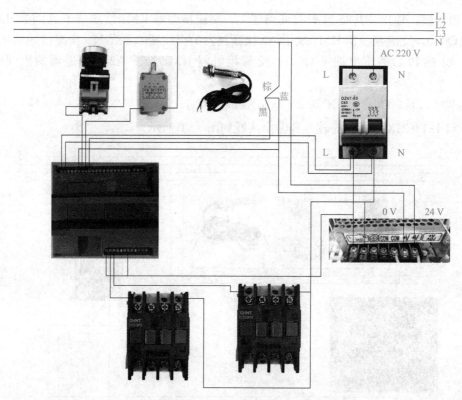

图 1-21　CPU 1214C AC/DC/RLY 输入和输出接线

输入接线：输入公共端 1M 短接到开关电源的 V－。按钮开关 SB1 常开触点 24 接 24 V，23 接端子 I0.0；行程开关 SQ1 常开触点 4 接 24 V，3 接端子 I0.1；PNP 型光电开关的棕色电源线接 24 V，蓝色线接 0 V，黑色信号线接端子 I0.2。

输出接线：输出公共端 1L，短接到 PLC 电源 L。交流接触器 KM1 线圈端子 A1 接 PLC 的输出端子 Q0.0，交流接触器 KM1 端子 A2 接断路器的出线端的零线 N。交流接触器 KM2 线圈端子 A1 接 PLC 的输出端子 Q0.1，交流接触器 KM1 端子 A2 接断路器的出线端的零线 N。

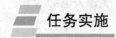 **任务实施**

一、I/O(输入/输出)分配

根据任务要求，输入设备为两个按钮即开关，负责灯的点亮、熄灭，输出设备即一盏灯。PLC 的 I/O 分配见表 1-7，CPU 选择为 1214C AC/DC/RLY。

表 1-7　PLC 的 I/O 分配

输入		输出	
设备名称及编号	PLC 端子编号	设备名称及代号	PLC 端子编号
启动按钮 SB1	I0.0	灯	Q0.0
停止按钮 SB2	I0.1		

二、PLC 硬件外部接线

PLC 硬件外部接线如图 1-22 所示。

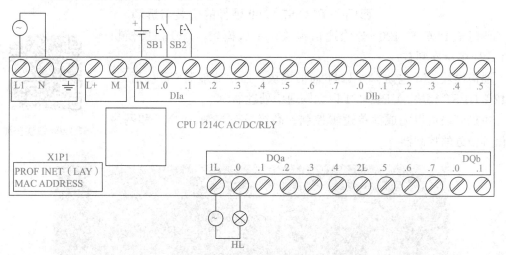

图 1-22　PLC 硬件外部接线

三、实物接线

实物接线如图 1-23 所示。

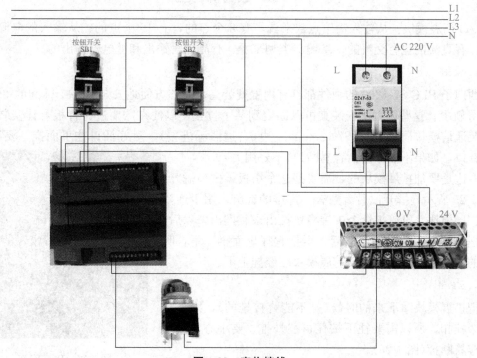

图 1-23　实物接线

西门子 PLC S7-1200 硬件的安装与拆卸

西门子 PLC S7-1200 分为通信模块、主机模块、I/O 拓展模块（图 1-24 中从左到右）。

通信模块 CM 包括 CM 1241 通信模块，通信处理器 CP 包括 CP 1242-7 GPRS 模块、CP1243-1 以太网通信处理器。

主机模块可以完成简单逻辑控制、高级逻辑控制、HMI 和网络通信等任务的控制器。

S7-1200 模块安装

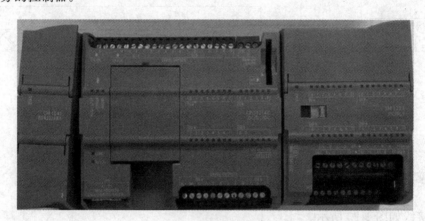

图 1-24　PLC 各模块实物

I/O 拓展模块：从输入输出点数来看，有 8 个点的，有 16 个点的；从输入的电源类型来看，有直流的也有交流的；从输出类型来看，有晶体管输出和继电器输出的。

1. 安装

西门子 PLC S7-1200 的硬件都具有内置安装夹，能够方便地安装在一个标准的 35 mm DIN 导轨上。这些内置的安装夹可以固定到某个位置，以便在需要进行背板悬挂安装时提供安装通信模块插在 PLC S7-1200 的左边（右边插不进去），对好插口往里面推，要注意：这个针口，如果不插好的话容易断掉（不好用力）。

右边是要加扩展模块的，需要把这个小板子撬掉撬开。如图 1-25 所示，撬开以后看到有一排排的针脚，用于连接这个扩展模块，可以把这个扩展模块推出来，推出来以后，直接把它对上去，对好了以后，再把它往里面推一下，听到咔的一声，这就代表这个扩展模块已经挂上了。

2. 拆卸

把扩展模块拿下来的时候（是不能直接推的），因为里面有个挂扣，所以需要往下按住再往外推，要小心，这个挂扣容易断掉（图 1-26）。

图 1-25　PLC 安装

图 1-26　PLC 拆卸

知识拓展

PLC 之父——迪克·莫利（Dick Morley）

1964 年，莫利还是一名在办公室里朝九晚五地设计飞机、原子弹和通信系统的年轻工程师。

1968 年 1 月 1 日的前一天晚上，莫利喝醉了。但就在这个宿醉的新年早晨，他开始起草一个直接促使 PLC 发明的备忘录。

莫利回忆道："对这件事我印象最深的是我喝醉了。当时我还要做一个系统解决方案提案，这个提案已经比原定提交时间推迟了两周。我想我厌倦了！所以我没有做那个提案，而是在那天写下了整个可编程控制器。"

莫利对他想要的这个可编程控制器有非常清晰的概念：

(1)没有过程中断；

(2)直接映射到存储器；

(3)无须软件处理重复的事件；

(4)慢(莫利后来认识到这是个错误)；

(5)真正有效的稳健的设计；

(6)语言(几个月后梯形逻辑出现)。

莫利拿这个备忘录给贝德福德公司的团队看，包括迈克·格林伯格(Mike Greenberg)、乔纳斯·兰道和汤姆·博伊塞文(Tom Boissevain)。他们一起设计这个模块化、稳健且不间断使用的元件。他们称它为 084，因为它是贝德福德公司的第 84 个项目。

项目二 初识博途软件

>> **任务目标**

1. 掌握博途软件的各项功能；
2. 会使用博途软件对程序进行调试；
3. 培养严谨的工作素养。

任务描述

启—保—停控制指令，是 PLC 控制系统中一个常用程序块，如何使用博途软件完成指令调试呢？

知识储备

一、TIA 博途软件简介

TIA 博途软件是西门子新推出的，面向工业自动化领域的新一代工程软件平台，主要包括 SIMATIC STEP 7、SIMATIC WinCC 和 SINAMICS StartDrive 3 个部分。TIA 博途软件对计算机系统的操作系统的要求比较高。专业版、企业版或旗舰版的操作系统是必备的条件，不支持家庭版操作系统，Windowns 7(32 位)的专业版、企业版或旗舰版都可以安装 TIA 博途软件，但由于 32 位操作系统只支持不到 4 GB 内存，所以不推荐安装，推荐用 64 位的操作系统安装。

二、TIA 博途视图与项目视图

1. 项目视图

项目视图是项目所有组件的结构化视图，如图 2-1 所示。项目视

S7-1200 博途软件
界面介绍

28

图是项目组态和编程的界面。

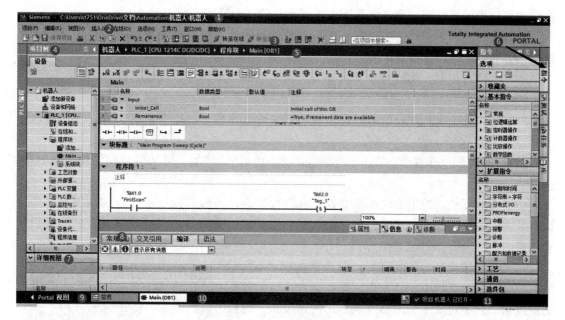

图 2-1 项目视图界面

（1）标题栏。项目名称显示在标题栏中，如图 2-1 所示的"1"处的"机器人"。

（2）菜单栏。菜单栏如图 2-1 所示的"2"处，包含工作所需的全部命令。

（3）工具栏。工具栏如图 2-1 所示的"3"处，工具栏提供了常用命令的按钮，可以更快地访问"复制""粘贴""上传"和"下载"等命令。

（4）项目树。项目树如图 2-1 所示的"4"处，使用项目树功能，可以访问所有组件和项目数据。可在项目树中执行以下任务：添加新组件；编辑现有组件；扫描和修改现有组件的属性。

（5）工作区。工作区如图 2-1 所示的"5"处，在工作区内显示打开的对象。例如，这些对象包括编辑器、视图和表格。

在工作区可以打开若干个对象，但通常每次在工作区中只能看到其中一个对象。在编辑器栏中，所有其他对象均显示为选项卡。如果在执行某些任务时要同时查看两个对象，则可以水平或垂直方式平铺工作区，或浮动停靠工作区的元素。如果没有打开任何对象，则工作区是空的。

（6）任务卡。任务卡如图 2-1 所示的"6"处，根据所编辑对象或所选对象，提供了用于执行附加操作的任务卡。这些操作包括从库中或者从硬件目录中选择对象；在项目中搜索和替换对象；将预定义的对象拖拽到工作区。

在屏幕右侧的条形栏中可以找到可用的任务卡，可以随时折叠和重新打开这些任务卡。

这些任务卡可用取决于所安装的产品。比较复杂的任务卡会划分为多个窗格，这些窗格也可以折叠和重新打开。

（7）详细视图。详细视图如图 2-1 所示的"7"处，详细视图中显示总览窗口或项目树中所选对象的特定内容，其中可以包含文本列表或变量，但不显示文件夹的内容。要显示文件夹的内容，可使用项目树或巡视窗口。

（8）巡视窗口。巡视窗口如图 2-1 所示的"8"处，对象或所执行操作的附加信息均显示在巡视窗口中。巡视窗口有 3 个选项卡：属性、信息和诊断。

1）"属性"选项卡。此选项卡显示所选对象的属性。可以在此处更改可编辑的属性。属性的内容非常丰富，应重点掌握。

2）"信息"选项卡。此选项卡显示有关所选对象的附加信息以及执行操作（例如编译）时发出的报警。

3）"诊断"选项卡。此选项卡中提供有关系统诊断事件、已组态消息事件以及连接诊断的信息。

（9）切换到 Portal 视图。Portal 视图如图 2-1 所示的"9"处，可从项目视图切换到 Poral 视图。

（10）编辑器栏。编辑器栏如图 2-1 所示的"10"处，编辑器栏显示打开的编辑器。如果已打开多个编辑器，它们将组合在一起显示，可以使用编辑器栏在打开的元素之间进行快速切换。

（11）带有进度显示的状态栏。状态栏如图 2-1 所示的"11"处，在状态栏中，显示当前正在后台运行的过程的进度条。其中包括一个图形方式显示的进度条。将鼠标指针放置在进度条上，系统将显示工具提示，描述正在后台运行的过程的其他信息。单击进度条边上的按钮，可以取消后台正在运行的过程。如果当前没有任何过程在后台运行，则状态栏中显示最新生成的报警。

2. 项目树

在项目视图左侧，项目树界面中主要包括的区域如图 2-2 所示。

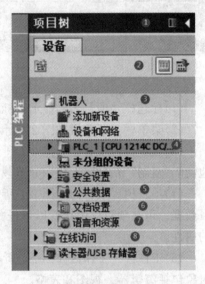

图 2-2　项目树

（1）标题栏。项目树的标题栏有自动 ▥ 和手动 ◀ 折叠项目树两个按钮。手动折叠项目树时，此按钮将"缩小"到左边界。它此时会从指向左侧的箭头变成指向右侧的箭头，并可用于重新打开项目树。在不需要时，可以使用"自动折叠"按钮 ▥ 自动折叠到项目树。

（2）工具栏。可以在项目树的工具栏中执行以下任务。

1）用按钮 ▦ ，创建新的用户文件夹，例如，为了组合"程序块"文件夹中的块。

2）用按钮 ▧ ，在工作区中显示所选对象的总览，显示总览时，将隐藏项目树中元素的更低级别的对象和操作。

（3）项目。在"项目"文件夹中，可以找到与项目相关的所有对象和操作，如设备、语言和资源、在线访问。

（4）设备。项目中的每个设备都有一个单独的文件夹，该文件夹具有内部的项目名称。属于该设备的对象和操作都排列在此文件夹中。

（5）公共数据。此文件夹包含可跨多个设备使用的数据，如公用消息类、日志、脚本和文本列表。

（6）文档设置。在此文件夹中，可以指定要在以后打印的项目文档的布局。

(7)语言和资源。可在此文件夹中确定项目语言和文本。

(8)在线访问。该文件夹包含了 PG/PC 的所有接口，即使未用于与模块通信的接口也包括在其中。

(9)读卡器/USB 存储器。该文件夹用于管理连接到 PG/PC 的所有读卡器和其他 USB 存储介质。

三、TIA 博途创建添加及编辑项目

1. 创建项目

新建博途项目的方法如下。

(1)方法 1：打开 TIA 博途软件，如图 2-3 所示。执行"启动"→"创建新项目"命令，在"项目名称"中输入新建的项目名称(本例为机器人)，单击"创建"按钮，完成新建项目。

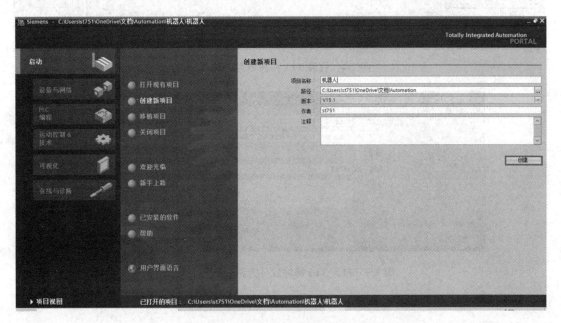

图 2-3　打开 TIA 博途软件方法(一)

(2)方法 2：如果 TIA 博途软件处于打开状态，在项目视图中，选中菜单栏中"项目"，执行"新建"命令，如图 2-4 所示，弹出如图 2-5 所示的界面，在"项目名称"输入新建的项目名称(本例为机器人)，单击"创建"按钮，完成新建项目。

(3)方法 3：如果 TIA 博途软件处于打开状态，而且在项目视图中，单击工具栏中"新建"按钮，弹出如图 2-5 所示的界面，在"项目名称"输入新建的项目名称(本例为机器人)，单击"创建"按钮，完成新建项目。

2. 添加设备

项目视图是 TIA 博途软件的硬件组态和编程的主窗口，在项目树的设备栏中，双击"添加新设备"选项卡栏，然后弹出"添加新设备"对话框，如图 2-6 所示。可以修改设备名称，也可保持系统默认名称。选择需要的设备，本例为 6ES7 214-1AG40-0XB0，勾选"打开设备视图"，单击"确定"按钮，完成新设备添加，并打开设备视图。

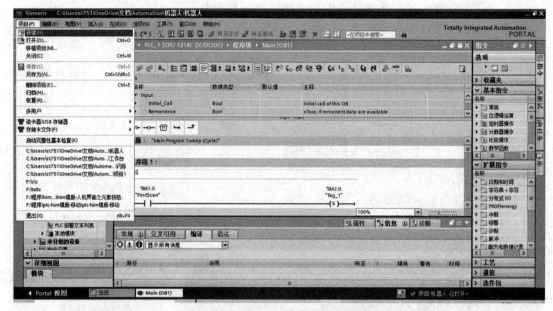

图 2-4　打开 TIA 博途软件方法(二)

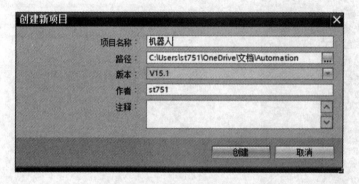

图 2-5　打开 TIA 博途软件方法(三)

S7-1200 硬件组态

3. 编辑项目

(1)打开项目。

1)方法 1：打开 TIA 博途软件，如图 2-7 所示。执行"启动"→"打开现有项目"命令，再选中要打开的项目，本例为"机器人"，单击"打开"按钮，选中的项目即可打开。

2)方法 2：如果 TIA 博途软件处于打开状态，而且在项目视图中，选中菜单栏中"项目"，执行"打开"命令，弹出如图 2-8 所示的界面，再选中要打开的项目，本例为"机器人"，单击"打开"按钮，现有的项目即可打开。

3)方法 3：打开博途项目程序的存放目录，如图 2-9 所示，双击"工作台"按钮，现有的项目即可打开。

(2)保存项目。

1)方法 1：在项目视图中，选中菜单栏中"项目"，执行"保存"命令，现有的项目即可保存。

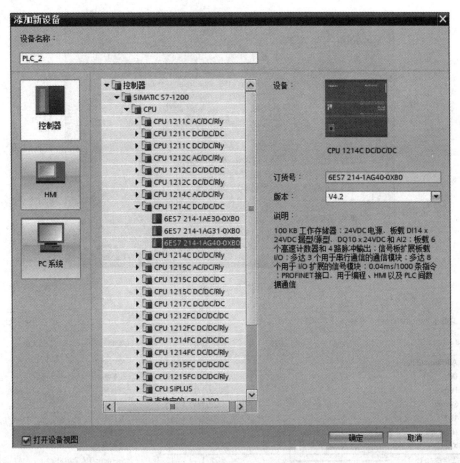

图 2-6 "添加新设备"对话框

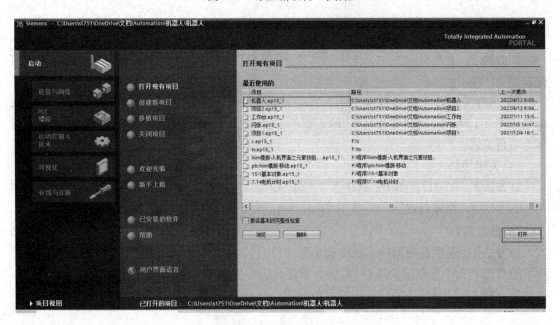

图 2-7 打开项目方法(一)

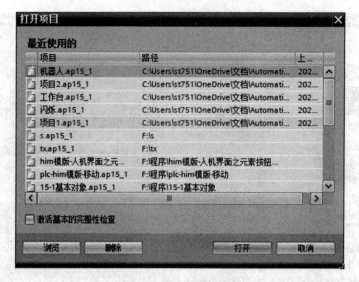

图 2-8　打开项目方法(二)

图 2-9　打开项目方法(三)

2)方法 2：在项目视图中，选中工具栏中"保存项目"按钮 💾 保存项目 ，现有的项目即可保存。

(3)另存为项目。在项目视图中，选中菜单栏中"项目"，执行"另存为(A)..."命令，弹出如图 2-10 所示，在"文件名"中输入新的文件名(本例为机器人)，单击"保存"按钮，另存为项目完成。

(4)关闭项目。

1)方法 1：在项目视图中，选中菜单栏中"项目"，执行"退出"命令，现有的项目即可出。

2)方法 2：在项目视图中，单击"退出"按钮 ✖ ，即可退出项目。

(5)删除项目。

1)方法 1：在项目视图中，选中菜单栏中"项目"，执行"删除项目"命令，弹出如图 2-11 所示的界面，选中受删除的项目(本例为项目 2，单击"删除"按钮，现有的项目即可删除)。

2)方法 2：打开博途项目程序的存放目录，选中并删除"项目 2"文件夹。

图 2-10 另存为项目　　　　　　　　　　　图 2-11 删除项目

四、TIA 博途参数配置

单击机架中的 CPU，可以看到 TIA 博途软件底部 CPU 的属性视图，在此可以配置 CPU 的各种参数，如 CPU 的启动特性、组织块（OB）及存储区的设置等。以下主要以 CPU 1214C 为例介绍 CPU 的参数设置。

1. 常规

单击属性视图中的"常规"选项卡，在属性视图的右侧的常规界面中可见 CPU 的项目信息、目录信息与标识和维护。用户可以浏览 CPU 的简单特性描述，也可以在"名称""注释"等空白处做提示性的标注。对于设备名称和位置标识符，用户可以用于识别设备和设备所处的位置，如图 2-12 所示。

图 2-12 "常规"选项卡

2. PROFINET 接口

PROFINET 接口中包含常规、以太网地址、时间同步、高级选项和 Web 服务器访问，以下分别介绍。

(1)常规。在 PROFINET 接口选项卡中，单击"常规"选项，如图 2-13 所示，在属性视图的右侧的常规界面中可见 PROFINET 接口的常规信息和目录信息。用户可以在"名称"和"注释"中做一些提示性的标注。

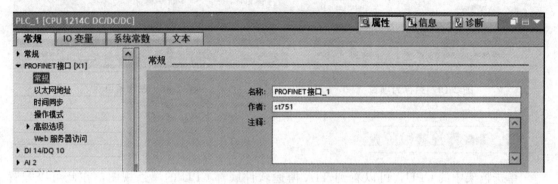

图 2-13 "常规"选项

(2)以太网地址。选中"以太网地址"选项卡，可以创建新网络，设置 IP 地址等，如图 2-14 所示。以下将说明"以太网地址"选项卡主要参数和功能。

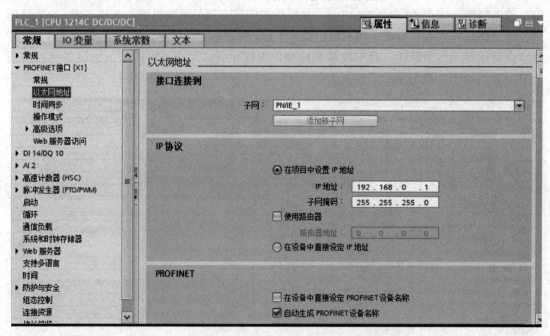

图 2-14 "以太网地址"选项

1)接口连接到：单击"添加新子网"按钮，可为该接口添加新的以太网网络，新添加的以太网的子网名称默认为"PN/IE_1"。

2)IP 协议：可根据实际情况设置 IP 地址和子网掩码，默认 IP 地址为"192.168.0.1"，默认子网掩码为"255.255.255.0"。如果该设备需要和非同一网段的设备通信，那么还需要激活"使用路由器"选项，并输入路由器的 IP 地址。

3）PROFINET 设备名称：表示对于 PROFINET 接口的模块，每个接口都有各自的设备名称，且此名称可以在项目树中修改。

（3）时间同步。PROFINET 的"时间同步"参数设置界面如图 2-15 所示。

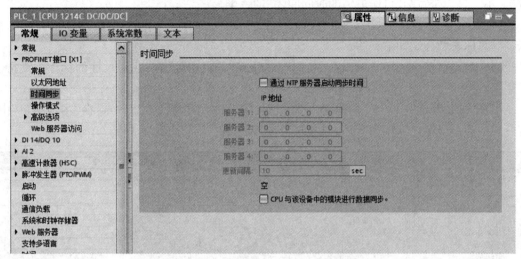

图 2-15　PROFINET 的"时间同步"参数设置界面

NTP 模式表示该 PLC 可以通过 NTP（Network Time Protocol）服务器上获取的时间以同步自己的时间。如激活"通过 NTP 服务器启动同步时间"选项，表示 PLC 从 NTP 服务器上获取的时间以同步自己的时钟，然后添加 NTP 服务器的 IP 地址，最多可以添加 4 个 NTP 服务器。

更新间隔表示 PLC 每次请求更新时间的时间间隔。

（4）高级选项。PROFINET 的"高级选项"参数设置界面如图 2-16 所示。其主要参数及选项功能介绍如下。

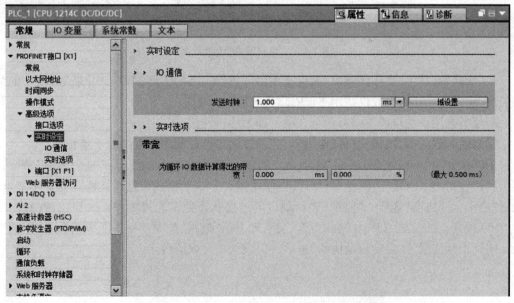

图 2-16　PROFINET 的"高级选项"参数设置界面

实时设定中有"IO 通信""实时选项"两个选项。

"IO 通信"，可以选择"发送时钟"为"1 ms"，范围是 0.254 ms。此参数的含义是 IO 控制器和 IO 设备交换数据的时间间隔。

"带宽"，表示软件根据 IO 设备的数量和 IO 字节，自动计算"为周期 IO 数据计算的带宽"大小，最大带宽为"可能最短的时间间隔"的一半。

Port[X1 P1]（PROFINET 端口）Port[X1 P1]（PROFINET 端口）参数设置如图 2-17 所示。其具体参数介绍如下。

1）在"常规"部分，用户可以在"名称"和"注释"等空白处做一些提示性的标注，支持汉字字符。

2）在"端口互连"中，有"本地端口"和"伙伴端口"两个选项（图 2-17），在"本地端口"中，有介质的类型显示，默认为"铜"，"电缆名称"显示为"_"，即无。

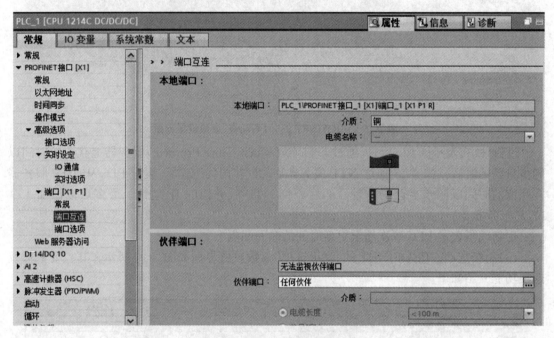

图 2-17 "端口互连"设置界面

在"伙伴端口"中的"伙伴端口"下拉选项中，选择需要的伙伴端口。"介质"选项中的"电缆长度"和"信号延时"参数仅适用于 PROFINET IRT 通信。

3）端口选项。端口选项中有两个选项，即激活、连接（图 2-18）。

①激活：激活"启用该端口以使用"，表示该端口可以使用，否则处于禁止状态。

②连接：在"传输速率/双工"选项中，有"自动"和"TP 10 Mbit/s"两个选项，默认为"自动"，表示 PLC 和连接伙伴自动协商传输速率和全双工模式，选择此模式时，不能取消激活"启用自动协商"选项。"监视"表示端口的连接状态处于监控之中，一旦出现故障，则向 CPU 报警。如选择"TP 10 Mbit/s"，会自动激活"监视"选项，且不能取消激活"监视"选项。同时，默认激活"启动自动协商"选项，但该选项可取消激活。

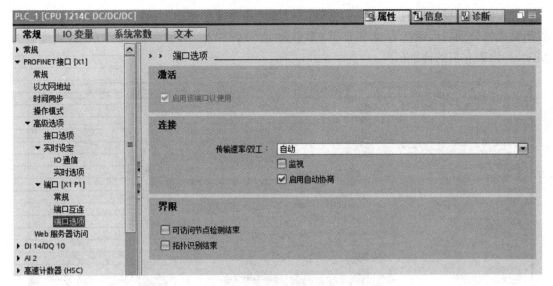

图 2-18 "端口选项"设置界面

（5）Web 服务器。CPU 的存储区中存储了一些含有 CPU 信息和诊断功能的 HTML 页面。Web 服务器功能使得用户可通过 Web 浏览器执行访问此功能。

激活"Web 服务器"，则意味着可以通过 Web 浏览器访问该 CPU，如图 2-19 所示。本节内容前述部分已经设定 CPU 的 IP 地址为 192.168.0.1 如打开 Web 浏览器[例如 Internet Explore 并输入"http：//192.168.0.1"（CPU 的 IP 地址）]，刷新 Internet Explore 即可浏览访问该 CPU 了。

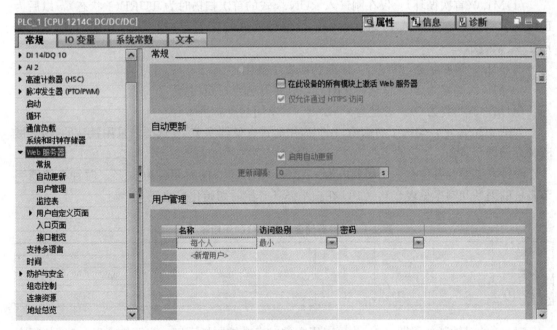

图 2-19　Web 服务器设置

3. 设置系统存储器字节和时钟存储器字节

双击项目树某个 PLC 文件夹中的"设备组态"，打开该 PLC 的设备视图。选中 CPU 后，再执行下面的巡视窗口的"属性"→"常规"→"系统和时钟存储器"命令，如图2-20所示，可以用复选框分别启用系统存储器字节（默认地址为MB1）、时钟存储器字节（默认地址为MB0）和设置它们的地址值。

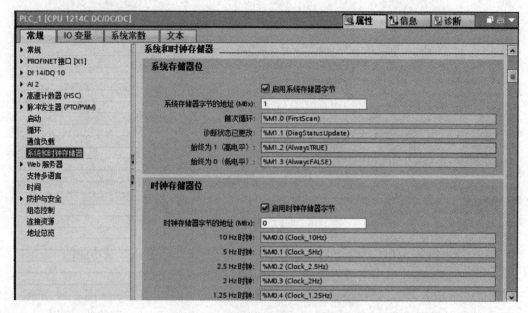

图2-20　设置系统和时钟存储器字节

将MB1设置为系统存储器字节后，该字节的M1.0～M1.3的意义如下。

（1）M1.0（首次循环）：仅在刚进入RUN模式的首次扫描时为TURE（1状态），以后为FALSE（0状态）。在TIA博途软件中，位编程元件的1状态和0状态分别用TURE和FALSE来表示。

（2）M1.1（诊断状态已更改）：诊断状态发生变化。

（3）M1.2（始终为1）：总是为TRUE，其常开触点总是闭合。

（4）M1.3（始终为0）：总是为FALSE，其常闭触点总是闭合。

如图2-20所示，勾选了右侧窗口的"启用时钟存储器字节"复选框，采用默认的MB0做时钟存储器字节。

时钟存储器的各位在一个周期内为FALSE和TRUE的时间各为50%，时钟存储器字节各位的周期和频率见表2-1，CPU在扫描循环开始时切始化这些位。

表2-1　时钟存储器字节各位的周期和频率

位	7	6	5	4	3	2	1	0
周期/s	2	1.6	1	0.8	0.5	0.4	0.2	0.1
频率/Hz	0.5	0.625	1	1.25	2	2.5	5	10

M0.5的时钟脉冲周期为1 s，可以用它的触点来控制指示灯，指示灯将以1 Hz的频率闪动，点亮0.5 s，熄灭0.5 s。

因为系统存储器和时钟存储器不是保留的存储器，用户程序或通信可能改写这些存储单元，破坏其中的数据。指定了系统存储器和时钟存储器字节后，这两个字节不能再做其他用途，否则将会使用户程序运行出错，甚至造成设备损坏或人身伤害。建议始终使用默认的系统存储器字节和时钟存储器字节的地址(MB1 和 MB0)。

4. 设置 PLC 上电后的启动方式

选中设备视图中的 CPU 后，再执行巡视窗口的"属性"→"常规"→"启动"命令。图 2-21 显示出上电后 CPU 的 3 种启动方式。

(1)不重新启动，保持在 STOP 模式。

(2)暖启动，进入 RUN 模式。

(3)暖启动，进入断电之前的操作模式。

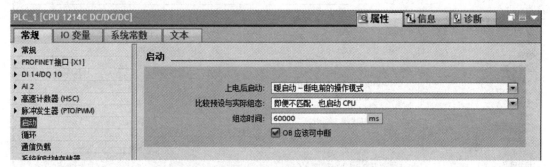

图 2-21　设置 PLC 上电后的启动方式

暖启动将非断电保持存储器复位为默认的初始值，但是断电保持存储器中的值不变。可以用选择框设置当预设的组态与实际的硬件不匹配(不兼容)时，是否启动 CPU。在 CPU 启动过程中，如果中央 I/O 或分布式 I/O 在组态的时间段内没有准备就绪(默认值为 1 min)，则 CPU 的启动特性取决于"将比较预设为实际组态"的设置。

5. 设置实时时钟

选中设备视图中的 CPU 后，再执行巡视窗口的"属性"→"常规"→"时间"命令，可以设置本地时间的时区(北京)和是否启用夏令时。我国不使用夏令时，出口产品可能需要设置夏令时，如图 2-22 所示。

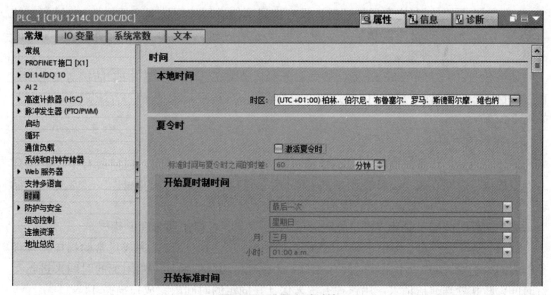

图 2-22　设置实时时钟

6. 设置读写保护和密码

选中设备视图中的 CPU 后，再执行巡视窗口的"属性"→"常规"→"防护与安全"命令（图 2-23），可以选择右侧窗口的 4 个访问级别。其中，绿色的勾表示在没有该访问级别密码的情况下可以执行的操作，如果要使用该访问级别没有打钩的功能，需要输入密码。

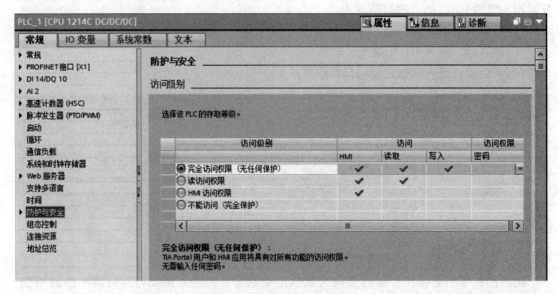

图 2-23　设置读写保护和密码

（1）选中"完全访问权限（无任何保护）"时，不需要密码，具有对所有功能的访问权限。

（2）选中"读访问权限"时，没有密码仅允许对硬件配置和块进行读访问，不能下载硬件配置和块，不能写入测试功能和更新固件。此时需要设置"完全访问权限"的密码。

（3）选中"HMI 访问权限"时，不输入密码用户只能通过 HMI 访问 CPU。

此时至少需要设置第一行的密码，可以在第二行设置没有写入权限的密码。各行的密码不能相同。

（4）选中"不能访问（完全保护）"时，没有密码不能进行读写访问和通过 HMI 访问，禁用 PUT/GET 通信的服务器功能。至少需要设置第一行的密码，可以设置第 2、3 行的密码。

如果 S7-1200 的 CPU 在 S7 通信中做服务器，必须在选中图 2-23 中的"防护与安全"后，在右侧窗口下面的"连接机制"区勾选复选框"允许来自远程对象的 PUT/GET 通信访问"，如图 2-24 所示。

7. 设置循环周期监控时间

循环时间是操作系统刷新过程映像和执行程序循环 OB 的时间，包括所有中断此循环的程序的执行时间。选中设备视图中的 CPU 后，再执行巡视窗口的"属性"→"常规"→"循环"命令（图 2-25），可以设置循环周期监视时间，默认值为 150 ms。

如果循环时间超出循环周期监视时间的两倍，CPU 将切换到 STOP 模式。

如果勾选了复选框"启用循环 OB 的最小循环时间"，并且 CPU 完成正常的扫描循环任务的时间小于设置的"最小循环时间"，CPU 将延迟启动新的循环，用附加的时间来进行运行时间诊断和处理通信请求，用这种方法来保证在固定的时间内完成扫描循环。

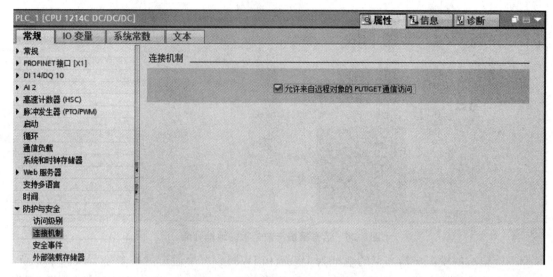

图 2-24　允许来自远程对象通信访问

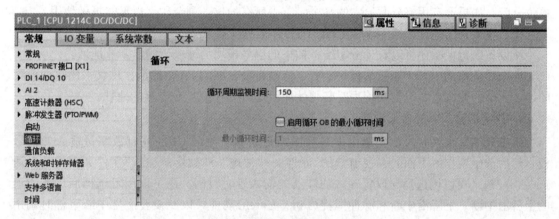

图 2-25　设置循环周期监控时间

如果在设置的最小循环时间内，CPU 没有完成扫描循环，CPU 将完成正常的扫描（包括通信处理），并且不会产生超出最小循环时间的系统响应。

CPU 的"通信负载"属性用于将延长循环时间的通信过程的时间控制在特定的限制值内。"通信负载"可以设置"由通信引起的周期负载"，默认值为 20%。

8. 信号模块与信号板的地址分配

双击项目树的 PLC 1 文件夹中的"设备组态"，打开 PLC_1 的设备视图。CPU、信号板和信号模块的 I、Q 地址是自动分配的。

单击设备视图右侧竖条上向左的小三角形按钮，从右到左弹出"设备概览"视图，可以用鼠标光标移动小三角形按钮所在的设备视图和设备概览视图的分界线。单击该分界线上向右或向左的小三角形按钮，设备概览视图将会向右关闭或向左扩展，覆盖整个设备视图。

在设备概览视图中，可以看到 CPU 集成的 I/O 点和信号模块的字节地址（图 2-26）。I、Q 地址是自动分配的，CPU 1214C 集成的 14 点数字量输入的字节地址为 0 和 1(I0.0～I0.7 和 I1.0～I1.5)，10 点数字量输出的字节地址为 0 和 1(Q0.0～Q0.7、Q1.0 和 Q1.1)。

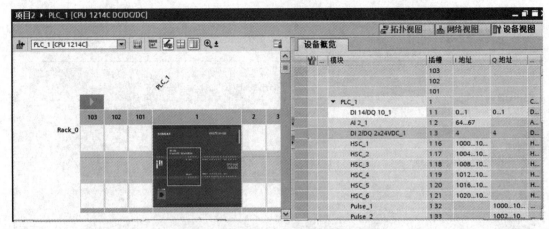

图 2-26 信号模块与信号板的地址分配

CPU 集成的模拟量输入点的地址为 IW64 和 IW66，每个通道占一个字节或两个字节。DI2/DQ2 信号板的字节地址均为 4(I4.0～I4.1 和 Q4.0～Q4.1)。DI、DQ 的地址以字节为单位分配，如果没有用完分配给它的某个字节中所有的位，剩余的位也不能再做他用。

模拟量输入的地址以组为单位分配，每一组有两个输入点。

从设备概览视图还可以看到分配给各插槽的信号模块的输入、输出字节地址。

选中设备概览中某个插槽的模块，可以修改自动分配的 I、Q 地址。建议采用自动分配的地址，不要修改它，但是在编程时必须使用组态时分配给各 I/O 点的地址。

9. 数字量输入点的参数设置

组态数字量输入时，首先选中设备视图或设备概览中的 CPU 或有数字量输入的信号板，然后选中工作区下面的巡视窗口的"属性"→"常规"→"数字量输入"文件夹中的某个通道(图 2-27)。可以用选择框设置输入滤波器的输入延时时间。还可以用复选框启用各通道的上升沿中断、下降沿中断和脉冲捕捉(Pulse Catch)功能，以及设置产生中断事件时调用的硬件中断组织块(0 B)。

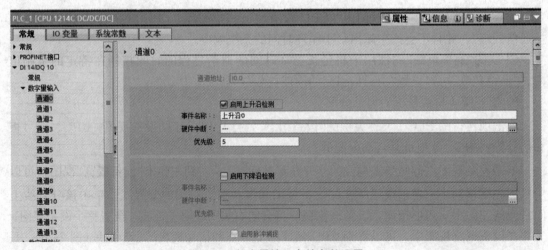

图 2-27 数字量输入点的参数设置

脉冲捕捉功能暂时直到下一次刷新输入过程映像。可以同时启用同一通道的上升沿中断和下降沿中断，但是不能同时启用中断和脉冲捕捉功能。DI 模块只能组态 4 点 1 组的输入滤波器的输入延时时间。

10. 数字量输出点的参数设置

首先选中设备视图或设备概览中的 CPU、数字量输出模块或信号板，用巡视窗口选中"数字量输出"后(图 2-28)，可以选择在 CPU 进入 STOP 模式时，数字量输出保持为上一个值(Keep last value)，或者使用替代值。选中后者时，选中左侧窗口的某个输出通道，用复选框设置其替代值，以保证系统因故障自动切换到 STOP 模式时进入安全的状态。复选框内有"√"表示替代值为 1；反之为 0(默认的替代值)。

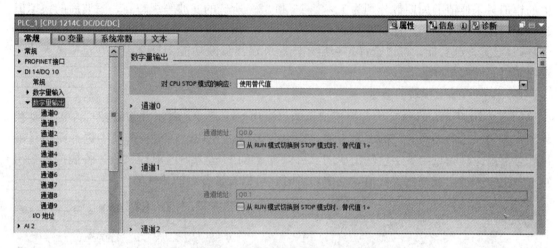

图 2-28 数字量输出点的参数设置

11. 模拟量输入模块的参数设置

如图 2-29 所示，在选项中选择模拟量输入模块 SM 1231，单击并按住鼠标左键拖动模块至 1 号箭头指向的位置，即 2 号卡槽，选中 SM 1231 模块，在常规选项中选择模拟量输出如 2 号箭头所指处，模拟量输入需要设置下列参数。

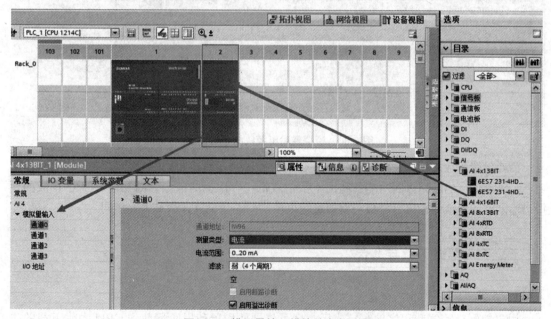

图 2-29 模拟量输入模块的参数设置

(1)积分时间，它与干扰抑制频率成反比，后者可选 400 Hz、60 Hz、50 Hz 和 10 Hz。积分时间越长，精度越高，快速性越差。积分时间为 20 ms 时，对 50 Hz 的工频干扰噪声有很强的抑制作用，一般选择积分时间为 20 ms。

(2)测量类型(电压或电流)和测量范围。

(3)A/D 转换得到的模拟值的滤波等级。模拟值的滤波处理可以减轻干扰的影响，这对缓慢变化的模拟量信号(如温度测量信号)是很有意义的。滤波处理根据系统规定的转换次数来计算转换后的模拟值的平均值。它有"无、弱、中、强"4 个等级，它们对应的计算平均值的模拟量采样值的周期数分别为 1、4、16 和 32。所选的滤波等级越高，滤波后的模拟值越稳定，但是测量的快速性越差。

(4)设置诊断功能，可以选择是否启用断路和溢出诊断功能。只有 4～20 mA 输入才能检测是否有断路故障。

12. 模拟量输出模块的参数设置

如图 2-30 所示，在选项中选择模拟量输出模块 SM 1232，单击并按住鼠标左键拖动模块至 1 号箭头拖向的位置，即 2 号卡槽，选中 SM 1232 模块，在常规选项中选择模拟量输出如 2 号箭头所指处与数字量输出相同，可以设置 CPU 进入 STOP 模式后，各模拟量输出点保持上一个值，或使用替代值，选中后者时，可以设置各点的替代值。

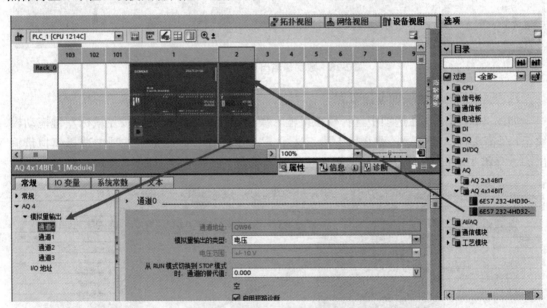

图 2-30 模拟量输出模块的参数设置

需要设置各输出点的输出类型(电压或由流)和输出范围。可以激活电压输出的短路诊断功能、电流输出的断路诊断功能及超出上限值或低于下限值的溢出诊断功能。CPU 集成的模拟量输出点。模拟量输出信号板与模拟量输出模块的参数设置方法基本上相同。

五、TIA 博途下载与上传

1. 下载

用户把硬件配置和程序编写完成后，即可将硬件配置和程序下载到 CPU 中，下载的步骤如下。

(1)修改安装了 TIA 博途软件的计算机 IP 地址。一般新购买的 S7-1200 的 IP 地址默认为 "192.168.0.1"，这个 IP 可以不修改，必须保证安装了 TIA 博途软件的计算机 IP 地址与 S7-1200 的 IP 地址在同一网段。选择并执行"控制面板"→"网络和共享中心"→"本地连接→属性"命令，如图 2-31 所示，选中"以太网 4"，单击鼠标右键，再执行弹出快捷菜单中的"属性"命令，弹出如图 2-32 所示的界面，选中"Internet 协议版本 4（TCP/IP v4）"选项，单击"属性"按钮，弹出如图 2-33 所示的对话框，把 IP 地址设为"192.168.0.98"，子网掩码设置为"255.255.255.0"。

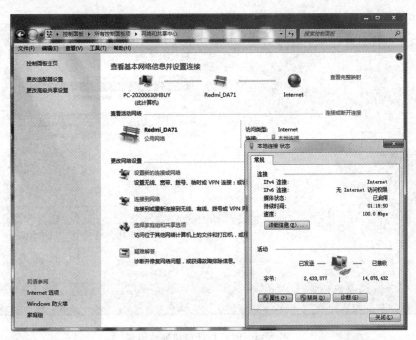

图 2-31　IP 地址查看

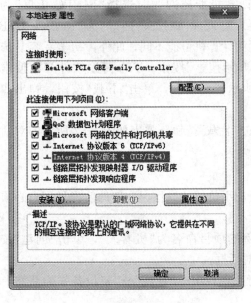

图 2-32　本地 Internet 属性

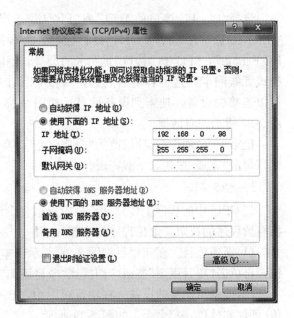

图 2-33　IP 地址修改

(2)下载。下载之前，要确保 S7-1200 与计算机之间已经用网线连接在一起，而且 S7-1200 已经通电。

在项目视图中，单击"下载到设备"按钮 ⬇，弹出如图 2-34 所示的对话框。

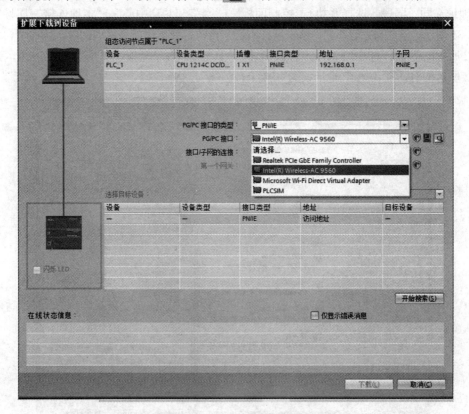

图 2-34　PLC 与计算机通信设置

选择"PG/PC 接口的类型"为"PN/IE"，当计算机能插网线时选择"PG/PC 接口"为"Intel(R)Ethere-net."；当计算机只能插 USB 接口时选择"PG/PC 接口"为"Realtek USB FE Family"，"PG/PC 接口"是网卡的型号，不同的计算机可能不同，此外，初学者容易选择成无线网卡，这也容易造成通信失败，单击"开始搜索"按钮，TIA 博途软件开始搜索可以连接的设备，搜索到设备后显示如图 2-35 所示的对话框，单击"下载"按钮，弹出如图 2-36 所示的对话框。

把第一个"动作"选项修改为"全部停止"，单击"装载"按钮，弹出如图 2-37 所示的对话框，单击"完成"按钮，下载完成。

2. 上传

把 CPU 中的程序上传到计算机中是很有工程应用价值的操作，上传的前提是用户必须拥有读程序的权限，上传程序的步骤如下。

(1)新建项目。新建项目如图 2-38 所示。本例的项目命名为"机器人"，单击"创建"按钮，再单击"项目视图"按钮，切换到"项目视图"对话框。

(2)搜索可连接的设备。在项目视图中，执行菜单栏中的"在线"→"将设备作为新站上传(硬件和软件)…"命令，如图 2-39 所示。

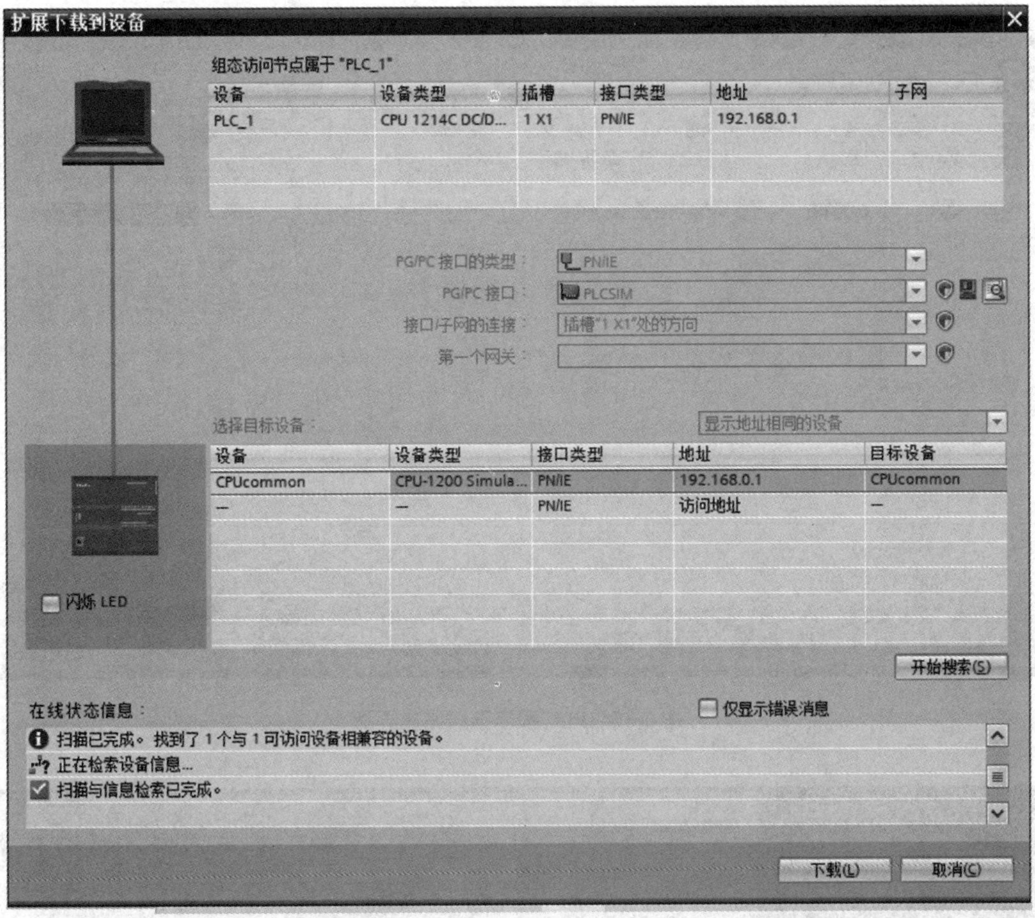

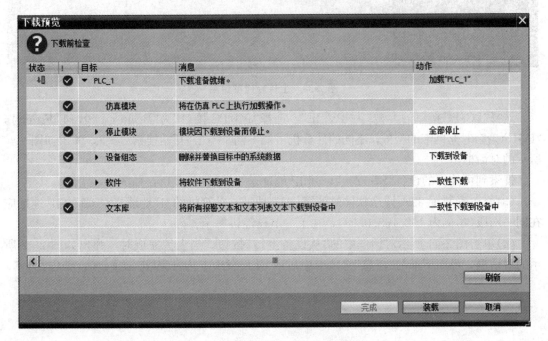

图 2-35 PLC 与计算机连接界面

图 2-36 PLC 程序下载检查界面

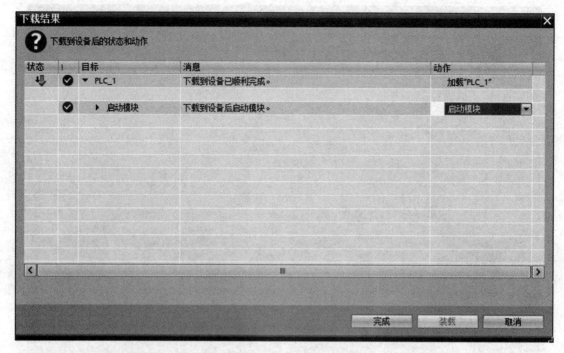

图 2-37　PLC 程序下载完成界面

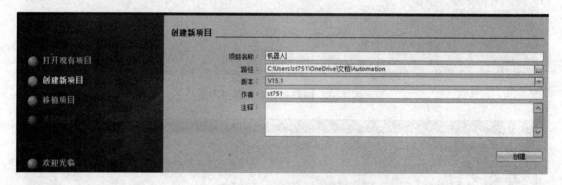

图 2-38　上传新建项目图

　　选择"PC/PC 接口的类型"为"PV/IE"，选择"PG/PC 接口"为"Realtek USB FE Family"，"PG/PC 接口"是网卡的型号，不同的计算机可能不同，单击"开始搜索"按钮，弹出如图 2-40 所示的对话框。

　　搜索到可连接的设备"S7-1200"，其 IP 地址是"192.168.0.1"，如图 2-41 所示。

　　(3)修改安装了 TIA 博途软件的计算机 IP 地址，计算机的 IP 地址与 CPU 的 IP 地址应在同一网段(本例为 192.168.0.98)，在上一节已经讲解了。

　　(4)单击图 2-41 所示对话框中的"从设备上传"按钮，当上传完成时，弹出如图 2-42 所示的对话框，界面下部的"信息"选项卡中显示"从设备中上传已完成(错误：0；警告：0)"。

图 2-39　选择上载的软硬件

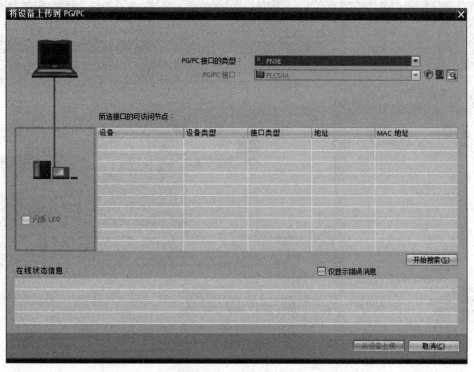

图 2-40　寻找上载 PLC

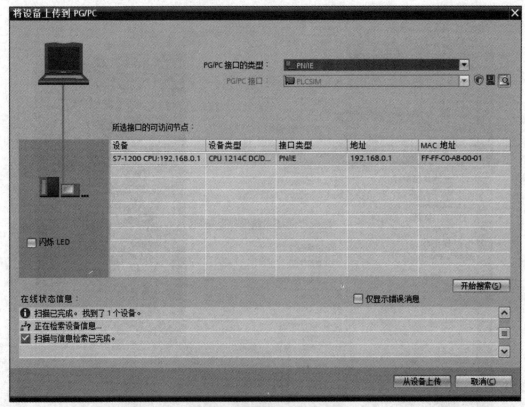

图 2-41　搜索到可连接的设备

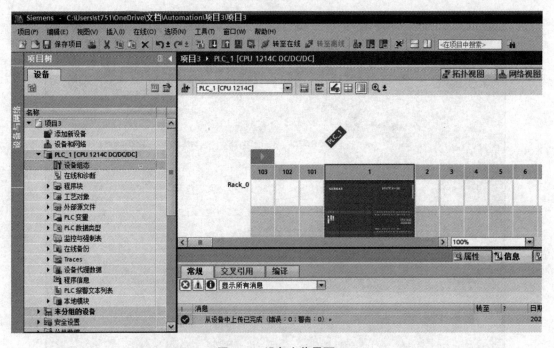

图 2-42　设备上传界面

任务实施

步骤一：双击打开博途软件

双击打开博途软件，如图 2-43 所示。

图 2-43　打开博途软件

步骤二：创建项目

单击"创建新项目"并命名为"电机启保停"，选择文件保存的位置并进行保存，单击"创建"按钮（图 2-44）。

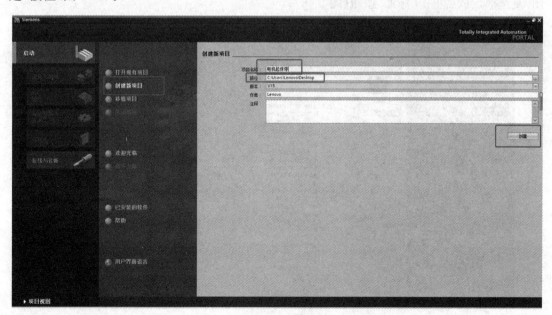

图 2-44　创建项目

步骤三：设备组态

单击"组态设备"按钮，进入设备组态界面(图 2-45)。

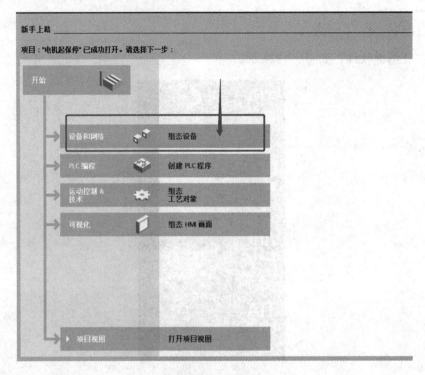

图 2-45 设备组态

单击"添加新设备"，选择控制器里的 SIMATLC S7-1200 里的 CPU 1211C DC/DC/RLY(这里注意要选择与 PLC 型号一致的 PLC，这里以此款 PLC 为例)，勾选"打开设备视图"复选框，最后单击"添加"按钮(图 2-46)。

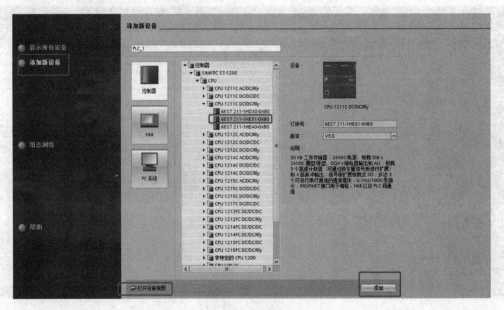

图 2-46 添加设备

步骤四：网络设定

单击"PROFINET 端口"按钮，找到以太网地址，单击"添加新子网"按钮（图 2-47）。

图 2-47　设置网络

步骤五：时钟设定

单击"系统和时钟存储器"选项并勾选"启用系统存储器字节"和"启用时钟存储器字节"
复选框（图 2-48）。

图 2-48　设置系统时钟

步骤六：变量表设定

如图 2-49 所示，打开项目树下 PLC 变量，在下拉菜单中选中"默认变量表"，进行符号变量编辑（注意：此处是新增变量不删除之前的变量，地址按照图 2-49 所示修改）。

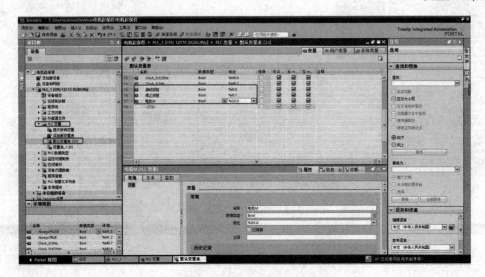

图 2-49 设置项目变量表

步骤七：程序编写

如图 2-50 所示，打开左侧"程序块"，在下拉菜单找到"Main[OB1]"，双击打开，进入程序编写主界面。

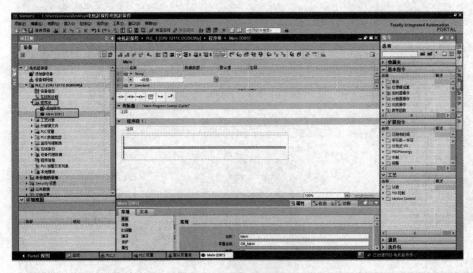

图 2-50 程序编写主界面

在"程序段 1"中选择并单击"常开触点""常闭触点""赋值"（图 2-51）。

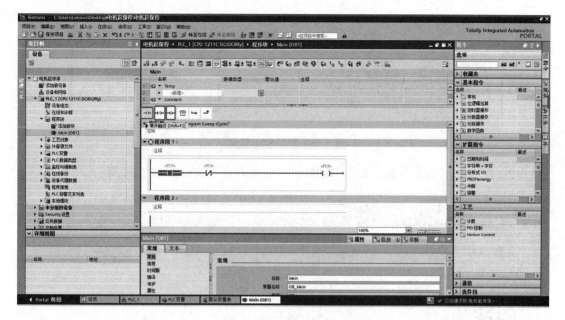

图 2-51 寻找指令

单击"常开触点"上的"＜?? . ? ＞"，单击"▦"按钮寻找指令和变量(图 2-52)。

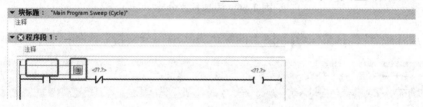

图 2-52 寻找变量

选择"启动按钮"编写"启动按钮"变量，如图 2-53 所示。

图 2-53 编写"启动按钮"变量

在"常闭触点"中选择"停止按钮"编写"停止按钮"变量，如图 2-54 所示。

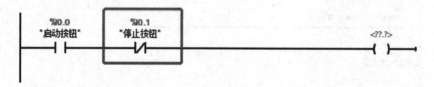

图 2-54 编写"停止按钮"变量

在"赋值"中选择"电机① M"编写输出变量，如图 2-55 所示。

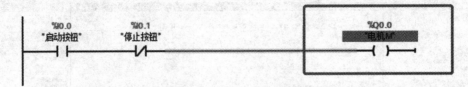

图 2-55　编写输出变量

单击"程序段 1"的左母线，单击"打开分支"添加程序分支，如图 2-56 所示。

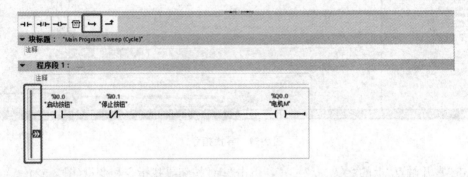

图 2-56　添加程序分支

单击"常开触点"链接按钮和图上的绿色方块编写分支指令，如图 2-57 所示。

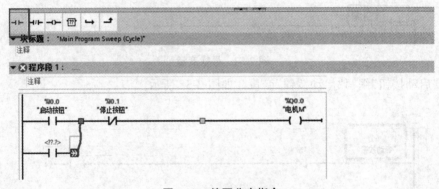

图 2-57　编写分支指令

在新增的"常开触点"中选择"电机 M"编写保持指令，如图 2-58 所示。

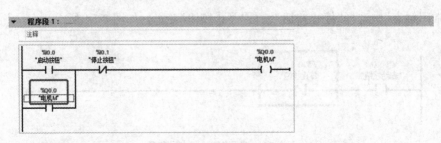

图 2-58　编写保持指令

_____

① 本书中"电机"即电动机。

步骤八：程序编译

单击"编译"按钮，可以检查程序是否有错误或警告(图 2-59)，此时可以看出没有错误(图 2-60)。

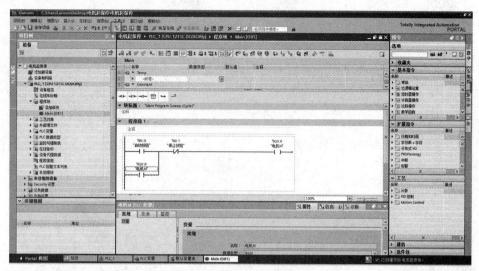

图 2-59　程序编译

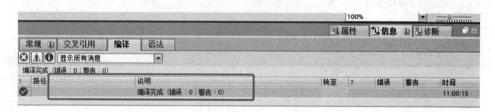

图 2-60　编译无误

步骤九：程序下载

单击"下载到设备"按钮，将程序下载(图 2-61)。

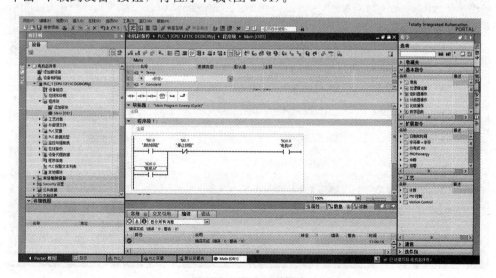

图 2-61　程序下载准备

单击"开始搜索"按钮，搜索关联设备如图 2-62 所示。

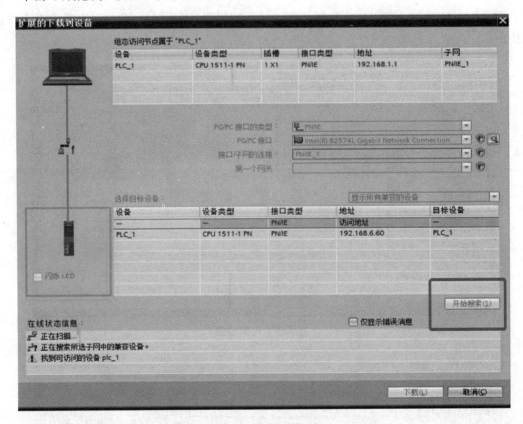

图 2-62　搜索关联设备

处理框选的部分，程序复位，如图 2-63 所示。

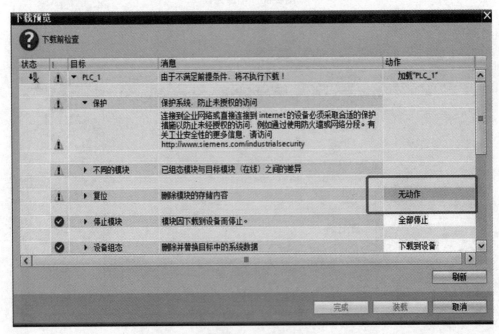

图 2-63　程序复位

处理完成后，单击"装载"按钮，进行程序装载，如图 2-64 所示。

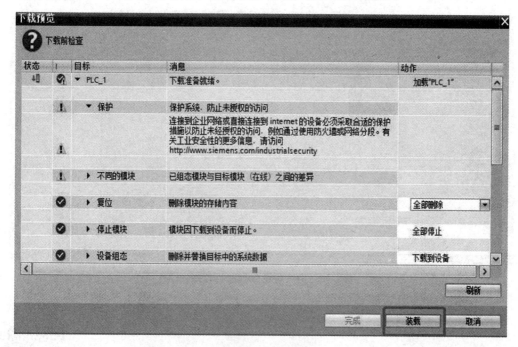

图 2-64　程序装载

单击"完成"按钮，程序装载完成，如图 2-65 所示。

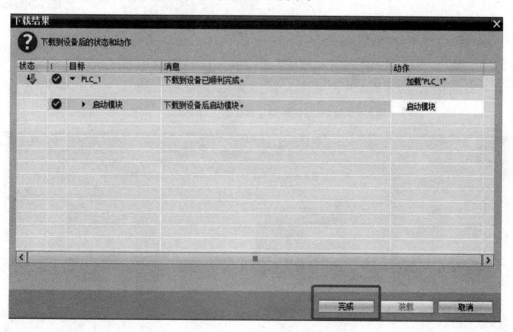

图 2-65　程序装载完成

步骤十：设备转至在线

下载完成后，执行"设备组态"→"转至在线"命令，此时 CPU 如图 2-66～图 2-68 所示。

图 2-66　将设备调整到在线状态（一）

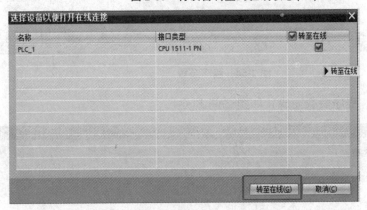

图 2-67　将设备调整到在线状态（二）

S7-1200
程序的监控

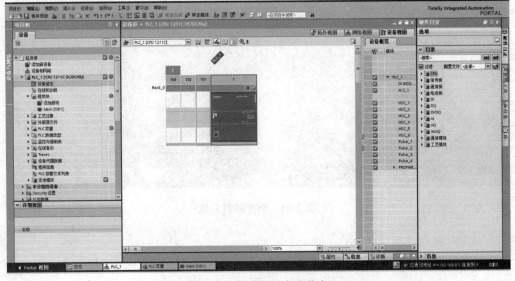

图 2-68　将设备调整到在线状态（三）

步骤十一：启用程序监视

打开程序块"Main[OB1]"并启用"监视"，此时就可以看见按钮和电动机的状态(图 2-69、图 2-70)。

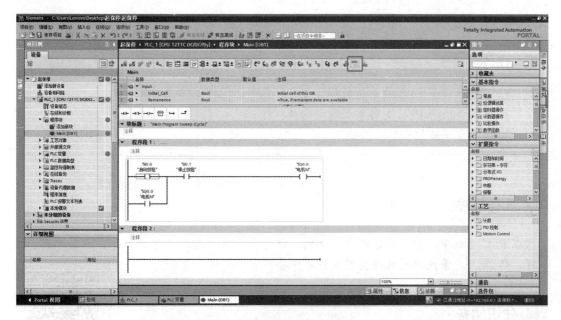

图 2-69 启用程序监视功能(一)

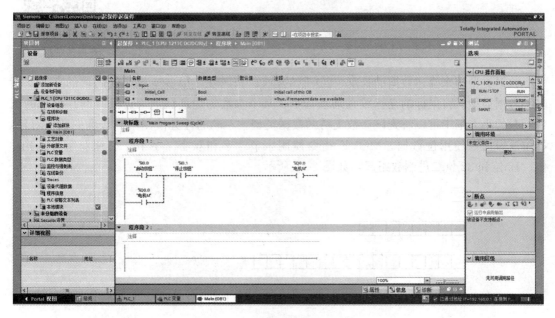

图 2-70 启用程序监视功能(二)

任务二　　PLC中的数据

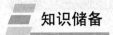
任务描述

在PLC系统中，数据的存储方式不同，就像质量单位有两、斤、公斤、克、千克、吨一样，那么PLC系统中的数据类型究竟有哪些？它们是什么关系？

知识储备

**S7-1200
支持的数据类型**

一、S7-1200 支持数据类型与转换

数据类型用来描述数据的长度（二进制的位数）和属性。很多指令和代码块的参数支持多种数据类型。将鼠标的光标放在某条指令、某个参数的地址域上，过段时间在出现的黄色背景的小方框中可以看到该参数支持的数据类型。不同的任务使用不同长度的数据对象，如位逻辑指令使用位数据，MOVE指令使用字节、字和双字。字节、字和双字分别由8位、16位和32位二进制数组成，如图2-71所示。

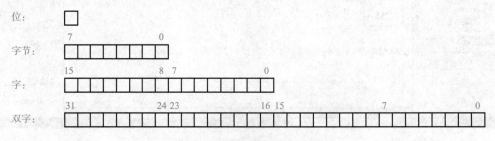

图2-71　基本数据类型表示

1. 位

位数据的数据类型为Bool（布尔）型。在编程软件中，Bool变量的值是1和0，用英语单词TRUE（真）和FALSE（假）来表示。

位存储单元的地址由字节地址和位地址组成，用区域标识符"I"表示输入（Input），如字

节地址为 3，位地址为 2 的位如图 2-72 所示。这种存取方式称为"字节 . 位"寻址方式。

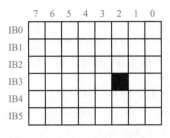

S7-1200
数据存取方式

图 2-72 "字节 . 位"寻址方式

2. 位字符串

数据类型 Byte、Word、DWord 统称为位字符串。它们不能比较大小，它们的常数一般采用十六进制数表示。

（1）字节（Byte）由 8 位二进制数组成，例如，I3.0～I3.7 组成了输入字节 IB3（图 2-72），B 是 Byte 的缩写。

（2）字（Word）由相邻的两个字节组成，例如，字 MW100 由字节 MB100 和 MB101 组成（图 2-73）。MW100 中的 M 为区域标识符，W 表示字。

（3）双字（DWord）由两个字（或 4 个字节）组成，双字 MD100 由字节 MB100 MB103 或字 MW100、MW102 组成（图 2-74），D 表示双字。需要注意以下两点。

1）用组成双字的编号最小的字节 MB100 的编号作为双字 MD100 的编号。

2）组成双字 MD100 的编号最小的字节 MB100 为 MD100 的最高位字节，编号最大的字节 MB103 为 MD100 的最低位字节。字也有类似的特点。

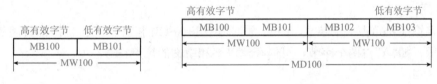

图 2-73　字表示方式　　　图 2-74　双字表示方式

3. 整数

整数表示一共有 6 种形式，所有整数的符号中均有 Int。符号中带 S 的为 8 位整数（短整数），带 D 的为 32 位双整数，不带 S 和 D 的为 16 位整数。带 U 的为无符号整数，不带 U 的为有符号整数。

有符号整数的最高位为符号位，最高位是 0 时为正数，是 1 时为负数。有符号整数用补码来表示，正数的补码就是它的本身，将一个二进制正整数的各位取反后加 1，得到绝对值与它相同的负数的补码。将负数的补码的各位取反后加 1，得到它的绝对值对应的正数。

SInt 和 USInt 分别为 8 位的短整数和无符号短整数，Int 和 UInt 分别为 16 位的整数和无符号整数，DInt 和 UDInt 分别为 32 位的双整数和无符号的双整数。

4. 浮点数

32 位的浮点数（Real）又称为实数，最高位（第 31 位）为浮点数的符号位（图 2-75），正数时为 0，负数时为 1，规定尾数的整数部分总是为 1，第 0～22 位为尾的小数部分。8 位指数加上偏移量 127 后（0～255），放在第 23～30 位。

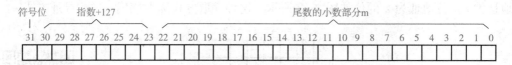

图 2-75　浮点数表示方式

浮点数的优点是用很小的存储空间(4 bit)可以表示非常大和非常小的数。PLC 输入和输出的数值大多是整数，例如，AI 模块的输出值和 AQ 模块的输入值，用浮点数来处理这些数据需要进行整数和浮点数之间相互转换，浮点数的运算速度比整数的运算速度慢一些。

在编程软件中，用十进制小数来输入或显示浮点数，如 50 是整数，而 50.0 为浮点数。

LReal 为 64 位的长浮点数，它的最高位(第 63 位)为符号位。尾数的整数部分总是为 1，第 0～51 位为尾数的小数部分。11 位的指数加，上偏移量 1023 后(0～2047)，放在第 52～62 位。

浮点数 Real 和长浮点数 LReal 的精度最高为十进制 6 位和 15 位有效数字。

5. 时间与日期

Time 是有符号双整数，其单位为 ms，能表示的最大时间为 24 天多。Date(日期)为 16 位无符号整数，TOD(TIME OF_DAY)为从指定日期的 0 时算起的毫秒数(无符号双整数)。其常数必须指定小时(24 小时/天)、分钟和秒，ms 是可选的。

数据类型 DTL 的 12 个字节为年(占 2 bit)、月、日、星期的代码、小时、分、秒(各占 1 bit)和纳秒(占 4 bit)，均为 BCD 码。星期日、星期一～星期六的代码分别为 1～7。可以在块的临时存储器或者 DB 中定义 DTL 数据。

6. 字符

每个字符(Char)占一个字节，Char 数据类型以 ASCII 格式存在。字符常量用英语的单引号来表示，如"A"占两个字节，可以存储汉字和中文的标点符号。

7. 字符串

数据类型 String(字符串)是字符组成的一维数组，每个字节存放 1 个字符，第一个字节是字符串的最大字行长度，第二个字节是字符串当前有效字符的个数，字符从第 3 个字节开始存放，一个字符串最多有 254 个字符。

数据类型 Wstring(宽字符串)存储多个数据类型为 WChar 的 Unicodc 字符(长度为 16 位的宽字符，包括汉字)。第一个字是最大字符个数，默认的长度为 254 个宽字符，最多 16 382 个 WChar 字符；第二个字是当前的宽字符个数。

可以在代码块的接口区和全局数据块中创建字符串、数组和结构。

在"数据块 1"的第 2 行的"名称"列(图 2-76)输入字符串的名称"故障信息"，单击"数据类型"列中的选项按钮，选中下拉列表中的数据类型"String"。"String[30]"表示该字符串的最大字符个数为 30，其起始值(初始字符)为"OK"。

8. 数组

Array(数组类型)表示一个由固定数目的同一种数据类型元素组成的数据结构。允许使用除 Array 外的所有数据类型。

	名称		数据类型	起始值	保持	可从 HMI/..	从 H...	在 HMI ...	设定值	...
1	▼	Static								
2	■	故障信息	String[10]	""	□	☑	☑	☑	□	
3	■ ▶	功率	Array[0..20] of Int		□	☑	☑	☑	□	
4	■ ▼	电机	Struct		□	☑	☑	☑	□	
5	■	电流	Int	0	□	☑	☑	☑	□	
6	■	转速	Int	0	□	☑	☑	☑	□	

图 2-76　字符串的创建

数组元素通过下标进行寻址。在数组声明中，下标限值定义在 Array 关键字之后的方括号中。下限值必须小于或等于上限值。一个数组最多可以包含 6 维，并使用逗号隔开维度限值。

例如，数组 Array[0..20]of Real 的含义是包括 21 个元素的一维数组，元素数据类型为 Real；数组 Array[1..2，3..4] of Char 含义是包括 4 个元素的二维数组，元素数据类型为 Char。

创建数组的方法：在项目视图的项目树中，双击"添加新块"选项，弹出新建块界面，新建"数据块 1"，在"名称"栏中输入"功率"，在"数据类型"栏中输入"Array[1..20] of Int"，如图 2-77 所示，数组创建完成。单击功率前面的三角符号，可以查看到数组的所有元素，还可以修改每个元素的"启动值"（初始值）。

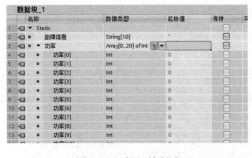

图 2-77　数组的创建

9. 结构

结构（Struct）是由固定数目的多种数据类型的元素组成的数据类型。可以用数组和结构做结构的元素，结构可以嵌套 8 层。用户可以把过程控制中有关的数据统一组织在一个结构中，作为一个数据单元来使用，而不是使用大量的单个的元素，为统一处理不同类型的数据或参数提供了方便。

二、S7-1200 数据进制和转换

1. 二进制数

（1）数及数制：数用于表示一个量的具体大小，根据计数方式的不同，有十进制（D）、二进制（B）、十六进制（H）和八进制等不同的计数方式。

（2）二进制数的表示：在 S7-1200 中用 2♯ 来表示二进制常数，如"2♯ 1011010"。

（3）二进制数的大小：将二进制数的各位（从右往左第 n 位）乘以对应的位权（$\times 2^{n-1}$），并将结果累加求和可得其大小，如 2♯ 10111010＝$1\times2^7+1\times2^5+1\times2^4+1\times2^3+1\times2^1$＝186。

2. 十六进制数

(1)十六进制数的引入：将二进制数从右往左每 4 位用一个十六进制数表示，可以实现对多位二进制数的快速准确的读写。

(2)十六进制数的表示：在 S7-1200 中用 16♯ 来表示十六进制常数，如 2♯ 1010 1110 111 0111 可转换为 16♯ AEF7。

(3)十六进制数的大小：将十六进制数的各位(从右往左第 n 位)乘以对应的位权($\times 16^{n-1}$)并将结果累加求和可得其大小，如 16♯ 2F$=2\times 16^1+15\times 16^0=47$。

二进制、十进制、十六进制的相互转换见表 2-2。

表 2-2　二进制、十进制、十六进制的相互转换

二进制	十进制	十六进制
2♯0000	0	16♯0
2♯0001	1	16♯1
2♯0010	2	16♯2
2♯0011	3	16♯3
2♯0100	4	16♯4
2♯0101	5	16♯5
2♯0110	6	16♯6
2♯0111	7	16♯7
2♯1000	8	16♯8
2♯1001	9	16♯9
2♯1010	10	16♯A
2♯1011	11	16♯B
2♯1100	12	16♯C
2♯1101	13	16♯D
2♯1110	14	16♯E
2♯1111	15	16♯F

3. BCD 码

(1)BCD 码释义：BCD 码就是用 4 位二进制数的组合来表示 1 位十进制数，即用二进制编码的十进制数(Binary Coded Decimal Number)缩写。例如，十进制数 23 的 BCD 码为 2♯00100011 或表示为 16♯23，但其 8421 码为 2♯00010111。

(2)BCD 码的应用：BCD 码常用于输入输出设备，如拨码开关输入的是 BCD 码，送给七段显示器的数字也是 BCD 码。

BCD 码与十进制、十六进制的转换见表 2-3。

表 2-3　BCD 码与十进制、十六进制的转换

BCD 码	十进制	十六进制
2♯0000	0	16♯0
2♯0001	1	16♯1

BCD 码	十进制	十六进制
2♯0010	2	16♯2
2♯0011	3	16♯3
2♯0100	4	16♯4
2♯0101	5	16♯5
2♯0110	6	16♯6
2♯0111	7	16♯7
2♯1000	8	16♯8
2♯1001	9	16♯9

三、S7-1200 物理存储器

1. 过程映像输入/输出

过程映像输入在用户程序中的标识符为 I，它是 PLC 接收外部输入的数字量信号的窗口。

输入端可以外接常开触点或常闭触点，也可以接多个触点组成的串联、并联电路。在每次打开循环开始时，CPU 读取数字量输入点的外部输入电路的状态，并将它们存入过程映像输入区，见表 2-4。

表 2-4   系统存储区

存储区	描述	强制	保持性
过程映像输入(I)	在循环开始时，将输入模块的输入值保存到过程映像输入表	No	No
外设输入(I：P)	通过该区域直接访问集中式和分布式输入模块	Yes	No
过程映像输出(Q)	在循环开始时，将过程映像输出表中的值写入输出模块	No	No
外设输出(Q：P)	通过该区域直接访问集中式和分布式输出模块	Yes	No
位存储器(M)	用于存储用户程序的中间运算结果或标志位	No	Yes
临时局部存储器(L)	块的临时局部数据，只能供块内部使用	No	No
数据块(DB)	数据存储器与 FB 的参数存储器	No	Yes

过程映像输出在用户程序中的标识符为 Q，用户程序访问 PLC 的输入和输出地址时，不是去读、写数字量模块中信号的状态，而是访问 CPU 的过程映像区。在扫描循环中，用户程序计算输出值，并将它们存入过程映像输出区。在下一扫描循环开始时，将过程映像输出区的内容写到数字量输出点，再由后者驱动外部负载。

对存储器的"读写""访问""存取"这 3 个词的意思基本上相同。

I 和 Q 均可以按位、字节、字和双字来访问，如 I0.0、IB0、IW0 和 ID0。程序编辑器自动地在绝对操作数前面插入"％"，如％I3.2。在 SCL 中，必须在地址前输入"％"来表示该地址为绝对地址。如果没有"％"，STP7 将在编译时生成未定义的变量错误。

2. 外设输入

在 I/Q 点的地址或符号地址的后面附加"：P"，可以立即访问外设输入或外设输出。通过给输入点的地址附加"：P"如 I0.3：P，可以立即读取 CPU、信号板和信号模块的数字量输入和模拟量输入，访问时使用 I_：P 取代 I 的区别在于前者的数字直接来自被访问的输入点，而不是来自过程映像输入。因为数据从信号源被立即读取，而不是从最后一次被刷新的过程映像输入中复制，这种访问被称为"立即读"访问。

由于外设输入点从直接连接在该点的现场设备接收数据值，因此写外设输入点是被禁止的，即 I_：P 访问是只读的。

I_：P 访问还受到硬件支持的输入长度的限制。以被组态为从 I4.0 开始的 2DI/2DQ 信号板的输入点为例，可以访问 I4.0：P、I4.1：P 或 IB4：P，但是不能访问 I4.2：P～I4.7：P，因为没有使用这些输入点。也不能访问 IW4：P 和 ID4：P，因为它们超过了信号板使用的字节范围。用 I_：P 访问外设输入不会影响存储在过程映像输入区中的对应值。

3. 外设输出

在输出点的地址后面附加"：P"（如 Q0.3：P），可以立即写 CPU、信号板和信号模块的数字量和模拟量输出。访问时使用 Q_：P 取代 Q 的区别在于前者的数字直接写给被访问的外设输出点，同时写给过程映像输出。这种访问被称为"立即写"，因为数据被立即写给目标点，不用等到下一次刷新时将过程映像输出中的数据传送给目标点。

由于外设输出点直接控制与该点连接的现场设备，因此读外设输出点是被禁止的，即 Q_：P 访问是只写的。与此相反，可以读写 Q 区的数据。与 I_：P 访问相同，Q_：P 访问还受到硬件支持的输出长度的限制。用 Q_：P 访问外设输出同时影响外设输出点和存储在过程映像输出区中的对应值。

4. 位存储器区

位存储器区（M 存储器）用来存储运算的中间操作状态或其他控制信息，可以用位、字节、字或双字读/写位存储器区。

5. 数据块

数据块（Data Block）简称为 DB，用来存储代码块使用的各种类型的数据，包括中间操作状态或 FB 的其他控制信息参数，以及某些指令（如定时器、计数器指令）需要的数据结构。

数据块可以按位（如 B.DBX3.5）、字节（DB）、字（OBW）和双字（BD）来访问。在访问数据块中的数据时，应指明数据块的名称，如 DB1.DBW20。

如果启用了块属性"优化的块访问"，不能用绝对地址访问数据块和代码块的接口区中的临时局部数据。

6. 临时存储器

临时存储器用于存储代码块被处理时使用的临时数据。临时存储器类似 M 存储器，两者的主要区别在于 M 存储器是全局的，而临时存储器是局部的。

（1）所有的 DB、FC 和 FB 都可以访问 M 存储器中的数据，即这些数据可以供用户程序中所有的代码块全局性地使用。

（2）在 OB、FC 和 FB 的接口区生成临时变量（Temp）。它们具有局部性，只能在生成它们的代码块内使用，不能与其他代码块共享。即便 OB 调用 FC，FC 也不能访问调用它的 OB 的临时存储器。

CPU 在代码块被启动（对于 OB）或被调用（对于 FC 和 FB）时，将临时存储器分配给代码块，代码块执行结束后，CPU 将它使用的临时存储区重新分配给其他要执行的代码块使用。CPU 不对在分配时可能包含数值的临时存储单元初始化，只能通过符号地址访问临时存储器。

安装 TIA 博途软件

TIA 博途是全集成自动化软件 TIA portal 的简称，是西门子工业自动化集团发布的一款全新的全集成自动化软件。它是业内首个采用统一的工程组态和软件项目环境的自动化软件，适用于绝大多数的自动化任务。借助该全新的工程技术软件平台，用户能够快速、直观地开发和调试自动化系统。

1. 安装系统要求

TIA 博途软件的安装系统要求，如图 2-78 所示。

硬件/软件	要求
处理器	Intel® Core™ i5-6440EQ（最高 3.4 GHz）
RAM	16 GB（最低 8 GB，大型项目为 32 GB）
硬盘	SSD，至少 50 GB 的可用存储空间
网络	1 Gbit（多用户）
显示器	15.6" 全高清显示屏（1920 x 1080 或更高）
操作系统	Windows 7（64 位） 　▪ Windows 7 Home Premium SP1 * 　▪ Windows 7 Professional SP1 　▪ Windows 7 Enterprise SP1 　▪ Windows 7 Ultimate SP1 Windows 10（64 位） 　▪ Windows 10 Home Version 1709，1803 * 　▪ Windows 10 Professional Version 1709，1803 　▪ Windows 10 Enterprise Version 1709，1803 　▪ Windows 10 Enterprise 2016 LTSB 　▪ Windows 10 IoT Enterprise 2015 LTSB 　▪ Windows 10 IoT Enterprise 2016 LTSB Windows Server（64 位） 　▪ Windows Server 2012 R2 StdE（完全安装） 　▪ Windows Server 2016 Standard（完全安装） *仅适用于 Basic 版本

图 2-78　TIA 博途软件的安装系统要求

2. 安装前准备步骤

安装前，为了避免计算机重启，请先删除注册表。需要在计算机的注册表里删除一个注册表就不提示重启了。具体步骤如下。

（1）在键盘上按"Win＋R"组合键，弹出"运行"对话框，在对话框里面输入注册表命令"regedit"，单击"确定"按钮，如图 2-79 所示。

（2）在注册表内找到："HKEY_LOCAL_MACHINE \ SYSTEM \ CurrentControlSet \ Control \ Session Manager \ "中删除注册表"PendingFileRenameOperations"，右击弹出快捷菜单，单击"删除"按钮，如图 2-80 所示。

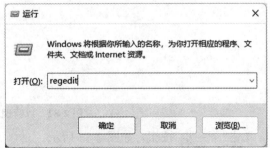

图 2-79　打开注册表

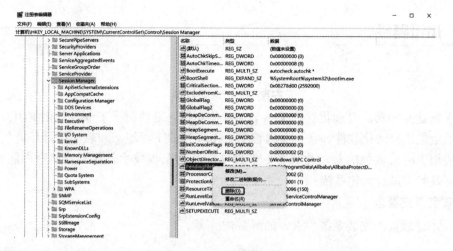

图 2-80 删除注册表

3. 安装过程

打开"TIA_Portal_STEP_7_V15"文件夹，如图 2-81 所示。

图 2-81 打开"TIA_Portal_STEP_7_V15"文件夹

鼠标右击"TIA_Portal_STEP_7_Pro_WINCC_Pro_V15"，选择"以管理员身份运行"命令，如图 2-82 所示。

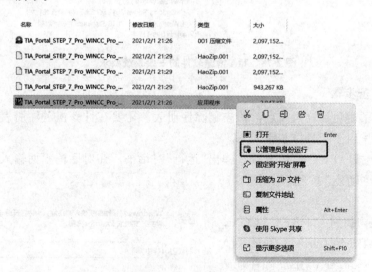

图 2-82 以管理员身份运行

单击"下一步"按钮，如图 2-83 所示。
单击"下一步"按钮，如图 2-84 所示。

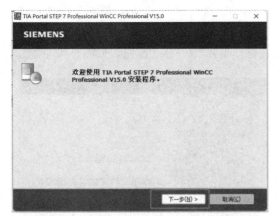

图 2-83 安装

图 2-84 选择安装语言

勾选"退出时删除提取文件"复选框,单击"下一步"按钮,如图 2-85 所示。

安装包正在解压,如图 2-86 所示。

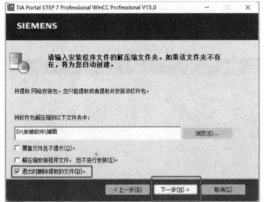

图 2-85 退出时删除提取的文件

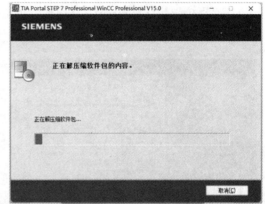

图 2-86 安装包解压

单击"下一步"按钮,如图 2-87 所示。

单击"下一步"按钮,如图 2-88 所示。

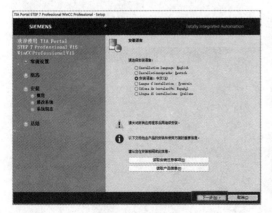

图 2-87 安装语言

图 2-88 选择产品语言

修改目标目录路径中的"C"可更改安装位置（例如，将 C 改为 D 表示安装到 D 盘，请勿修改其他字符），单击"下一步"按钮，如图 2-89 所示。

勾选"本人接受……"和"本人特此……"复选框，单击"下一步"按钮，如图 2-90 所示。

图 2-89　选择安装位置　　　　　　图 2-90　接受所有许可证条款

勾选"我接受此计算机……"复选框，单击"下一步"按钮，如图 2-91 所示。

单击"安装"按钮，如图 2-92 所示。

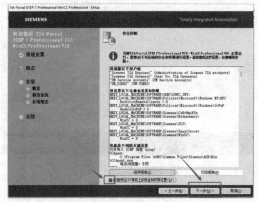 

图 2-91　安全控制　　　　　　　　图 2-92　安装概览

软件安装中……，如图 2-93 所示。

勾选"否，稍后重启计算机"复选框，单击"关闭"按钮，如图 2-94 所示。

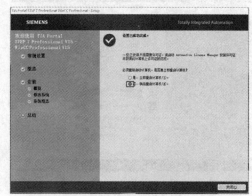

图 2-93　软件安装中　　　　　　　图 2-94　稍后重启计算机

单击"完成"按钮，如图 2-95 所示。

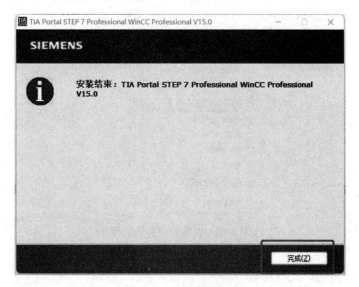

图 2-95　软件安装完成

重复安装前准备步骤，如图 2-96～图 2-110 所示。

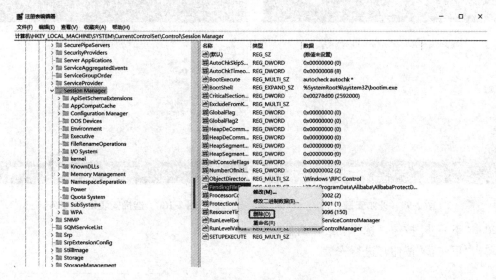

图 2-96　删除注册表

双击打开"SIMATIC_S7PLCSIM_V15"文件夹。

鼠标右击"SIMATIC_S7PLCSIM_V15"，在弹出的右键菜单中选择"以管理员身份运行"命令。

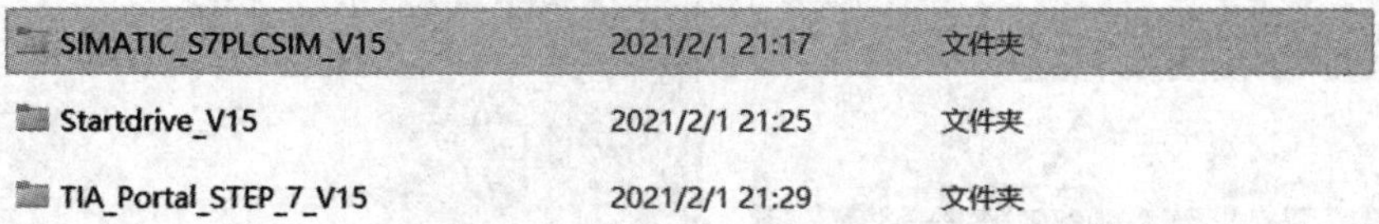

SIMATIC_S7PLCSIM_V15	2021/2/1 21:17	文件夹
Startdrive_V15	2021/2/1 21:25	文件夹
TIA_Portal_STEP_7_V15	2021/2/1 21:29	文件夹

图 2-97　打开文件夹

图 2-98　以管理员身份运行

单击"下一步"按钮，开始安装。

再单击"下一步"按钮，选择安装语言。

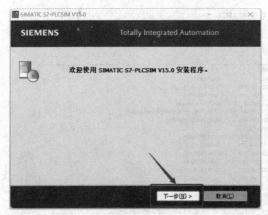

图 2-99　开始安装

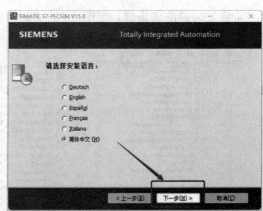

图 2-100　选择安装语言(TIA)

单击"下一步"按钮，选择安装位置。

单击"下一步"按钮，进行安装。

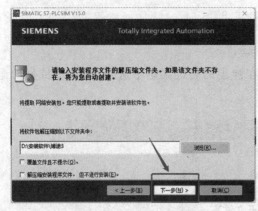

图 2-101　选择安装位置

图 2-102　选择安装语言(S7-PLCSIMV15)

单击"下一步"按钮，选择产品语言。

修改目标目录路径中的"C"可更改安装位置（例如，将 C 改为 D 表示安装到 D 盘，请勿修改其他字符），单击"下一步"。

勾选"本人接受……"和"本人特此……"复选框，单击"下一步"按钮。

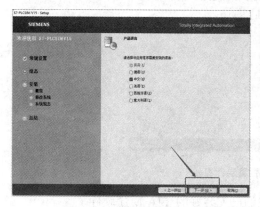

图 2-103　选择产品语言

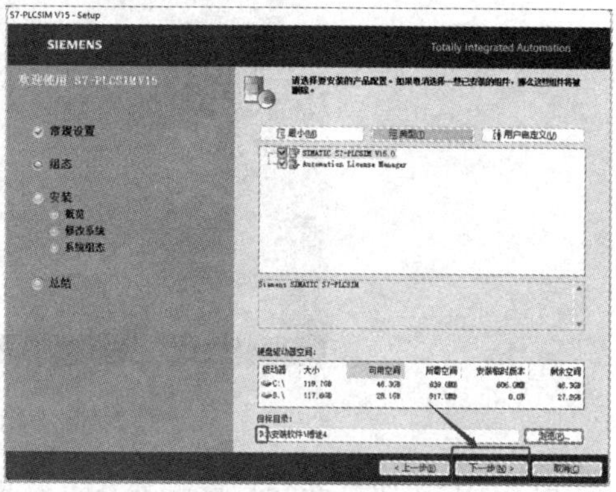

图 2-104　更改安装位置

勾选"我接受此计算机……"复选框，单击"下一步"按钮。

图 2-105　接受所有许可证条款

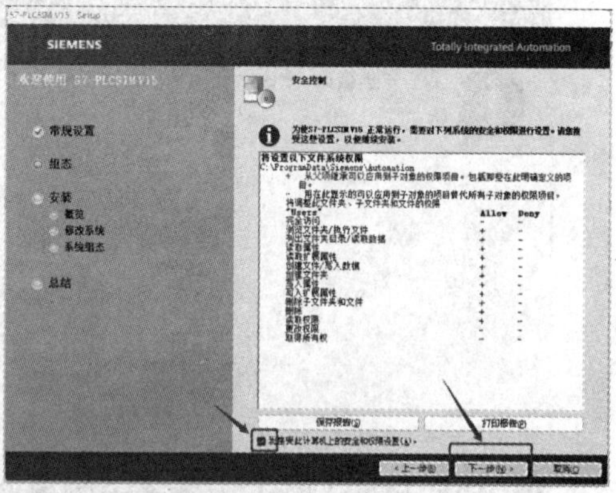

图 2-106　安全设置

单击"安装"按钮，进行安装。

软件安装中……

图 2-107　安装概览

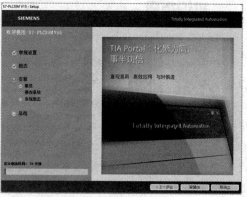

图 2-108　软件安装

勾选"否，稍后重启计算机"复选框，单击"关闭"按钮，稍后重启计算机。

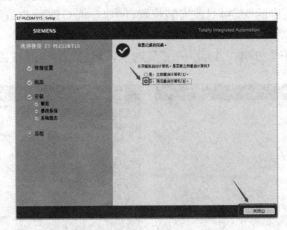

图 2-109   稍后重启计算机

单击"完成"按钮。此时，桌面就会显示我们已安装好的 TIA 博途软件了。

图 2-110   软件安装完成

🔖 知识拓展

作为工业控制中最为重要的设备之一，国内 PLC 市场长期被国外品牌占据，国产 PLC 存在着空心化、短板化、空白化现象。

经过艰苦不懈的研发，由傲拓科技自主研发的 NA 系列可编程控制器不仅覆盖了 PLC 大中小全系列产品，而且在大中型系列中打破了国际巨头的技术垄断，不仅填补了国产 PLC 知识产权上的多项空白，而且通过了 CE 认证、FC 认证，以及电力工业电力系统自动化设备质量检验测试中心的严格测试和检验，各项性能指标均达到或超过相关标准要求，有效提升了国产 PLC 的国际竞争力。

模块二

S7-1200基础指令

项目三　交流电动机基本控制系统

项目四　计数器在控制系统中的应用

项目三　交流电动机基本控制系统

任务一　电动机连续运行控制

>> **任务目标**

1. 掌握 S7-1200 的基本位操作指令；
2. 掌握启—保—停电路的程序设计；
3. 会进行正确的电动机连续运行控制电路的接线；
4. 熟练使用 PLC 并实现电动机连续运行功能；
5. 具有良好的职业道德和高度的职业责任感。

任务描述

电动机拖动系统广泛应用于自动控制领域，控制电动机的运行就能实现控制整个电动机拖动系统，而在机床这类电气设备中，通常需要电动机能够持续工作，因此，需要用 PLC 来实现对电动机的连续运行控制。

图 3-1 所示为电动机连续控制原理，按下启动按钮 SB1，电动机开始运转，当松开启动

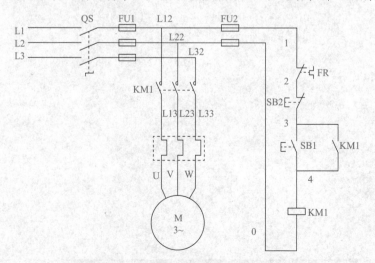

图 3-1　三相交流电动机的启、停控制电路

按钮后，在接触器线圈 KM1 自锁的作用下，保持电动机持续通电，电动机能够正常连续转动；按下停止按钮 SB2，电动机停止工作。电路中采用熔断器 FU 做短路保护、热继电器 FR 做电动机过载保护。

知识储备

位逻辑指令针对触点和线圈进行运算操作，触点及线圈指令是应用最多的指令。使用时要弄清楚指令的逻辑含义及指令的梯形图表达形式。位逻辑指令示例如图 3-2 所示。

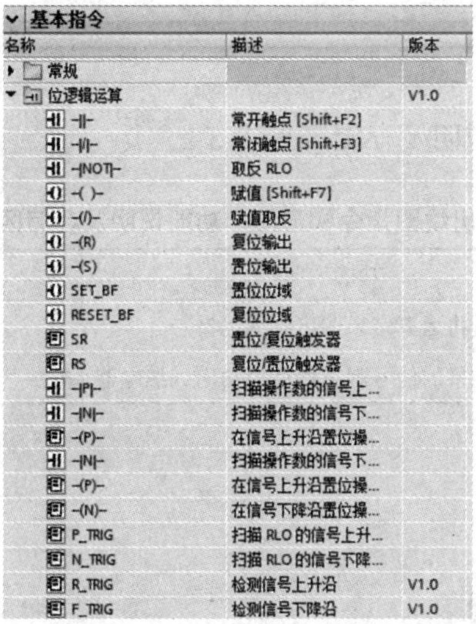

S7-1200
基本位逻辑指令

图 3-2　位逻辑指令示例

一、常开、常闭指令

常开、常闭触点指令是逻辑软元件，作用与继电器控制系统中常开、常闭触点类似。常开、常闭指令的梯形图、功能说明及存储区见表 3-1。

表 3-1　常开、常闭指令的梯形图、功能说明及存储区

指令名称	梯形图	功能说明	存储区
常开触点	⊣ ├	当位等于 1 时，常开触点为 1 当位等于 0 时，常开触点为 0	I、Q、M、D、L
常闭触点	⊣／├	当位等于 0 时，常闭触点为 1 当位等于 1 时，常闭触点为 0	I、Q、M、D、L

指令说明：

程序段 1：

当 I0.0 位状态为 1/ON 时，常开触点闭合，左母线的能流通过 I0.0 到 Q0.0。

程序段 2：

当 I0.0 位为 0/OFF 时，I0.0 常闭触点闭合，左母线的能流通过 I0.0 到 Q0.0。

常开触点和常闭触点称为标准触点，其存储区为 I、Q、M、D、L。

二、输出线圈指令

输出线圈指令梯形图、功能说明及存储区见表 3-2。

表 3-2　输出线圈指令梯形图、功能说明及存储区

指令名称	梯形图	功能说明	存储区
输出线圈	—( )—	将运算结果输出到继电器	I、Q、M、D、L
取反线圈	—(/)—	将运算结果的信号状态取反后输出到继电器	I、Q、M、D、L

指令说明：

程序段 1：

程序段 2：

取反输出线圈中间有"/"符号，如果有能流流过 M4.1 的取反线圈，则 M4.1 为 0 状态，常开触点断开；反之 M4.1 为 1 状态，其常开触点闭合。

三、取反指令

取反指令梯形图、功能说明及存储区见表 3-3。取反触点将它左边电路的逻辑运算结果取反，逻辑运算结果为 1 则变为 0 输出，为 0 则变 1 输出。

表 3-3　取反指令梯形图、功能说明及存储区

指令名称	梯形图	功能说明	储存区
取反指令	——| NOT |——	如果有能流流入取反触点，则没有能流流出； 如果没有能流流入取反触点 则有能流流出	I、Q、M、D、L

指令说明：

程序段：

```
    %I0.1                           %Q0.3
 ─┤ ├──────────┤NOT├───────────────( / )─
```

当 I0.1 接通时 Q0.3 接通，I0.1 断开时 Q0.3 断开。

任务实施

1. 列出 I/O(输入/输出)分配表

通过任务分析要求可知，PLC 需要 3 个输入点，1 个输出点。其 I/O 分配表见表 3-4。

表 3-4　PLC 的 I/O 分配表

输入		输出	
设备名称及编号	PLC 端子编号	设备名称及代号	PLC 端子编号
启动按钮 SB1	I0.0	控制电动机 KM1	Q0.0
停止按钮 SB2	I0.1		
热继电器 FR	I0.2		

2. PLC 硬件接线图

(1)按图 3-1 进行电动机主电路连接。

(2)按图 3-3 进行 PLC 硬件外部接线。

3. PLC 控制程序设计

电动机连续运转控制梯形图程序如图 3-4 所示。

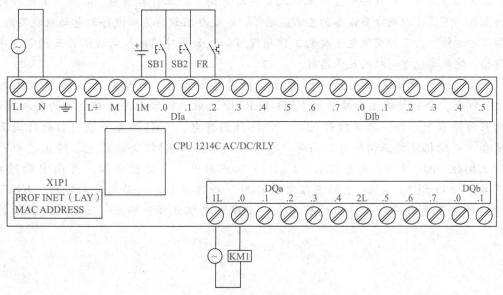

图 3-3　PLC 硬件外部接线

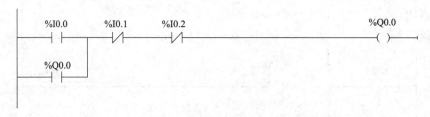

图 3-4 电动机连续运转控制梯形图程序

　　完成接线后认真检查确认接线是否正确；检查结束后在教师的帮助下进行通电，通电后把程序下载到 PLC 中运行测试。在测试过程中，认真观察程序运行状态和分析程序运行的结果；程序符合控制要求后再接通主电路试车，进行系统调试。

任务二　　电动机正反转运行控制

任务目标

1. 掌握 S7-1200 中 S/R/SR/RS 指令；
2. 会进行正确的电动机正反转控制电路的接线；
3. 会使用 PLC 实现电动机正反转控制；
4. 注重精益求精的工匠精神的养成。

任务描述

　　在实际应用中，往往要求生产机械改变运动方向，如工作台前进、后退、电梯或起重机的上升、下降，以及众多设备的左右运动等，这就要求作为拖动设备的电动机能实现正、反转可逆运转。由三相交流电动机的工作原理可知，如果对调接入电动机的三相电源中任意两相，就能实现电动机的反向运行。

　　三相异步电动机的正反转可以通过继电器控制实现，电动机正反转控制线路如图 3-5 所示，分别接通主回路中的 KM1 和 KM2 主触点就实现了三相电源的两相对调。正向启动过程中，按下启动按钮 SB2，KM1 线圈得电，KM1 主触点在自锁的作用下持续闭合，电动机连续正向运转，同时，在互锁的作用下 KM2 无法得电。停止过程，按下停止按钮 SB1，KM1 线圈断电，KM1 主触点断开，电动机停转。反向启动过程，按下启动按钮 SB3，KM2 主触点在自锁作用下持续闭合，电动机反向运转，KM1 在互锁的作用下无法得电。停止过程同上。实现电动机正转—停止—反转—停止的控制功能。

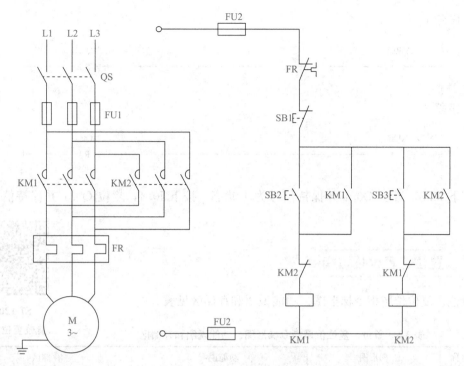

图 3-5　电动机正反转控制电路

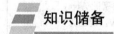 **知识储备**

一、置位、复位线圈指令

置位、复位线圈指令梯形图、功能说明和存储区见表 3-5。

表 3-5　置位、复位线圈指令梯形图、功能说明和存储区

指令名称	梯形图	功能说明	存储区
置位指令	Bit ——(S)——	把指定的位操作数(bit)置位(变为 1 状态并保持)	I、Q、M、D、L
复位指令	Bit ——(R)——	把指定的位操作数(bit)复位(变为 0 状态并保持)	

（1）执行置位线圈指令时，若相关工作条件被满足，指定操作数的信号状态被置位。工作条件失去后，指定操作数的信号状态保持置 1。

（2）复位需用复位线圈指令。执行复位线圈指令时，指定操作数的信号状态被复位，指定操作数的信号状态保持为 0。

指令说明：

程序段 1：

```
      %I0.3                                              %Q0.1
  ─────┤ ├──────────────────────────────────────────────( S )───────
```

程序段 2：

```
      %I0.4                                              %Q0.1
  ─────┤ ├──────────────────────────────────────────────( R )───────
```

按下 I0.3，置位 Q0.1 并保持信号为 1 状态。按下 I0.4，复位 Q0.1 并保持信号为 0 状态。

二、置位、复位位域指令

置位、复位位域指令梯形图、功能说明和存储区见表 3-6。

表 3-6　置位、复位位域指令梯形图、功能说明和存储区

指令名称	梯形图	功能说明	存储区
置位位域	bit ──(SET_BF)── N	把操作数(bit)从指定的地址开始的 N 个点都置1并保持	Bit：I、Q、M、DB 或 IDB、Bool 类型的 Array [..] 中的元素 N：范围为 1~65 535
复位位域	bit ──(RESET_BF)── N	把操作数(bit)从指定的地址开始的 N 个点都复位清0并保持	

(1)执行置位位域指令时，若相关工作条件被满足，从指定的位地址开始的 N 个位地址都被置位(变为 1)，N=1~65 535。工作条件失去后，这些位仍保持置 1。

(2)复位需用复位位域指令。执行复位位域指令时，从指定的位地址开始的 N 个位地址都被复位(变为 0)，N=1~65 535。

指令说明：

程序段 1：

```
      %I0.4                                              %Q0.1
  ─────┤ ├──────────────────────────────────────────────( SET_BF )───
                                                           1
```

程序段 2：

```
      %I0.3                                              %Q0.1
  ─────┤ ├──────────────────────────────────────────────( RESET_BF )─
                                                           1
```

按下 I0.3，置位 Q0.1 并保持信号为 1 状态。按下 I0.4，复位 Q0.1 并保持信号为 0 状态。

三、SR、RS 触发器指令

SR、RS 触发器指令梯形图、功能说明及存储区见表 3-7。

表 3-7　SR、RS 触发器指令梯形图、功能说明及存储区

指令名称	梯形图	功能说明	存储区
置位优先触发器	bit RS ——R　　Q—— …——S1	如果设置(S1)和复原(R)信号均为1，则输出(OUT)为1	I、Q、M、D、L
复位优先触发器	bit SR ——S　　Q—— …——R1	如果设置(S)和复原(RI)信号均为1，则输出(OUT)为0	

SR 和 RS 触发器指令真值表分别见表 3-8、表 3-9。

(1)复位优先触发器：当复位信号(R1)为真时，输出为假。

(2)置位优先触发器：当置位信号(S1)为真时，输出为真。

bit 参数用于指定被置位或者复位的位变量。可选的输出反映位变量的信号状态。

表 3-8　SR 触发器指令真值表

指令	S	R1	OUT(bit)
复位优先指令(SR)	0	0	保持前一状态
	0	1	0
	1	0	1
	1	1	0

表 3-9　RS 触发器指令真值表

指令	S1	R	OUT(bit)
置位优先指令(RS)	0	0	保持前一状态
	0	1	0
	1	0	1
	1	1	1

指令说明：

程序段 1:　　　　　　　　　　　　　　　　　程序段 2:

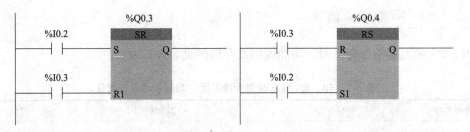

程序解释:

(1)按下 I0.2、Q0.3 和 Q0.4 置位。

(2)按下 I0.3、Q0.3 和 Q0.4 复位。

(3)同时按下 I0.2 和 I0.3,SR 复位优先,则执行复位 Q0.3,RS 置位优先,执行置位 Q0.4。

四、边沿识别指令

1. 上升沿、下降沿指令

扫描操作数信号的上升沿、下降沿指令梯形图、功能说明及存储区见表 3-10。

表 3-10　扫描操作数信号的上升沿、下降沿指令梯形图、功能说明及存储区

指令名称	梯形图	功能说明	存储区
扫描操作数信号的上升沿	操作数1 —| P |— 操作数2	操作数 1 由边沿储存位信号 OFF→ON 上升沿,产生一个宽度为一个扫描周期的脉冲,驱动后面的输出线圈	操作数1:I、Q、M、D、L 操作数2:I、Q、M、D、L
扫描操作数信号的下降沿	操作数1 —| N |— 操作数2	由边沿储存位信号 ON→OFF 下降沿,产生一个宽度为一个扫描周期的脉冲,驱动后面的输出线圈	

图 3-6 所示的 I0.0 的信号波形图,一个周期由 4 个过程组合而成。

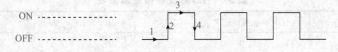

图 3-6　上升沿、下降沿信号波形

过程 1:断开状态。

过程 2:接通的瞬间状态即由断开到接通的瞬间,为脉冲上升沿,上升沿脉冲由 0 状态到状态 1 的过程。

过程 3:接通状态。

过程 4:断开的瞬间状态即由接通到断开的瞬间,为脉冲下降沿,下降沿脉冲由 1 状态到 0 状态的过程。

指令说明：

程序段 1：

程序段 2：

当按下 I0.0（由 0 到 1）时产生上升沿 P，Q0.0 会接通一个扫描周期。

当松开 I0.0（由 1 到 0）时产生下降沿 N，Q0.1 会接通一个扫描周期。

2. 信号边沿置位操作数上升沿、下降沿指令

信号边沿置位操作数上升沿、下降沿指令梯形图、功能说明及存储区见表 3-11。

表 3-11　信号边沿置位操作数上升沿、下降沿指令梯形图、功能说明及存储区

指令名称	梯形图	功能说明	存储区
信号上升沿置位操作数	操作数1 ——（P）—— 操作数2	P 的线圈是"信号上升沿操作数"指令，仅在流进该线圈的能流的上升沿（线圈由断电变为通电），该指令的输出位为 1 状态。其他情况下均为 0 状态	操作数 1： I、Q、M、D、L 操作数 2： I、Q、M、D、L
信号下降沿置位操作数	操作数1 ——（N）—— 操作数2	N 的线圈是"信号下降沿操作数"指令，仅在流进该线圈的能流的下降沿（线圈由通电变为断电），该指令的输出位为 1 状态。其他情况下均为 0 状态	

　　P 的线圈是"在信号上升沿置位操作数"指令，仅在流进该线圈的能流的上升沿（线圈由断电变为通电），该指令的输出位（操作数 1）为 1 状态。其他情况下输出位均为 0 状态，操作数 2 为保存 P 线圈输入端的 RLO 的边沿存储位。

　　N 的线圈是"在信号下降沿置位操作数"指令，仅在流进该线圈的能流的下降沿（线圈由通电变为断电），该指令的输出位（操作数 1）为 1 状态。其他情况下输出位均为 0 状态，操作数 2 为边沿存储位。

　　上述两条线圈格式的指令不会影响逻辑运算结果 RLO，它们对能流是畅通无阻的，其输入端的逻辑运算结果被立即送给它的输出端。这两条指令可以放置在程序段的中间或程序段的最右边。

指令说明：

程序段 1：

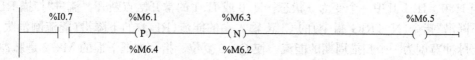

程序段 2：

```
        %M6.1                                          %M6.6
    |----| |----|                                      ( S )----|
```

程序段 3：

```
        %M6.3                                          %M6.6
    |----| |----|                                      ( R )----|
```

在运行时当 I0.7 变为 1 状态，I0.7 的常开触点闭合，能流经 P 线圈和 N 线圈流过 M6.5 的线圈。在 I0.7 的上升沿，M6.1 的常开触点闭合一个扫描周期，使 M6.6 置位。当 I0.7 变为 0 状态，在 I0.7 的下降沿，M6.3 的常开触点闭合一个扫描周期，使 M6.6 复位。

3. 扫描 RLO 的信号上升沿、下降沿指令

扫描 RLO 的信号上升沿、下降沿指令梯形图、功能说明及存储区见表 3-12。

表 3-12　扫描 RLO 的信号上升沿、下降沿指令梯形图、功能说明及存储区

指令名称	梯形图	功能说明	存储区
扫描 RLO 信号上升沿	P_TRIG —CLK　　Q— 操作数	CLK 输入端的能流（RLO）由 0 变为 1，Q 端输出脉冲宽度为一个扫描周期的能流	操作数：M、D
扫描 RLO 信号下降沿	N_TRIG —CLK　　Q— 操作数	CLK 输入端的能流（RLO）由 1 变为 0，Q 端输出脉冲宽度为一个扫描周期的能流	

指令说明：

程序段：

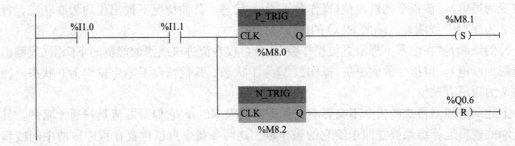

当 I1.0、I1.1 变为 1 状态，I1.0、I1.1 的常开触点闭合，流进"扫描 RLO 的信号上升沿"指令（P_TRIC 指令）的 CLK 输入端的能流（RLO）的上升沿（能流刚流进），Q 端输出脉冲宽度为一个扫描周期的能流，使 M8.1 置位。指令方框下面的 M8.0 是脉冲存储位。

当 I1.0、I1.1 其中一个变为 0 状态，I1.0 或 I1.1 的常开触点断开，流进"扫描 RLO 的信号下降沿"指令（N_TRIG 指令）的 CLK 输入端的能流（RLO）的下降沿（能流刚消失），Q 端输出脉冲宽度为一个扫描周期的能流，使 Q0.6 复位。指令方框下面的 M8.2 是脉冲存储位。P_TRIG 指令与 N_TRIG 指令不能放在电路的开始处和结束处。

4. 检测信号上升沿、下降沿指令

检测信号上升沿、下降沿指令梯形图、功能说明及存储区见表3-13。

表3-13　检测信号上升沿、下降沿指令梯形图、功能说明及存储区

指令名称	梯形图	功能说明	存储区
检测信号上升沿	R_TRIG EN　ENO 输入端—CLK　Q—输出端	在EN为"1"状态时，如果指令检测到CLK输入端的上升沿，Q端输出脉冲宽度为一个扫描周期的脉冲	CLK：I、Q、M、D、L或常量 Q：I、Q、M、D、L
检测信号下降沿	F_TRIG EN　ENO 输入端—CLK　Q—输出端	在EN为"1"状态时，如果指令检测到CLK输入端的下降沿，Q端输出脉冲宽度为一个扫描周期的脉冲	

指令说明：

程序段1：

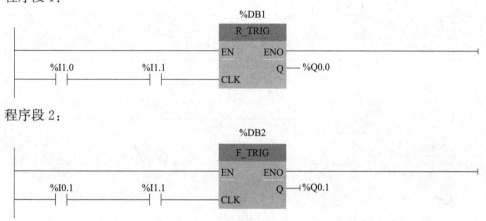

程序段2：

R_TRIG是"检测信号上升沿"指令，F_TRIC是"检测信号下降沿"指令。

它们是函数块，在调用时应为它们指定背景数据块。当在运行时 I1.0、I1.1 变为 1 状态，I1.0、I1.1 的常开触点闭合，输入 CLK 的当前状态与背景数据块中的边沿存储位保存的上一个扫描周期的 CLK 的状态进行比较。如果指令检测到 CLK 的上升沿，将会通过 Q 端输出一个扫描周期的脉冲，使 Q0.0 输出。

当在运行时 I1.0、I1.1 其中一个变为 0 状态，I1.0 或 I1.1 的常开触点断开，输入 CLK 的当前状态与背景数据块中的边沿存储位保存的上一个扫描周期的 CLK 的状态进行比较。如果指令检测到 CLK 的下降沿，将会通过 Q 端输出一个扫描周期的脉冲，使 Q0.1 输出。

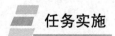 **任务实施**

1. 列出 I/O(输入/输出)分配表

根据电动机正反转运行控制要求，确定 PLC 需要 4 个输入点，2 个输出点。其 I/O(输

入/输出)分配表见表 3-14。

表 3-14   电动机正反转运行控制 I/O 分配表

输入量		输出量	
设备名称及代号	输入点编号	设备名称及代号	PLC 端子编号
正转启动按钮 SB2 常开触点	I0.0	正转控制接触器 KM1	Q0.0
反转启动按钮 SB3 常开触点	I0.1	反转控制接触器 KM2	Q0.1
停止按钮 SB1 常闭触点	I0.2		
热继电器 PR 常开触点	I0.3		

2. PLC 外部硬件接线图

电动机正反转运行控制 PLC 外部硬件接线如图 3-7 所示。

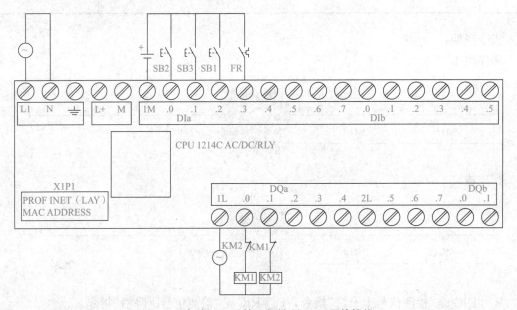

图 3-7   电动机正反转运行控制 PLC 硬件接线

3. PLC 控制程序设计

电动机正反转控制梯形图如图 3-8 所示。

(1)按下 I0.0,使 Q0.0 输出。

(2)Q0.0 输出,Q0.0 常闭触点导通,与 Q0.1 构成互锁。

(3)按下 I0.0 时,由于 Q0.0 输出,Q0.0 常闭触点断开,无法使 Q0.1 输出。

(4)先按下 I0.1 时,启动 Q0.1,由于 Q0.1 输出,Q0.1 常闭触点断开,无法使 Q0.0 输出。

(5)按下停止按钮 I0.2 以后,才可以正常启动 Q0.1 或 Q0.0。

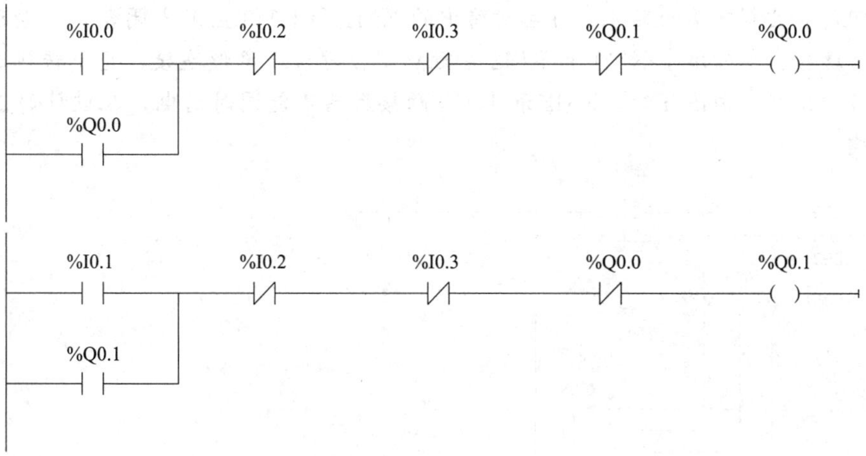

图 3-8　电动机正反转控制的程序

任务三　　电动机 Y-△ 启动控制

任务目标

1. 掌握 S7-1200 中定时器指令；
2. 会进行正确的电动机 Y-△ 降压启动接线；
3. 会使用 PLC 实现电动机 Y-△ 降压启动控制；
4. 培养学生善于运用对比的学习方法，培养刻苦钻研的精神。

任务描述

电动机一般有全压直接启动和降压间接启动两种启动方式。容量较大的电动机启动电流通常为额定电流的 5～7 倍，如果采用直接启动，对电动机和电网的影响非常大，因此，有时为了减小和限制启动时对机械设备的冲击，即使允许直接启动的电动机，也采用降压启动的方式。降压启动的方式有多种，如定子串电阻、Y-△、延边三角形、自耦调压器等降压启动方式，本书主要讲解 Y-△ 降压启动方式。

Y-△ 降压启动是指电动机启动时，先把定子绕组接成星形，以降低启动电压，限制启动电流，待电动机转速上升到接近额定转速时后，再把定子绕组的连接方式改成三角形，使电动机进入全压正常运行状态。采用此法所要求的电动机必须是定子绕组正常连接方式为三角形连接的三相异步电动机。该方法经济简单，应用广泛，一般功率在 4 kW 以上的电动机均采用此方法。

对于三相异步电动机 Y-△ 降压启动，首先要了解定子绕组连接方式的转换，这里采用时间继电器来控制转换过程。如图 3-9 所示，该电路使用了 3 个接触器和 1 个时间继电器，可分为主回路和控制回路两部分。当主回路中的 KM1 和 KM3 主触点闭合时，电动机定子绕组为星形连接；主回路中 KM1 和 KM2 主触点闭合时为三角形连接，整个转换过程由时间继电器自动切换。由图可知，KM2 和 KM3 两接触器不能同时通电，在设计时应考虑采用互锁机构。

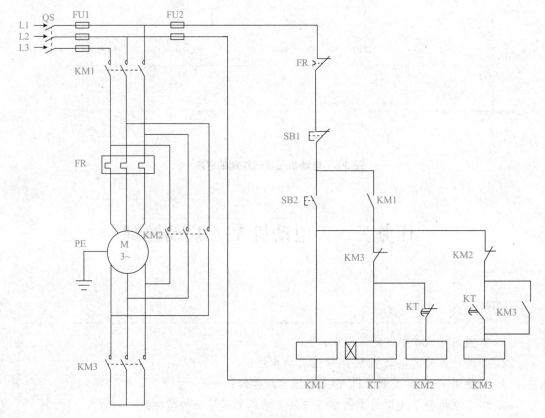

图 3-9　三相异步电动机 Y-△降压启动原理

![知识储备]

一、电动机星形连接和三角形连接

三相异步电动机定子绕组通常有星形连接和三角形连接两种连接方法。三角形连接就是三相绕组依次收尾相连构成一个闭合回路，如图 3-10(a)所示，在首尾连接点上引出 3 根线，分别连接三相电源；星形连接就是把三相绕组的 3 个首端或 3 个尾端连接在一起，形成一个星点，另外的 3 个尾端或 3 个首端接电源，如图 3-10(b)所示。在实际电动机上，按照规定，6 条引出线的首尾分别为 U1、V1、W1、U2、V2、W2，两种连接方式如图 3-10(c)、(d)所示。

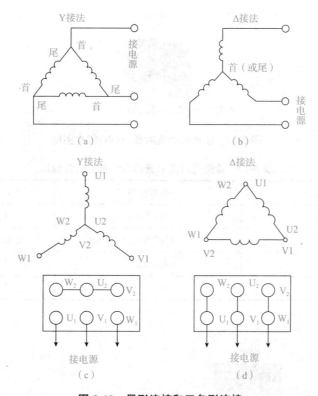

图 3-10 星形连接和三角形连接
(a)星形连接；(b)三角形连接；(c)电动机星形连接；(d)电动机三角形连接

二、定时器指令

定时器指令如图 3-11 所示。定时器属于数据块，调用时需要指定配套的背景数据块，定时器和计数器指令的数据保存在背景数据块中。IEC 定时器没有编号，可以用背景数据块的名称(如"T1"或"1 号电动机启动延时")来做定时器的标识符。

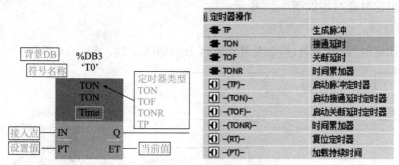

图 3-11 定时器指令图解

1. 接通延时定时器(TON)指令

接通延时定时器(TON)指令及其存储区分别如图 3-12、表 3-15 所示。

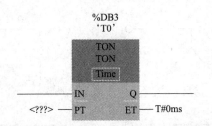

S7-1200
接通延迟定时器

图 3-12　接通延时定时器(TON)指令图解

表 3-15　接通延时定时器(TON)指令的存储区

输入/输出	数据类型	存储区
IN	位(Bool)	I、Q、M、D、L
PT	时间(Time)	I、Q、M、D、L 或常量
Q	位(Bool)	I、Q、M、D、L
ET	时间(Time)	I、Q、M、D、L

指令说明:

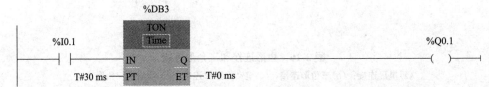

（1）当 I0.1 接通时，使能端(IN)输入有效，定时器开始计时，当前值从 0 开始递增。当前值大于等于预置值 30 ms 时，定时器输出 Q 信号为"1"，驱动线圈 Q0.1 吸合。

（2）当 I0.1 断开时，使能端(N)输出无效，定时器当前值复位清零，定时器复位输出 Q，线圈 Q0.1 断开。

（3）若使能端输入一直有效，计时值到达预置值以后，当前值不再增加，在此期间定时器输出信号仍为"1"，线圈 Q0.1 仍处于吸合状态。

接通延时定时器时序如图 3-13 所示。

2. 时间累加定时器(TONR)指令

时间累加定时器(TONR)指令及其存储区分别如图 3-14、表 3-16 所示。

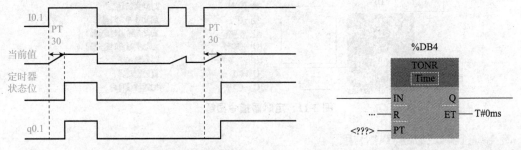

图 3-13　接通延时定时器时序　　　　图 3-14　时间累加定时器(TONR)指令图解

表 3-16　时间累加定时器(TONR)指令的存储区

输入/输出	数据类型	存储区
IN	位(Bool)	I、Q、M、D、L
R	位(Bool)	I、Q、M、D、L 或常量
PT	时间(Time)	I、Q、M、D、L 或常量
Q	位(Bool)	I、Q、M、D、L
ET	时间(Time)	I、Q、M、D、L

(1)首次扫描时,定时器位为 OFF,当前值保持断电前的值。

(2)当 IN 接通时,定时器位为 OFF,TONR 从 0 开始计时。

(3)当前值大于等于设定值时,定时器位为 ON。

(4)定时器累计值达到设定值后不再计时。

(5)当 IN 断开时,定时器的当前值被保持,定时器状态位不变。

(6)当 IN 再次接通时,定时器的当前值从原保持值开始向上增加,因此可累计多次输入信号的接通时间。

(7)此定时器必须用复位(R)指令清除当前值。

指令说明:

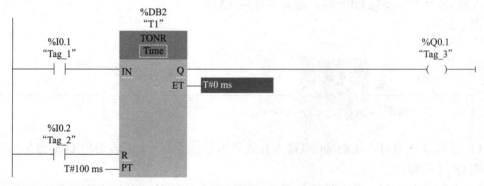

(1)当 I0.1 接通时,使能输入(IN)有效,定时器开始计时。

(2)当 I0.1 断开时,使能输入无效,但当前值仍然保持并不复位。当使能输入再次有效时,当前值在原来的基础上开始递增,当前值大于等于预置值时,定时器输出 Q 信号为"1",线圈 Q0.1 有输出,此后当使能输入无效时,定时器状态位仍然为 1。

(3)当 I0.2 闭合,R 输入进行复位操作时,定时器状态位被清零,定时器复位输出 Q,线圈 Q0.1 断电。

时间累加定时器指令时序如图 3-15 所示。

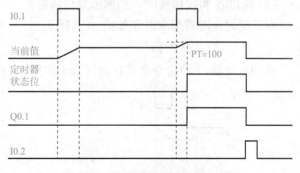

图 3-15　时间累加定时器指令时序

3. 断开延时定时器(TOF)指令

断开延时定时器(TOF)指令及其存储区分别如图 3-16、表 3-17 所示。

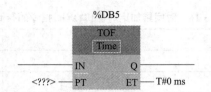

图 3-16 断开延时定时器(TOF)指令图解

S7-1200
关断延时定时器

表 3-17 断开延时定时器 TOF 指令的存储区

输入/输出	数据类型	存储区
IN	位(Bool)	I、Q、M、D、L
PT	时间(Time)	I、Q、M、D、L 或常量
Q	位(Bool)	I、Q、M、D、L
ET	时间(Time)	I、Q、M、D、L

(1)首次扫描时,定时器位为 OFF,当前值为 0。

(2)当 IN 接通时,定时器位即被置为 ON,当前值为 0。

(3)当输入端 IN 由接通到断开时,定时器开始计时。

(4)当前值等于设定值时,定时器状态位为 OFF,当前值保持设定值,并停止计时。

(5)当输入端 IN 从 OFF 转到 ON 时,定时器复位,定时器状态位为 ON,当前值为 0,当输入端 IN 从 ON 转到 OFF 时,定时器可再次启动。

指令说明:

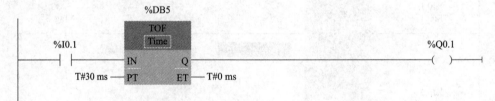

(1)当 I0.1 接通时,使能端(N)输入有效,当前值为 0,定时器输出 Q 信号为"1",驱动线圈 Q0.1 有输出。

(2)当 I0.1 断开时,使能端输入无效,定时器开始计时,当前值从 0 开始递增。当前值达到预置值时,定时器复位输出 Q,线圈 Q0.1 无输出,但当前值保持。

(3)当 I0.1 再次接通时,当前值复位清零。

断开延时定时器指令时序如图 3-17 所示。

4. 脉冲定时器(TP)指令

脉冲定时器(TP)指令及其存储区分别如图 3-18、表 3-18 所示。

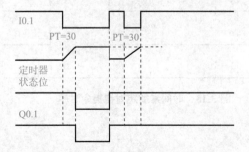

图 3-17 断开延时定时器指令时序

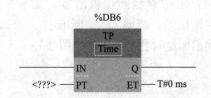

图 3-18 脉冲定时器(TP)指令图解

表 3-18 脉冲定时器(TP)指令的存储区

输入/输出	数据类型	存储区
IN	位(Bool)	I、Q、M、D、L
PT	时间(Time)	I、Q、M、D、L 或常量
Q	位(Bool)	I、Q、M、D、L
ET	时间(Time)	I、Q、M、D、L

(1)首次扫描时，定时器位为 OFF，当前值为 0。

(2)当 IN 接通或检测到上升沿时，定时器位即被置为 ON，定时器开始计时。

(3)当前值等于设定值时，定时器状态位为 OFF，当 IN 一直接通到设定时间时，当前值保持设定值，并停止计时，定时器状态位保持为 OFF，当 IN 接通没有到设定时间时，当前值继续计时到设定值，当达到设定值时，复位为 0，并停止计时。

(4)当设定时间没到输入端从 ON 转到 OFF 时，定时器不复位，定时器状态位保持为 ON 直至设定时间，定时器状态从 ON 转为 OFF，此时当输入端 IN 从 OFF 转到 ON 时，定时器可再次启动。

指令说明：

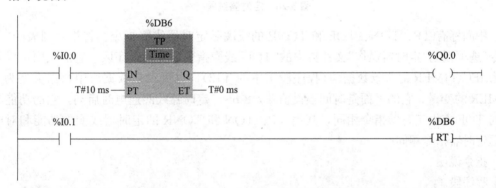

(1)当 I0.0 接通时，IN 输入信号的上升沿启动该定时器，Q 输出变为 1 状态，开始输出脉冲。定时开始后，当前时间 ET 从 0 ms 开始不断增大，达到 PT 预设的时间时，Q 输出变为 0 状态。如果 IN 输入信号为 1 状态，则当前时间值保持不变(图 3-19 中波形 A)。如果 IN 输入信号为 0 状态，则当前时间变为 0 s(图 3-19 中波形 B)。

(2)IN 输入的脉冲宽度可以小于预设值，在脉冲输出期间，即使 IN 输入出现下降沿和上升沿(图 3-19 中波形 B)，也不会影响脉冲的输出。

(3)当 I0.1 为 1 时，定时器复位线圈(RT)通电，定时器被复位。用定时器的背景数据块的编号或符号名来指定需要复位的定时器。如果此时正在定时，且 IN 输入信号为 0 状态，将使当前时间值 ET 清零，Q 输出也变为 0 状态(图 3-19 中波形 C)。如果此时正在定时，且 IN 输入信号为 1 状态，将使当前时间清零，但是 Q

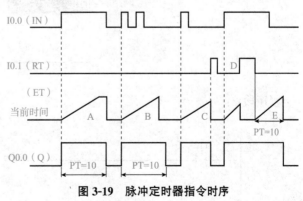

图 3-19 脉冲定时器指令时序

输出保持为 1 状态(图 3-19 中波形 D)。当复位信号 I0.1 变为 0 状态时，如果 IN 输入信号为 1 状态，将重新开始定时(图 3-19 中波形 E)。只是在需要时才对定时器使用 RT 指令。

5. 定时器线圈指令

定时器线圈指令如图 3-20 所示。

启动的IEC定时器 TP ——(Time)——类型：脉冲定时器 脉冲的持续时间	启动的IEC定时器 TON ——(Time)——类型：脉冲定时器 接通延时的持续时间
启动的IEC定时器 TOF ——(Time)——类型：断电延时定时器 关断延时的持续时间	启动的IEC定时器 TONR ——(Time)——类型：时间累加定时器 指定持续时间
指定将要开始的IEC时间 ——(PT)——类型：加载持续时间 指定加载的持续时间	复位的IEC定时器 ——[RT]——类型：复位定时器

图 3-20　定时器线圈指令

中间标有 TP、TON、TOF 和 TONR 的线圈是定时器线圈指令。将指令列表的"基本指令"选项板的"定时器操作"文件夹中的"TOF"线圈指令拖放到程序区。它的上面可以是类型为 IEC TIMER 的背景数据块(程序段 1 中的 T12)，也可以是数据块中数据类型为 IEC TIMER 的变量，它的下面是时间预设值 T♯8 ms。定时器线圈通电时启动，它的功能与对应的 TOF 方框定时器指令相同，其他 TP、TON 和 TONR 的定时器线圈的功能和对应的方框定时器指令相同。

指令说明：

程序段 1：

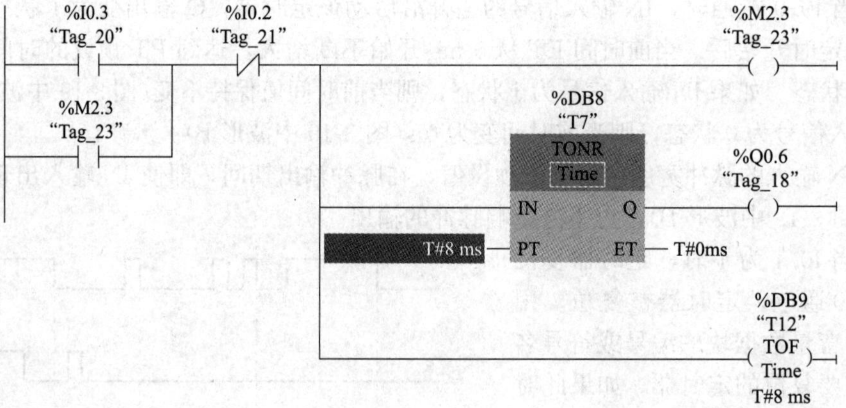

程序段 2：

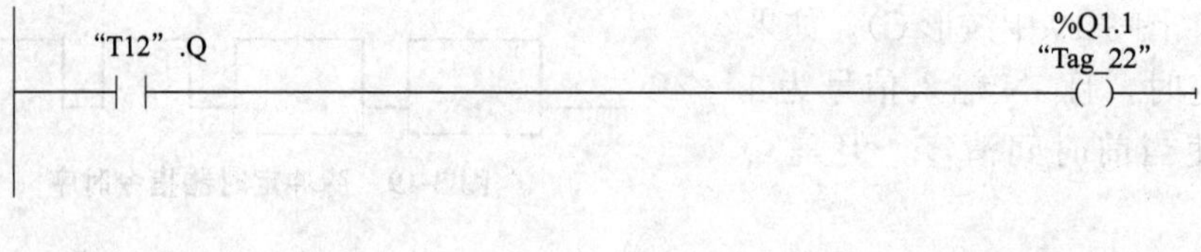

（1）当I0.3接通时，I0.2闭合，M2.3输出，M2.3常开触点导通，构成自锁。定时器T7开始计时，计时时间超过8 ms，Q0.6输出。

（2）当I0.2断开时，M2.3停止输出，定时器T12开始计时，T12.Q常开触点闭合，Q1.1保持输出，等到定时器计时8 ms后，Q1.1停止输出。

6. 复位定时器指令

指令说明：

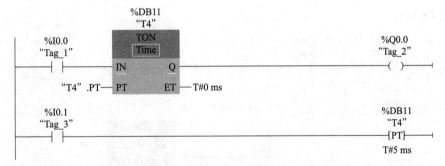

当I0.0接通时，脉冲定时器启动计时，当I0.1接通时，定时器复位，脉冲计数器停止计时并且当前值ET复位为"0"。

7. 加载持续时间指令

指令说明：

当I0.1接通时，接通延时定时器定时时间被设定为5 ms，当I0.0持续接通时，定时器T4开始计时，计时时间超过5 ms，Q0.0输出。

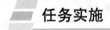
任务实施

1. 列出I/O(输入/输出)分配表

根据电动机Y-△降压启动控制要求，确定PLC需要2个输入点，3个输出点。PLC的I/O分配表见表3-19。

表3-19 PLC的I/O分配表

输入量		输出量	
I0.0	启动按钮	Q0.0	主接触器线圈
I0.1	停止按钮	Q0.1	角接触器线圈
		Q0.2	星接触器线圈

2. PLC 外部硬件接线图

电动机 Y-△ 降压启动控制 PLC 的硬件接线如图 3-21 所示。

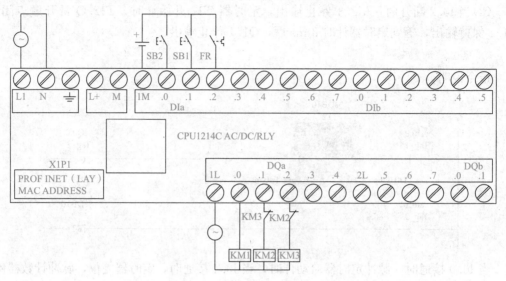

图 3-21   电动机 Y-△ 降压启动控制 PLC 的硬件接线

3. PLC 控制程序设计

电动机 Y-△ 降压启动梯形图如下。

程序段 1：

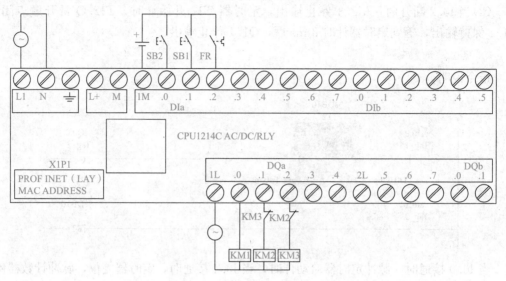

程序段 2：

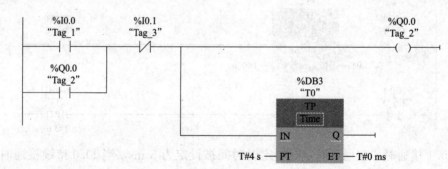

程序段 3：

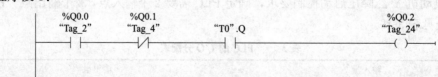

程序解释：按下启动按钮，I0.0 常开触点闭合，Q0.0 线圈得电输出，Q0.0 控制的主接触器吸合，且 Q0.1 也输出，Q0.1 控制星接触器吸合。同时 T0 开始计时工作，时间到

达 4 s 后，T0 常闭触点断开，Q0.1 输出断开，星接触器断开；T0 常开触点接通，Q0.2 输出，角接触器吸合。

 小试身手

案例一 电动机两地控制

电动机 M 有两个启动按钮和两个停止按钮。要求 A、B 两地控制，即在两个不同的地点都能控制电动机启动和停止。A 地启动按钮接 I0.0，停止按钮接 I0.1。B 地启动按钮接 I0.2，停止按钮接 I0.3。

1. PLC 控制程序设计(一)

PLC 控制程序设计(一)如下。

```
        %I0.0        %I0.1        %I0.3              %Q0.0
      ───┤ ├────┬───┤/├────────┤/├───────────────( )───┤

        %I0.2    │
      ───┤ ├─────┤

        %Q0.0    │
      ───┤ ├─────┘
```

2. 程序解释

(1)I0.0 与 I0.2 并联，按下 I0.0 或 I0.2 都可以导通，使 Q0.0 输出。

(2)Q0.0 输出，Q0.0 常开触点导通，构成自锁。

(3)I0.1 与 I0.3 串联，按下 I0.1 或者 I0.3 都可以断开，使 Q0.0 断开。

3. PLC 控制程序设计(二)

若电动机 M 的启动，需要在两个不同的地点同时按下 SB1 和 SB3 才能启动电动机，按下 SB2 和 SB4 都能使电动机停止。

PLC 控制程序设计(二)如下。

```
        %I0.0      %I0.2          %I0.1        %I0.3       %Q0.0
      ───┤ ├───────┤ ├────┬─────┤/├─────────┤/├─────────( )───┤

        %Q0.0            │
      ───┤ ├─────────────┘
```

4. 程序解释

(1)I0.0 与 I0.2 串联，同时按下 I0.0 和 I0.2 才可以导通，使 Q0.0 输出。

(2)Q0.0 输出，Q0.0 常开触点导通，构成自锁。

(3)I0.1 与 I0.3 串联，按下 I0.1 或者 I0.3 都可以断开，使 Q0.0 断开。

案例二　多台电动机控制启动

用红、黄、绿三个信号灯显示 3 台电动机的运行情况，要求：

(1)当无电动机运行时红灯亮；

(2)当 1 台电动机运行时黄灯亮；

(3)当 2 台及以上电动机运行时绿灯亮。

1. 列出 I/O(输入/输出)分配表

多台电动机控制 I/O 分配表见表 3-20。

表 3-20　多台电动机控制 I/O 分配表

输出量	
Q0.0	第一台电动机工作
Q0.1	第二台电动机工作
Q0.2	第三台电动机工作
Q0.3	无电动机运行信号
Q0.4	1 台电动机运行信号
Q0.5	2 台及以上电动机运行信号

2. PLC 控制程序设计

程序段 1：无电动机运行时，Q0.3 线圈得电红色指示灯亮。

程序段 2：Q0.3 取反表示有电动机启动，Q0.5 取反表示有一台或无电动机运行，Q0.3 的取反与 Q0.5 取反进行串联，表示只有一台电动机启动。

程序段 3：任意两台启动，Q0.5 线圈得电，绿灯亮，由于包含了两台，因此当 3 台全部启动后，绿色指示灯亮。

3. 程序解释

(1)Q0.0、Q0.1、Q0.2 都没有输出，3 台电动机都没有运行时，红灯亮。

(2)当红灯 Q0.3 没有接通，并且没有两台及两台以上同时运行，绿灯 Q0.5 没有接通，也就是一台运行时，黄灯 Q0.4 亮。

(3)任意两台及以上运行时，绿灯 Q0.5 亮。

案例三　顺序控制线路设计

生产实践中常要求各种运动部件之间能够按顺序工作。例如，车床主轴转动时要求油泵先给齿轮箱提供润滑油，即要求保证润滑泵电动机启动后，主拖动电动机才允许启动，也就是控制对象对控制线路提出了按顺序工作的联锁要求。如图 3-22 所示，M1 为油泵电动机，M2 为主拖动电动机，在图 3-22 中将控制油泵电动机的接触器 KM1 的常开辅助触点串入控制主拖动电动机的接触器 KM2 的线圈电路，可以实现按顺序工作的联锁要求。

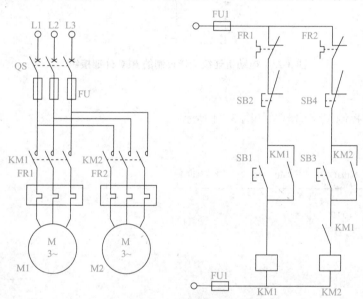

图 3-22　顺序控制线路

1. 列出 I/O(输入/输出)分配表

通过任务分析要求可知，此时 PLC 需要 6 个输入点、2 个输出点。其 I/O 分配表见表 3-21。

表 3-21　I/O 分配表

输入		输出	
设备名称及编号	PLC 端子编号	设备名称及代号	PLC 端子编号
M1 启动按钮 SB1	I0.0	M1 电动机 KM1	Q0.0
M1 停止按钮 SB2	I0.1	M2 电动机 KM2	Q0.1
M2 启动按钮 SB3	I0.2		
M2 停止按钮 SB4	I0.3		
M1 热继电器 FR1	I0.4		
M2 热继电器 FR2	I0.5		

2. PLC 硬件接线图

电动机连续运转控制的 PLC 外部接线如图 3-23 所示。

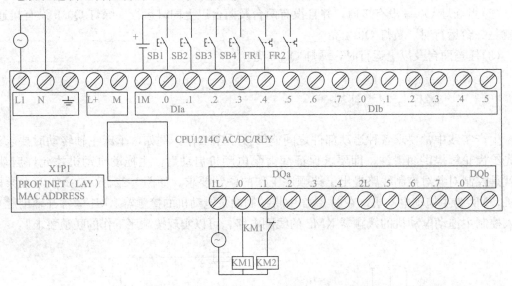

图 3-23   电动机连续运转控制的 PLC 外部接线

3. 控制程序设计

电动机顺序控制线路梯形图如图 3-24 所示。

程序段 1：

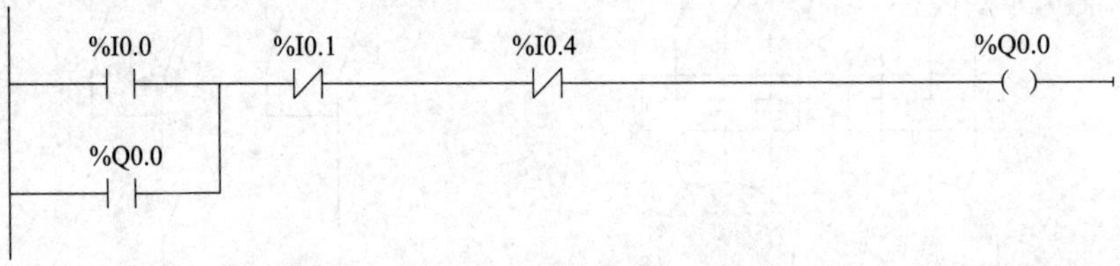

```
      %I0.0        %I0.1        %I0.4                      %Q0.0
  ─────┤ ├───┬─────┤/├──────────┤/├──────────────────────( )───
      %Q0.0   │
  ─────┤ ├────┘
```

程序段 2：

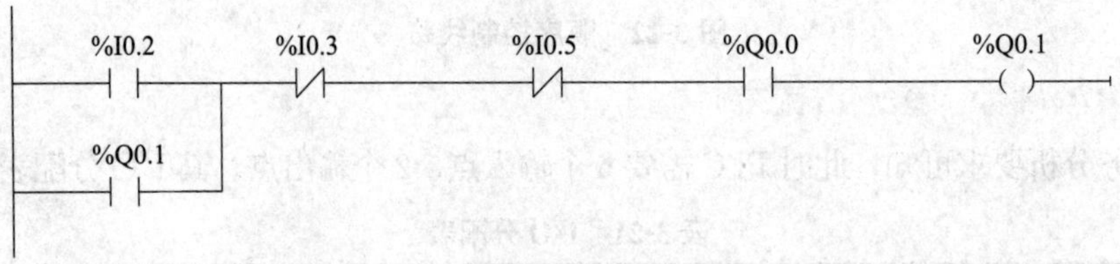

```
      %I0.2        %I0.3        %I0.5        %Q0.0        %Q0.1
  ─────┤ ├───┬─────┤/├──────────┤/├──────────┤ ├─────────( )───
      %Q0.1   │
  ─────┤ ├────┘
```

图 3-24   电动机顺序控制线路梯形图

案例四   多路抢答器设计

一个比赛项目，共有参赛选手 3 组。

选手 1，抢答按钮 I0.2 抢答指示灯 Q0.2。

选手 2，抢答按钮 I0.3 抢答指示灯 Q0.3。

选手 3，抢答按钮 I0.4 抢答指示灯 Q0.4。

主持人按下启动按钮 I0.0 后，抢答指示灯 Q0.0 亮，开始抢答。若 5 s 内无人抢答，抢答指示灯 Q0.0 灭，说明该题无人抢答，自动作废。

主持人出题后，没有按下启动按钮 I0.0，如果有人抢答，Q0.1 报警，选手自己的灯亮，表示选手违规。

按下启动按钮 I0.0，开始抢答后，第一个按下按钮的选手信号有效，其余选手信号（按下的）无效，选手抢答信号指示灯亮。

在按下 I0.1 复位按钮，所有灯熄灭，进行下一轮抢答。

1. 列出 I/O(输入/输出)分配表

I/O 分配表见表 3-22。

表 3-22 I/O 分配表

输入量		输出量	
I0.0	启动按钮	Q0.0	开始抢答
I0.1	复位按钮	Q0.1	报警灯
I0.2	选手 1	Q0.2	1 号选手灯
I0.3	选手 2	Q0.3	2 号选手灯
I0.4	选手 3	Q0.4	3 号选手灯

2. PLC 外部硬件接线图

多路抢答器的 PLC 外部接线如图 3-25 所示。

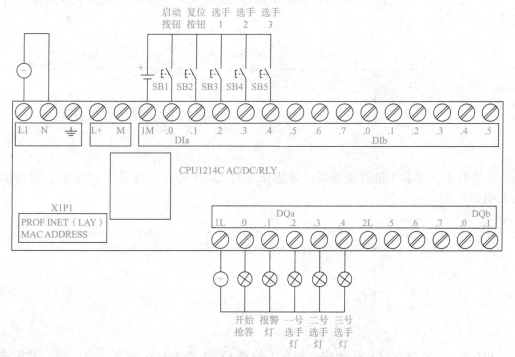

图 3-25 多路抢答器的 PLC 外部接线

3. PLC 控制程序设计

多路抢答器控制程序设计如下。

程序段1：主持人按下启动按钮，抢答指示灯 Q0.0 亮，抢答开始。

```
  %I0.0        "t0".Q      %I0.1                              %Q0.0
───┤ ├─────┬────┤/├────────┤/├──────┬──────────────────────────( )───
  %Q0.0    │                        │
───┤ ├─────┘                        │            %DB1
                                    │         ┌──────────┐
                                    │         │   TON    │
                                    │         │  Time    │
                                    │         │          │
                                    └─────────┤IN      Q ├────
                                        T#5 s ─┤PT     ET ├─ T#0 ms
                                              └──────────┘
```

程序段2：选手1抢答成功后，对应指示灯 Q0.2 亮，与选手2和选手3的指示灯做互锁。

```
  %I0.2            %I0.1      %Q0.4      %Q0.3      %Q0.2
───┤ ├───────┬──────┤/├───────┤/├────────┤/├────────( )───
  %Q0.2      │
───┤ ├───────┘
```

程序段3：选手2抢答成功后，对应指示灯 Q0.3 亮，与选手1和选手3的指示灯做互锁。

```
  %I0.3            %Q0.2      %Q0.4      %I0.1      %Q0.3
───┤ ├───────┬──────┤/├───────┤/├────────┤/├────────( )───
  %Q0.3      │
───┤ ├───────┘
```

程序段4：选手3抢答成功后，对应指示灯 Q0.4 亮，与选手1和选手2的指示灯做互锁。

```
  %I0.4            %I0.1      %Q0.2      %Q0.3      %Q0.4
───┤ ├───────┬──────┤/├───────┤/├────────┤/├────────( )───
  %Q0.4      │
───┤ ├───────┘
```

程序段5：在抢答没有开始前，如有人抢答 Q0.1 报警且选手自己的灯亮，表示选手违规。

```
    %I0.2         %Q0.0         %I0.1                                    %Q0.1
  ——| |——————————|/|——————————|/|————————————————————————————————————( )——

    %I0.3
  ——| |——
    |
    %I0.4
  ——| |——
    |
    %Q0.1
  ——| |——
```

4. 程序解释

(1)主持人按下启动按钮 I0.0 后，抢答指示灯 Q0.0 亮，3 组选手此时开始抢答。同时 T0 开始计时 5 s，若 5 s 内无人抢答，T0 的常闭触点断开，抢答指示灯灭 Q0.0 灭，说明该题无人抢答，自动作废。

(2)按下启动按钮 I0.0，3 组选手开始抢答后，第一个按下按钮的选手信号有效，其余选手信号(后按下的)无效，选手抢答信号指示灯亮。

(3)在主持人出题后，没有按下启动按钮 I0.0，即抢答指示灯 Q0.0 没有点亮的情况下如果有人抢答，I0.2、I0.3、I0.4 任何一个按钮按下去 Q0.1 均报警，选手自己的灯亮，表示选手违规。

(4)当按下 I0.1 复位按钮时，所有灯熄灭，然后进行下一轮抢答。

案例五　小区电动门控制

用 PLC 控制一车库大门自动打开和关闭，以便让一个接近大门的物体(如车辆)进入或离开车库。控制要求：采用一台 PLC，使用超声波传感器检测是否有物体(如车辆)需要进入车库，光电传感器检测物体(如车辆)是否已经进入大门，利用超声开关和光电开关作为输入设备，将信号送入 PLC，PLC 输出信号控制门电动机旋转，如图 3-26 所示。

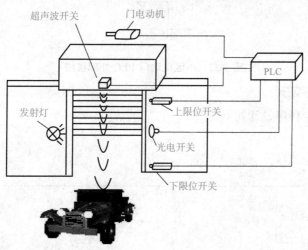

图 3-26　PLC 在仓库大门控制中的应用

1. 列出 I/O(输入/输出)分配表

I/O 分配表见表 3-23。

表 3-23 I/O 分配表

输入量		输出量	
I0.0	大门控制启动按钮	Q0.0	电动机上行
I0.1	大门控制停止按钮	Q0.1	电动机下行
I0.2	超声波检测信号		
I0.3	光电传感器信号		
I0.4	大门上限位开关		
I0.5	大门下限位开关		

2. PLC 外部硬件接线图

小区电动门 PLC 外部接线如图 3-27 所示。

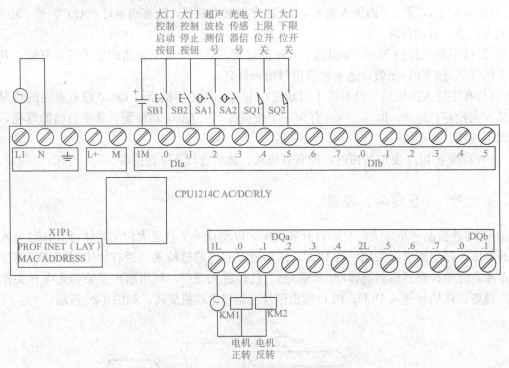

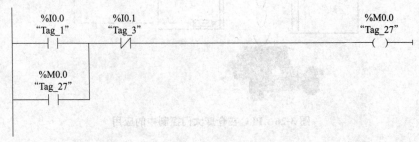

图 3-27 小区电动门 PLC 外部接线

3. PLC 控制程序设计

小区电动门控制程序设计如下。

程序段 1：

程序段 2：当有车辆接近大门时，I0.2 得电，Q0.0 线圈得电并自锁，电动机上行，大门打开。

```
%I0.2      %M0.0      %I0.4      %Q0.1                    %Q0.0
"Tag_21"   "Tag_27"   "Tag_28"   "Tag_4"                  "Tag_2"
──┤├────────┤├────────┤/├────────┤/├──────────────────────(  )──

%Q0.0
"Tag_2"
──┤├──
```

程序段 3：当车辆后端进入大门时，光电开关 I0.3 失电，I0.3 信号的下降沿，使 M0.1 得电一个扫描周期。

```
%I0.3      %M0.0        N_TRIG                           %M0.1
"Tag_20"   "Tag_27"   ┌─────────┐                        "Tag_5"
──┤├────────┤├────────┤CLK    Q ├─────────────────────────(  )──
                      └─────────┘
                        %M0.2
                        "Tag_6"
```

程序段 4：当大门接触到下限位开关时，I0.5 得电常闭触点断开，大门驱动电动机停止运行。

```
%M0.1      %M0.0      %I0.5      %Q0.0                    %Q0.1
"Tag_5"    "Tag_27"   "Tag_29"   "Tag_2"                  "Tag_4"
──┤├────────┤├────────┤/├────────┤/├──────────────────────(  )──

%Q0.1
"Tag_4"
──┤├──
```

4. 程序解释

(1) 按下大门自动控制系统按钮 I0.0 得电，常开触点闭合，M0.0 得电并自锁。

(2) 当有车辆接近大门时，超声波传感器接收到识别信号，I0.2 得电，常开触点闭合，Q0.0 线圈得电并自锁，电动机上行，大门打开。同时，Q0.1 被互锁不能启动。当大门接触到门上限位开关时，I0.4 得电，Q0.0 失电，大门驱动电动机停止运行。

(3) 当车辆前端进入大门时，光电开关 I0.3 得电，常开触点闭合，当车辆后端进入大门时，光电开关 I0.3 失电，此时，I0.3 信号的下降沿使 M0.1 得电一个扫描周期，M0.1 得电，Q0.1 得电并自锁，电动机下行，大门关闭，且 Q0.0 被互锁不能启动。当大门接触到门下限位开关时，I0.5 得电常闭触点断开，大门驱动电动机停止运行。

(4) 按下大门自动控制系统停止按钮 I0.1，I0.1 得电，常闭触点断开，M0.0 失电，控制系统停止。

案例六　电动机启动控制

两台电动机 M1（Q0.0）、M2（Q0.1），即每台电动机都有一个开始按钮和停止按钮，要求顺序控制，即启动时 M1 启动后，M2 才能启动，停止时 M2 停止后，M1 才能停止。

1. 列出 I/O(输入/输出)分配表

I/O 分配表见表 3-24。

表 3-24 I/O 分配表

输入量		输出量	
I0.0	M1 电动机启动按钮	Q0.0	M1 电动机输出
I0.1	M1 电动机停止按钮	Q0.1	M2 电动机输出
I0.2	M2 电动机启动按钮		
I0.3	M2 电动机停止按钮		

2. PLC 外部硬件接线图

电动机启动控制 PLC 外部接线如图 3-28 所示。

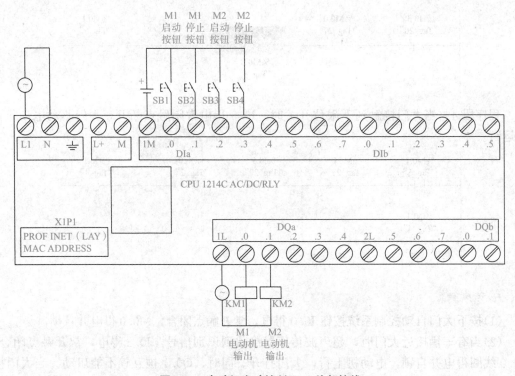

图 3-28 电动机启动控制 PLC 外部接线

3. PLC 控制程序设计

电动机启动控制程序设计如下。

程序段 1：按下按钮 I0.0，电动机 1 启动，并保持按下停止按钮 I0.1，且电动机 2 断电，电动机 1Q0.0 失电停止。

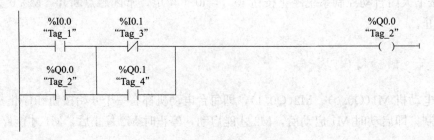

程序段 2：电动机 1 启动后，按下按钮 I0.2，电动机 2 启动，并保持。按下停止按钮 I0.3，电动机 2 停止。

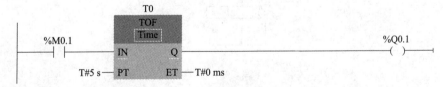

4. 程序解释

(1)I0.0 按下，Q0.0 接通并自锁，第一台电动机启动。

(2)当第一台电动机启动后，Q0.0 常开触点闭合。I0.2 按下，Q0.1 接通并自锁，第二台电动机启动。实现顺序启动。

(3)I0.3 按下，Q0.1 线圈失电，第二台电动机停止。

(4)当第二台电动机停止后，Q0.1 线圈失电。I0.1 按下，Q0.0 线圈失电，第一台电动机停止，实现逆序停止。

案例七　电动机延时停止

一台电动机，按下启动按钮 I0.0 时，电动机启动运行，按下停止按钮 I0.2 时，电动机过 5 s 停止工作。

1. PLC 控制程序设计

电动机延时停止控制程序设计如下。

程序段 1：

```
        %I0.0        %I0.2                              %M0.1
        ┤ ├          ┤/├                               ( )

        %M0.1
        ┤ ├
```

程序段 2：

```
                      T0
                     TOF
                     Time
        %M0.1                                           %Q0.1
        ┤ ├          IN        Q                        ( )
        T#5 s ──── PT        ET ── T#0 ms
```

2. 程序解释

(1)I0.0 按下，M0.1 导通并自锁。M0.1 用来保持 Q0.1 的信号。

(2)M0.1 得电后，断开延时定时器(TOF)的状态位为 1，Q0.1 得电，电动机运行。

(3)I0.2 按下，M0.1 断开，断开延时定时器(TOF)开始工作，5 s 后定时器断开，Q0.1 失电，电动机停止工作。

案例八 电梯双速控制

在商场中，经常看到电梯有两种速度：低速和高速。在无人乘坐电梯的时候，使用低速，当有人乘坐电梯时，使用高速，以达到节能的目的。在本方案设计中按钮 SB1 启动系统，SB2 停止系统，PH1 光电感应开关(感应是否有人员乘坐电梯)检测到有人员乘坐电梯时，启用高速运行。若 10 s 内无人员再次乘坐电梯，那么电梯自动从高速切换到低速。

1. 列出 I/O(输入/输出)分配表

I/O 分配表见表 3-25。

表 3-25 I/O 分配表

输入量		输出量	
I0.0	SB1 启动按钮	Q0.0	电动机低速输出
I0.1	SB2 停止按钮	Q0.1	电动机高速输出
I0.2	PH1 光电感应开关		

2. PLC 外部硬件接线图

电梯双速 PLC 外部接线如图 3-29 所示。

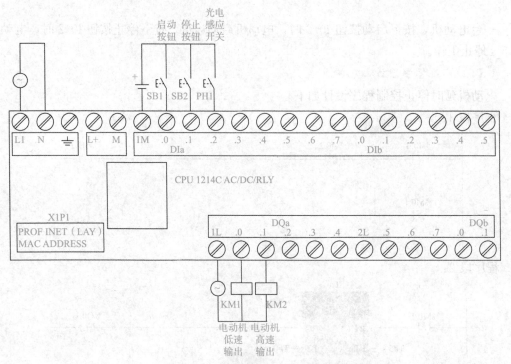

图 3-29 电梯双速 PLC 外部接线

3. PLC 控制程序设计

电梯双速控制程序设计如下。

程序段 1：电梯启动后，Q0.0 线圈得电，电梯以低速运行。用高速的状态控制低速的输出，当高速运行时低速断开。

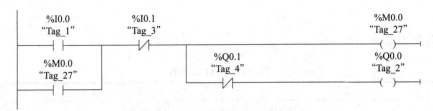

程序段 2：光电开关感应到信号，启动高速运行，Q0.1 线圈得电。在 10 s 内光电开关没有感应到信号，T0 状态位变为 1，高速断开。在 10 s 内光电开关感应到信号，定时器重新计时。

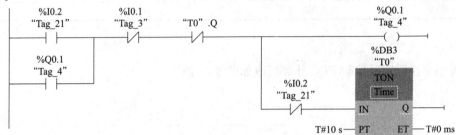

4. 程序解释

(1)按下启动按钮 I0.0，启动系统标志位，M0.0 启动并自锁。Q0.0 线圈得电。

(2)当 I0.2 光电开关感应到信号时，启动电动机高速输出，Q0.1 线圈得电。

(3)在 10 s 内光电开关 I0.2 没有感应到信号。定时器 T0 定时时间到，T0 的位状态为 1，Q0.1 电动机高速输出断开，定时时间清零。Q0.0 线圈得电，电动机低速运行。在 10 s 内光电开关 I0.2 感应到信号，I0.2 常闭触点断开，T0 重新计时。

案例九　运料小车往返定时控制

随着工业的发展，生产车间的物料传送大多需要自动化。运料小车的自动控制已越来越普遍。运料小车在 B 仓装料，20 s 后装料结束，小车向 A 仓行进，在 A 仓停下卸料，30 s 后卸料结束，完成一次运送料后小车再回到 B 仓，重复如上动作，如此循环完成自动装运料(图 3-30)。

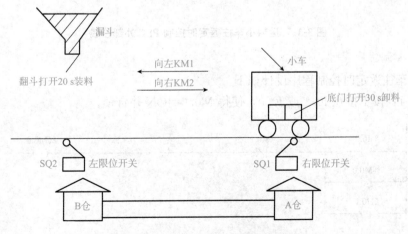

图 3-30　运料小车往返定时控制示意

1. 列出 I/O(输入/输出)分配表

I/O 分配表见表 3-26。

表 3-26 I/O 分配表

输入量		输出量	
I0.0	右行按钮	Q0.0	电动机正转
I0.1	左行按钮	Q0.1	电动机反转
I0.2	停止按钮	Q0.2	装料电磁阀
I0.3	右限位开关	Q0.3	卸料电磁阀
I0.4	左限位开关		

2. PLC 外部硬件接线图

运料小车往返定时控制 PLC 外部接线如图 3-31 所示。

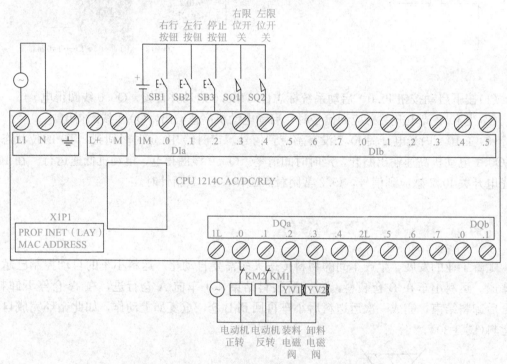

图 3-31 运料小车往返定时控制 PLC 外部接线

3. PLC 控制程序设计

运料小车往返定时控制程序设计如下。

程序段 1：按下按钮 I0.1 或 I0.0，使得 M0.0＝ON 并自锁。

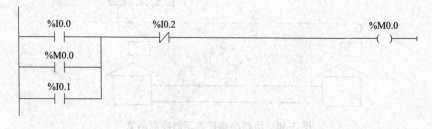

116

程序段 2：按下按钮 I0.0，I0.0＝ON 使得 Q0.0＝ON 并自锁，小车向右运行。

```
   %I0.0      %M0.0    %I0.2    %I0.3    %Q0.1    %Q0.0
 ┌──┤ ├──┬──┤ ├────┤/├────┤/├────┤/├─────( )──┐
 │          │
 │  "T0".Q  │
 ├──┤ ├─────┤
 │          │
 │  %Q0.0   │
 └──┤ ├─────┘
```

程序段 3：按下按钮 I0.1，I0.1＝ON 使得 Q0.1＝ON 并自锁，小车向左运行。

```
   %I0.1      %M0.0    %I0.2    %I0.4    %Q0.0    %Q0.1
 ┌──┤ ├──┬──┤ ├────┤/├────┤/├────┤/├─────( )──┐
 │          │
 │  "T1".Q  │
 ├──┤ ├─────┤
 │          │
 │  %Q0.1   │
 └──┤ ├─────┘
```

程序段 4：小车到达右限位开关 I0.3，I0.3＝ON，Q0.3 电磁阀得电，等待卸料 30 s，30 s 后 Q0.3 失电。

```
    %I0.3                                                    %Q0.3
   "Tag_20"        "T1".Q                                   "Tag_25"
 ┌──┤ ├──┬────────┤/├──────────────────────────────────────( )──
 │       │
 │       │        %DB21
 │       │        "T1"
 │       │      ┌────────┐
 │       │      │  TON   │
 │       │      │ ┌Time┐ │
 │       │      │        │
 │       └──────┤IN    Q ├──
 │     T#30 s ──┤PT   ET ├── T#0 ms
 │              └────────┘
```

程序段 5：小车到达左限位开关 I0.4，I0.4＝ON，Q0.2 电磁阀得电，等待装料 20 s，20 s 后 Q0.2 失电。

```
    %I0.4                                                    %Q0.2
   "Tag_28"        "T0".Q                                   "Tag_24"
 ┌──┤ ├──┬────────┤/├──────────────────────────────────────( )──
 │       │
 │       │        %DB3
 │       │        "T0"
 │       │      ┌────────┐
 │       │      │  TON   │
 │       │      │ ┌Time┐ │
 │       │      │        │
 │       └──────┤IN    Q ├──
 │     T#20 s ──┤PT   ET ├── T#0 ms
 │              └────────┘
```

4. 程序解释

（1）假设开始时小车是空车，并且在右端，压住右限位开关 I0.3。此时如果按下左行按钮 I0.1，I0.1＝ON 使得 Q0.1＝ON 并自锁，小车向左运行。同时，Q0.1 常闭触点断开，使小车不可能出现右行情况。

（2）当小车到达左端并且碰到左限位开关 I0.4 时，I0.4＝ON，使 Q0.1＝OFF，Q0.2＝ON，小车停止，开始装料，同时定时器 T0 开始计时，20 s 后，计时时间到，T0＝ON，Q0.2＝OFF，Q0.0＝ON，小车停止装料，开始向右行驶。

（3）当小车到达右端并且碰到右限位开关 I0.3 时，I0.3＝ON，使得 Q0.0＝OFF，Q0.3＝ON，小车停止，开始卸料，同时定时器 T1 开始计时，30 s 后，计时时间到，T1＝ON，Q0.3＝OFF，Q0.1＝ON，小车停止卸料，开始向左行驶。之后以此过程循环运行。

（4）若按下停止按钮 I0.2，小车在装料或卸料完成后，不再向右或向左运行。

案例十　水塔自动供水系统

水塔在工业设备中起到蓄水的作用，水塔的高度很高，为了使水塔中的水位保持在一定的高度，通常由自动控制电路对水塔的水位进行检测，同时对水塔进行给水控制，水塔有低水位传感器 SQ3 和高水位传感器 SQ4，蓄水池有蓄水池低水位传感器 SQ1 和蓄水池高水位传感器 SQ2，水泵电动机为 Q0.2，蓄水池的出水阀为 Q0.0，蓄水池的低水位指示灯为 Q0.1，水塔低水位指示灯为 Q0.3。

1. 列出 I/O(输入/输出)分配表

I/O 分配表见表 3-27。

表 3-27　I/O 分配表

输入量		输出量	
I0.0	蓄水池低水位传感器	Q0.0	电磁阀
I0.1	蓄水池高水位传感器	Q0.1	蓄水池低水位指示灯
I0.2	水塔低水位传感器	Q0.2	电动机供电控制接触器
I0.3	水塔高水位传感器	Q0.3	水塔高水位指示灯

2. PLC 外部硬件接线图

水塔自动供水系统 PLC 外部接线如图 3-32 所示。

3. PLC 控制程序设计

程序段 1：蓄水池处于低水位时，I0.0 接通，向蓄水池供水的电磁阀 Q0.0 吸合。当蓄水池达到高水位 I0.1 时，出水电磁阀 Q0.0 失电，停止向蓄水池供水。

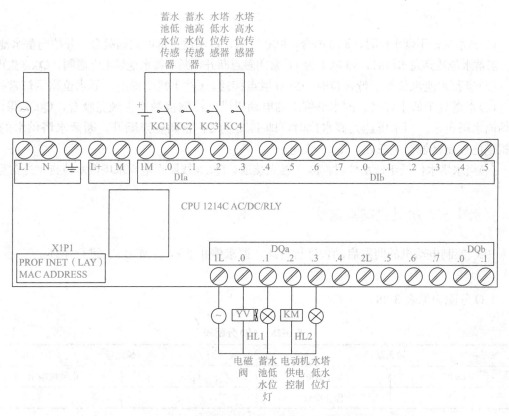

图 3-32　水塔自动供水系统 PLC 外部接线

程序段 2：蓄水池处于低水位时，I0.0 接通，Q0.1 吸合，蓄水池低水位指示灯 Q0.1 亮。

```
      %I0.0                                              %Q0.1
    ───┤ ├───────────────────────────────────────────────( )───
```

程序段 3：水塔处于低水位时，I0.2 接通，向水塔供水的接触器 Q0.2 吸合。当达到高水位时，I0.3 接通，电动机控制接触器 Q0.2 失电，停止向水塔供水。

```
      %I0.2          %I0.0      %I0.3                     %Q0.2
    ───┤ ├────┬───────┤/├────────┤/├──────────────────────( )───
      %Q0.2   │
    ───┤ ├────┘
```

程序段 4：水塔处于低水位时，I0.2 接通，水塔低水位指示灯 Q0.3 亮。

```
      %I0.2                                              %Q0.3
    ───┤ ├───────────────────────────────────────────────( )───
```

4. 程序解释

(1)蓄水池处于低水位时，I0.0闭合，I0.0接通，蓄水池供水电磁阀吸合，开始向蓄水池供水。当蓄水池达到高水位时，即I0.1为1，常闭触点断开，断开蓄水池供水电磁阀，Q0.0失电。

(2)当蓄水池水位低于低水位时，I0.0触点接通，Q0.1线圈得电，低水位指示灯常亮。

(3)水塔处于低水位时，向水塔供水的电动机供电控制接触器主触点吸合，Q0.2得电，开始向水塔供水。当水塔达到高水位时，即I0.3为1，常闭触点断开，断开水塔供水的电动机供电控制接触器主触点，Q0.2失电。

(4)当水塔水位低于低水位时，I0.2触点接通，Q0.3线圈得电，水塔低水位指示灯常亮。

案例十一　电动机间歇启动

PLC控制电动机的间歇启动，进行打压。要求停止2 s，工作3 s。进行循环。

1. 列出I/O(输入/输出)分配表

I/O分配表见表3-28。

表3-28　I/O分配表

输入量		输出量	
I0.0	启动按钮	Q0.0	电动机输出
I0.1	停止按钮		

2. PLC控制程序设计

电动机间歇启动控制程序设计如下。

程序段1：按下I0.0，启动系统标志位，M0.0得电并自锁。

程序段2：系统启动后，T0与T1进行间歇延时，延时2 s后，T1输出Q状态为"1"，延时5 s后，T0输出Q状态TON为"1"；常闭断开，定时器数据清零，再次进行循环。

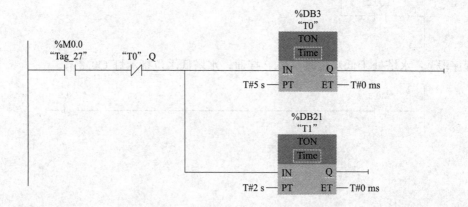

程序段 3：由程序段 2 可知，T1 接通 3 s，断开 2 s，从而实现电动机的间歇启动。

3. 程序解释

（1）按下启动按钮 I0.0，启动系统标志位，M0.0 启动并自锁。

（2）M0.0 启动后，进行间歇延时，T0 延时时间为 5 s，T1 延时时间为 2 s，并对 T0 位状态进行取反，从而实现循环启停。

（3）T1 断开 2 s，接通 3 s。

案例十二　机床工作台自动往返循环控制

工农业生产中有很多机械设备都是需要往复运动的。例如，机床的工作台、高炉的加料设备等要求工作台在一定距离内能自动往返运动，它是通过行程开关来检测往返运动的相对位置，进而控制电动机的正反转来实现的。

若要求生产机械在两个行程位置内来回往返运动，则可将两个自复位行程开关 SQ1（I0.1）、SQ2（I0.2）置于两个行程位置，如图 3-33 所示，并组成控制电路。

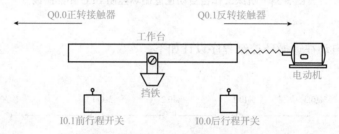

图 3-33　机床工作台自动往返循环控制电路

1. 列出 I/O(输入/输出)分配表

根据自动往复运动控制要求，确定 PLC 需要 4 个输入点、2 个输出点。I/O(输入/输出)分配表见表 3-29。

表 3-29　I/O 分配表

输入量		输出量	
I0.0	后行程开关	Q0.0	正转接触器
I0.1	前行程开关	Q0.1	反转接触器
I0.2	电动机停止按钮		
I0.3	电动机正转启动按钮		

2. PLC 外部硬件接线图

机床工作台自动往返循环控制 PLC 外部接线如图 3-34 所示。

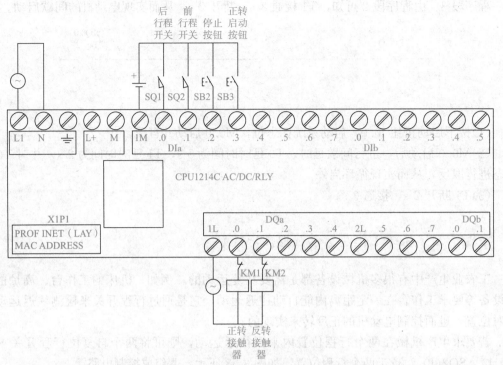

图 3-34　机床工作台自动往返循环控制 PLC 外部接线

3. PLC 控制程序设计

机床工作台自动往返循环控制程序设计如下。

程序段 1：

程序段 2：

4. 程序解释

(1)若按下正转启动按钮 I0.3，I0.3 得电，使 Q0.0 得电，Q0.0 接触器接通，电动机正转，机床部件前移，当部件到达终点时，碰到前行程开关，I0.1 得电，Q0.0 接触器断开，Q0.1 按触器接通，电动机反转部件后移。

（2）当部件后移到达终点时，碰到后行程开关，Q0.1 接触器断开，Q0.0 接触器接通，电动机正转部件前移，机床实现自动往返循环。

（3）按下 I0.2 按钮时，I0.2 得电，电动机无论正转还是反转均停止。

案例十三　电动机转子串电阻降压启动控制

电动机采用降压启动时，通常会对启动转矩带来影响，若既想限制启动电流，又不降低启动转矩，可以采用在绕线式三相异步电动机的转子电路中串入电阻的方法，如图 3-35 所示。一般将串接在转子绕组中的启动电阻接成星形，启动前电阻全部接入电路，在启动过程中，逐步将启动电阻短接，这里启动电阻的短接方式采用平衡短接法。

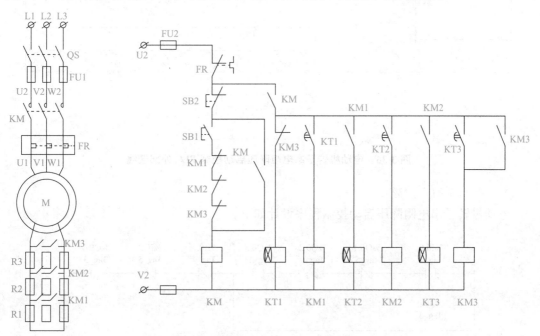

图 3-35　按时间原则控制转子串电阻启动控制电路

图 3-35 中 KM1～KM3 为短接启动电阻的接触器，KT1～KT3 为时间继电器，整个启动过程是通过 3 个时间继电器和 3 个接触器的互相配合完成的。

1. 列出 I/O（输入/输出）分配表

通过任务分析要求可知，此时 PLC 需要用到 3 个输入点和 4 个输出点。其 I/O 分配表见表 3-30。

表 3-30　I/O 分配表

输入			输出		
启动	SB1	I0.0	电源接触器	KM	Q0.0
停止	SB2	I0.1	短接 R_1 接触器 1	KM1	Q0.1
热继电器	FR	I0.2	短接 R_2 接触器 2	KM2	Q0.2
			短接 R_3 接触器 3	KM3	Q0.3

2. 硬件接线线图

电动机转子串电阻降压启动控制 PLC 外部接线如图 3-36 所示。

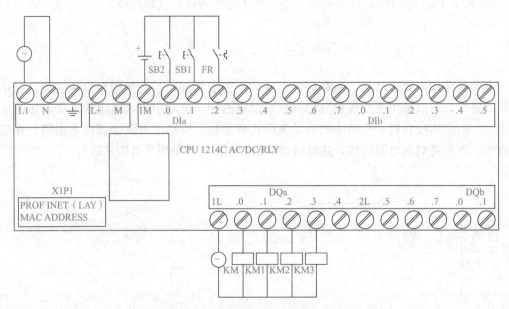

图 3-36　电动机转子串电阻降压启动控制 PLC 外部接线

3. PLC 控制程序设计

电动机转子串电阻降压启动控制程序设计如下。

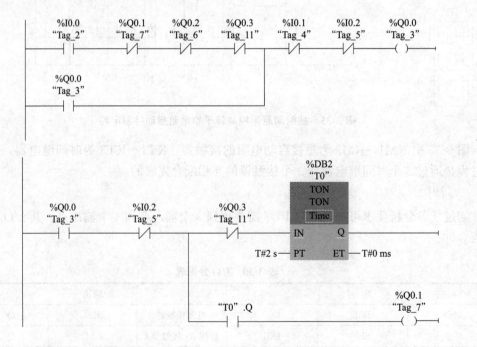

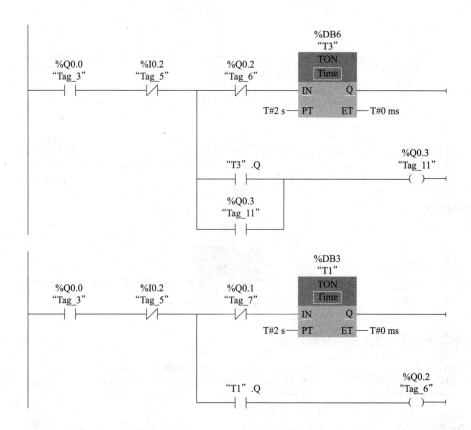

案例十四 自动投币洗车机

一台投币洗车机，用于司机清洗车辆，司机每投入 1 元可以使用 10 min，其中喷水时间为 5 min。

1. 列出 I/O(输入/输出)分配表

I/O 分配表见表 3-31。

表 3-31 I/O 分配表

输入量		输出量	
I0.0	投币检测	Q0.0	喷水电磁阀
I0.1	喷水按钮		
I0.2	复位按钮		

2. PLC 控制程序设计

自动投币洗车机控制程序设计如下。

程序段 1：当投入一枚硬币时，I0.0 接通一次写入洗车总时间 600 s 和淋浴时间 300 s。

```
            %I0.0                                              %DB1
           "Tag_1"                                             "T1"
            ┤P├─────────────┐                                 ─(PT)─┤
           %M100.0          │                                 T#600 s
           "Tag_7"          │
                            │
                            │                                  %DB3
                            │                                  "T0"
                            └─────────────────────────────────(PT)─┤
                                                               T#300 s
```

程序段 2：

```
                                          %DB1
                                          "T1"
                                          ┌──────────┐
                                          │   TON    │
          "T1".PT                         │   Time   │
           ┤ > ├───────────────────────┤IN        Q├─────────────────
           Time                          │          │
           T#0 ms              "T1".PT──┤PT       ET├── T#0 ms
                                          └──────────┘
```

程序段 3：启动喷水阀并开始计时。

```
   %I0.1          "T0".PT      "T0".Q     "T1".Q    %M100.2    %Q0.0
  "Tag_12"         ┤ > ├        ┤/├        ┤/├      "Tag_11"   "Tag_8"
    ┤ ├            Time                              ┤ ├        ─( )─
                   T#0 ms
   %Q0.0
  "Tag_8"                                                      %DB3
    ┤ ├                                                        "T0"
                                                            ┌──────────┐
                                                            │   TON    │
                                                            │   Time   │
                                                         ┤IN        Q├──
                                                            │          │
                                                 "T0".PT──┤PT       ET├── T#0 ms
                                                            └──────────┘
```

程序段 4：按下复位按钮 I0.2 或者 T1 定时时间到，洗车和喷水时间清零。

```
                                                               %DB1
          "T1".Q                                               "T1"
           ┤ ├──────────────┐                                 ─(PT)─┤
                            │                                  T#0 ms
          %I0.2             │
          "Tag_9"           │                                  %DB3
           ┤ ├              │                                  "T0"
                            └─────────────────────────────────(PT)─┤
                                                               T#0 ms
```

3. 程序解释

(1)定时器 T0 用来累计喷水时间，"T0".PT 存放喷水时间，定时器 T1 用来累计使用时间，"T1".PT 存放使用时间。当投入 1 枚硬币时，I0.0 接通一次，向"T0".PT 增加 5 min，同时向"T1".PT 增加 10 min。

(2)按下喷水按钮后，开始累计喷水时间同时喷水洗车。喷水时间到，清除喷水时间。

(3)按下复位按钮 I0.2 或使用时间到，定时器 T0 和 T1 时间清零，结束使用。

案例十五　储水罐水位监测

保持水位在 I0.1 和 I0.2 之间，当水塔中的水位低于下限位开关 I0.1 时，电磁阀 Q0.0 打开，开始向水塔中注水；若水位低于最低水位传感器 I0.0，除向内注水外，若 1 s 后水位还低于最低水位，则系统发出警报。当水塔中的水位高于上限位开关 I0.2 时，电磁阀 Q0.1 打开，开始向水塔外排水；若水位高于最高水位传感器 I0.3，除向外排水外，若 1 s 后水位还高于最高水位，则连续发出警报。

1. 列出 I/O(输入/输出)分配表

I/O 分配表见表 3-32。

表 3-32　I/O 分配表

输入量		输出量	
I0.0	最低水位	Q0.0	注水电磁阀
I0.1	低水位	Q0.1	排水电磁阀
I0.2	高水位	Q0.2	报警
I0.3	最高水位		

2. 硬件接线线图

储水罐水位监测控制 PLC 外部接线如图 3-37 所示。

3. PLC 控制程序设计

储水罐水位监测控制程序设计如下。

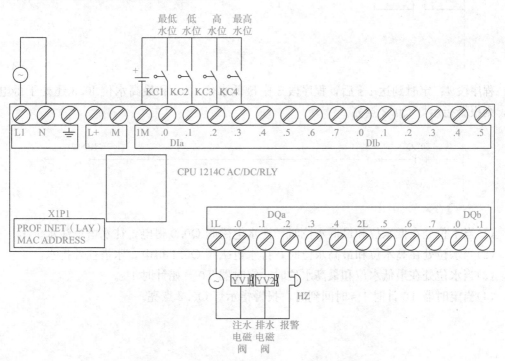

图 3-37　储水罐水位监测控制 PLC 外部接线

程序段 1：当水位处在低水位 I0.1 和最低水位 I0.0 时，注水电磁阀 Q0.0 得电，往水塔里面注水。

```
       %I0.1                                              %Q0.0
   ┤  ├──┬───────────────────────────────────────────( )──
       %I0.0 │
   ┤  ├──┘
```

程序段 2：当水位处在高水位 I0.2 和最高水位 I0.3 时，排水电磁阀 Q0.1 得电，水塔往外排水。

```
       %I0.2                                              %Q0.1
   ┤  ├──┬───────────────────────────────────────────( )──
       %I0.3 │
   ┤  ├──┘
```

程序段 3：当水位处在最低水位 I0.0 和最高水位 I0.3 时，定时器 T0 开始计时 1 s。

```
                                    %DB1
                                    "T0"
                                  ┌──────────┐
       %I0.0                      │   TON    │
       "Tag_1"                    │   Time   │
   ┤  ├──┬─────────────────┤ IN      Q ├──────────────────
       %I0.3 │          T#1 s ─┤ PT     ET ├─ T#0 ms
       "Tag_14" │                └──────────┘
   ┤  ├──┘
```

程序段 4：定时到达 1 s 后，程序段 3 中最低水位 I0.0 和最高水位 I0.3 还处于得电状态，则报警指示灯 Q0.2 点亮。

```
       "T0".Q                                             %Q0.2
   ┤  ├─────────────────────────────────────────────( )──
```

4. 程序解释

(1)当水位处在低水位和最低水位时，注水电磁阀 Q0.0 得电，往水塔里注水。

(2)当水位处在高水位和最高水位时，排水电磁阀 Q0.1 得电，水塔往外排水。

(3)当水位处在最低水位和最高水位时，定时器 T0 开始计时 1 s。

(4)当定时器 T0 计时 1 s 时间到时，报警指示灯 Q0.2 点亮。

"一丝不苟"语出典籍《儒林外史》，是指做事认真细致，连最细微的地方也不敢马虎。一丝不苟，是通向精益求精之路的坚定态度，主要体现在始终严格遵循工作规范和质量标准层面，就就业业做事，踏踏实实工作，将每个操作要求和工作步骤都落实到位，不放过任何一个细节之处，确保操作结果符合标准，甚至超过标准，没有瑕疵，不留缺憾。

2018 年 10 月 24 日，这一天，港珠澳大桥正式通车。这座"一桥连三地"的世纪工程，被国外媒体誉为"新世纪七大奇迹之一"。而中交一航局第二工程有限公司的管延安，就是这座超级工程的建设者之一。33 节巨型沉管、60 多万颗螺栓，他的执着和认真，助他创下了 5 年零失误的深海建造奇迹，他也因此被誉为中国"深海钳工"第一人。

项目四　计数器在控制系统中的应用

任务一　自动装载小车控制

任务目标

1. 掌握西门子 S7-1200 系列计数器指令；
2. 熟悉梯形图的基本编程规则；
3. 熟练运用计数器指令的应用及实现；
4. 培养分析、解决问题的能力。

任务描述

小车自动装载控制过程如下：在运货车到位的情况下，按下传送带启动按钮，传送带开始传送工件。工件检测装置检测在有工件通过，且当工件数达到 3 个时，推料机构推动工件到运货车，传送带停止传送。推料机构由电动机带动液压泵驱动电磁阀完成，推料机构行程由传感器接近开关控制（行程检测）。当系统启动后，5 min 内检测不到工件时，传送带停止传送，并发出报警指示。只有当运货车再次到位时，按下启动按钮后，传送带和推料机构才能重新开始工作。

根据控制要求，传送带启动必须具备两个条件：其一为运货车必须到位；其二要按下启动按钮。停止条件为计数器的当前值为 3，或按下停止按钮，或电动机过载。

推料机构的液压泵电动机可在传送带电动机启动后启动，推料机构动作的条件为计数器的当前值为 3，其行程受行程检测开关控制，电磁阀线圈断电后，推料机构自动缩回。

推料机构在执行推料动作时，传送带电动机必须已经停止，这要求两者之间要有互锁功能。

计数器的计数脉冲为工件检测信号由 0 变为 1，推料机构的运行信号作为计数器的复位信号。计数器使用增计数器，设定值为 3。

知识储备

定时器是对 S7-1200 PLC 内部的时钟脉冲进行计数，而计数器是对 S7-1200 PLC 外部或由程序产生的计数脉冲进行计数，即用来累计输入脉冲的次数。S7-1200 PLC提供的3种类型的计数器，即增计数器(CTU)、减计数器(CTD)和增/减计数器(CTUD)，如图4-1所示。

计数器的操作包括背景DB、设定值、计数输入、复位输入4个。

图4-1 计数器指令

(1)背景DB：用来区分不同的计数器，数据块里存储着设定值、当前值、计数输入和复位输入等数据。

①计数器状态位：分为QU和QD两种状态位，当增计数器当前值达到设定值PV时，该QU位被置为"1"，当减计数器当前值小于或等于0时，该0位被置为"1"。

②计数器当前值CV：存储计数器当前所累计的脉冲个数，用整数来表示。通过背景DB访问计数器的状态位和当前值。

(2)CU：增计数器脉冲输入端，上升沿有效。

(3)CD：减计数器脉冲输入端，上升沿有效。

(4)R：复位输入端，复位当前值和状态位。

(5)LD：装载复位输入端，只用于减计数器或增、减计数器。

(6)PV：计数器设定值，数据类型为Int。

S7-1200 计数器

一、增计数器 CTU

增计数器指令及其存储区分别如图4-2、表4-1所示。

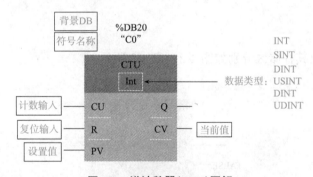

图4-2 增计数器(CTU)图解

表4-1 增计数器指令的存储区

输入/输出	数据类型	存储区
CU	位(Bool)	I、Q、M、D、L或常量
R	位(Bool)	I、Q、M、D、L、P或常量
PV	整数(Int)	I、Q、M、D、L、P或常量
Q	位(Bool)	I、Q、M、D、L
CV	整数(Int)、Char、Wchar、Date	I、Q、M、D、L、P

注意：每台计数器有一个当前值，请勿将相同的背景DB给一台以上的计数器。

(1)首次扫描时，计数器位为OFF，CUT计当前值为0。

(2)当 CU 端接通一个上升沿时,并数计数器 1 次,当前值增加 1 个单位。

(3)当前值达到设定值 PV 时,计数器置位为 ON,当计数器数据类型选择为 Int 当前值可持续计数至 32 767,当计数器数据类型为 DInt 时,当前值可持续计数至 21 亿。

(4)当复位输入端 R 接通时,计数器复位为 OFF,当前值为 0。

1. 指令说明

增计数器 CTU 程序段:

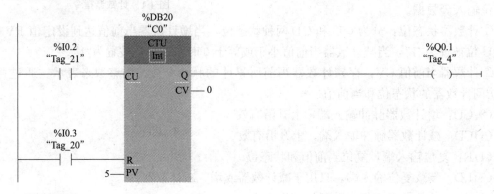

2. 程序解释

(1)按一次 I0.2,CU 端会产生一个上升沿,计数器计数 1 次,直到最大值 32 767。

(2)PV 值设置为 5,计数器计数到大于等于 5 时,计数器输出 Q 信号为"1",Q0.1 输出。

(3)按下 I0.3,计数器当前值复位,清零。计数器复位输出 Q,Q0.1 断开。

二、减计数器 CTD

减计数器指令及其存储区分别如图 4-3、表 4-2 所示。

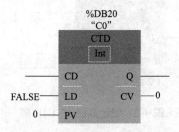

图 4-3 减计数器(CTD)图解

表 4-2 减计数器指令的存储区

输入/输出	数据类型	存储区
CU	位(Bool)	I、Q、M、D、L 或常量
LD	位(Bool)	I、Q、M、D、L、P 或常量
PV	整数(Int)	I、Q、M、D、L、P 或常量
Q	位(Bool)	I、Q、M、D、L
CV	整数(Int)、Char、Wchar、Date	I、Q、M、D、L、P

注意：每台计数器有一个当前值，请勿将相同的背景 DB 设置给一台以上的计数器。

(1)首次扫描时，计数器位为 OFF，当前值等于设定值。

(2)当 CD 端接通一个上升沿时，计数器当前值减小 1 个单位。

(3)当前值递减至 0 时，计数停止，该计数器置位为 ON。

(4)当装载端 LD 接通时，计数器复位为 OFF，并把设定值 PV 装入计数器，即当前值为设定值而不是 0。

1. 指令说明

减计数器 CTD 程序段：

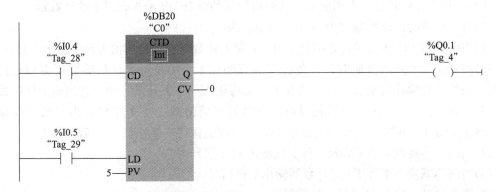

2. 程序解释

(1)按下 I0.5，LD 接通，设定值 PV=5 装入计数器。

(2)按一次 I0.4，CD 端会产生一个上升沿，计数器减 1，

(3)当计数器减至 0 时，计数停止，计数得输出 Q 信号为"1"，Q0.1 输出。

(4)再次按下 I0.5，LD 接通，计数器复位，断开 Q0.1，设定值 PV=5 装入计数器。

三、增/减计数器 CTUD

增/减计数器指令及其存储区分别如图 4-4、表 4-3 所示。

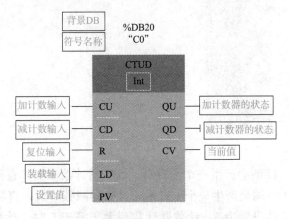

图 4-4　增/减计数器(CTUD)图解

表 4-3 减计数器指令的有效操作数

表 4-3 减计数器指令的有效操作数

输入/输出	数据类型	存储区
CU、CD	位(Bool)	I、Q、M、D、L 或常量
R、LD	位(Bool)	I、Q、M、D、L、P 或常量
PV	整数(Int)	I、Q、M、D、L、P 或常量
QU、QD	位(Bool)	I、Q、M、D、L
CV	整数(Int)、Char、Wchar、Date	I、Q、M、D、L、P

注意：每台计数器有一个当前值，请勿将相同的背景 DB 给 1 台以上的计数器。

(1)首次扫描时，计数器位为 OFF，当前值为 0。

(2)当装载端 LD 接通时，并把设定值 PV 装入计数器，即当前值为设定值而不是 0。

(3)当 CU 在上升沿接通时，计数器当前值增加 1 个单位，当计数器数据类型选择为 Int 时，当前值持续计数至 32 767；若在 CU 端再输入一个上升沿脉冲，其当前值保持最大值 32 767 不变。当 CD 在上升沿接通时，计数器当前值减少 1 个单位，当前值持续减至 −32 768；若在 CD 再输入一个上升沿脉冲，其当前值保持在最小值 −32 768 不变。

(4)当前值达到设定值 PV 时，计数器输出 QU 信号为"1"。

(5)当前值减到小于等于 0，计数器输出 QD 信号为"1"。

(6)当复位输入端 R 接通时，计数器复位为 OFF，当前为 0。

1. 指令说明

增/减计数器 CTUD 程序段：

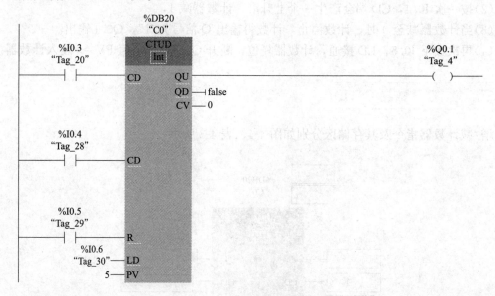

2. 程序解释

(1)按一次 I0.3，CU 端会产生一个上升沿，计数器计数 1 次，直到最大值 32 767。

(2)按一次 I0.4，CD 端会产生一个上升沿，计数器减数 1 次，直到 −32 768。

(3)按下 I0.6，PV 值设置为 5，计数器计数到大于等于 5 时，计数器输出 QU 信号为"1"，Q0.1 输出。

(4)按下 I0.5，计数器数值复位，清零。计数器复位输出 QU，Q0.1 断开。

任务实施

1. 列出 I/O(输入/输出)分配表

根据项目分析可知,对输入、输出量进行分配见表 4-4。

表 4-4　PLC 的 I/O 地址分配

输入量(IN)		输出量(OUT)	
功　能	输入点	功　能	输出点
传送带停止按钮 SB1	I0.0	传送带接触器 KM1 线圈	Q0.0
传送带启动按钮 SB2	I0.1	液压泵接触器 KM2 线圈	Q0.1
液压泵停止按钮 SB3	I0.2	驱动电磁阀的 KM3 线圈	Q0.2
液压泵启动按钮 SB4	I0.3	传送带运行指示 HL1	Q0.4
运货车检测 SQ1	I0.4	推料机动作指示 HL2	Q0.5
工件检测 SQ2	I0.5	报警指示 HL3	Q0.6
行程检测 SQ3	I0.6		

2. PLC 外部硬件接线图

根据项目控制要求及表 4-4 所示的 I/O 分配表,自动装载小车控制 PLC 硬件原理如图 4-5 所示。

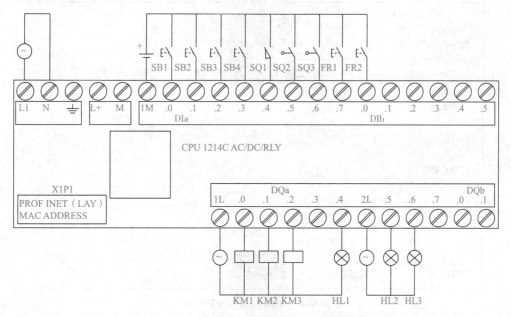

图 4-5　自动装载小车控制的 PLC 硬件原理

3. PLC 控制程序设计

自动装载小车控制程序设计如下。

```
%Q0.6      %I0.1    %I0.4    %I0.0          "C0".QU    %Q0.2    %Q0.0
"Tag_48"   "Tag_4"  "Tag_20" "Tag_2"                   "Tag_6"  "Tag_3"
 ─┤/├───┬───┤ ├──────┤ ├──────┤/├────────────┤/├────────┤/├──────( )──
        │   %Q0.0                                                 %Q0.4
        │   "Tag_3"                                               "Tag_49"
        ├───┤ ├─┘                                                  ─( )──
        │
        │   %I0.3    %Q0.0    %I0.2    %Q0.1
        │   "Tag_17" "Tag_3"  "Tag_5"  "Tag_7"
        ├───┤ ├──────┤ ├──────┤/├──────( )──
        │   %Q0.1
        │   "Tag_3"
        ├───┤ ├─┘
        │
        │   "C0".QU   %I0.6    %Q0.0    %Q0.2
        │            "Tag_46"  "Tag_3"  "Tag_6"
        ├───┤ ├──────┤/├──────┤ ├──────( )──
        │   %Q0.2                       %Q0.5
        │   "Tag_6"                      "Tag_50"
        └───┤ ├─┘                        ─( )──
```

```
                                        %DB1
                                        "C0"
                                        CTU
                                        [Int]
  %Q0.0      %I0.5
  "Tag_3"    "Tag_22"
 ──┤ ├────────┤ ├──────────────────CU        Q──────
                                              CV─ 0
  %M1.0
  "FirstScan"
 ──┤ ├──────────────────────────────R
                                 3 ─ PV
  %Q0.2
  "Tag_6"
 ──┤ ├──┘
  %Q0.6
  "Tag_48"
 ──┤ ├──┘
```

```
                                        %DB2
                                        "T0"
                                        TON
                                        [Time]
  %Q0.0      %I0.5
  "Tag_3"    "Tag_22"
 ──┤ ├────────┤/├───────────────────IN       Q──────
                            T#300 s─ PT       ET─ T#0 ms
```

136

```
  %I0.7      %Q0.0      %I0.0      %I0.2      %Q0.6
 "Tag_47"   "Tag_3"    "Tag_2"    "Tag_5"    "Tag_48"
 ──┤├────────┤├────┬────┤/├────────┤/├────────( )──

  %I1.0      %Q0.1
 "Tag_51"   "Tag_7"
 ──┤├────────┤├────┤

  "T0" .Q
 ──┤├──────────────┤

  %Q0.6
 "Tag_48"
 ──┤├──────────────┘
```

任务二　　自动轧钢机的控制

任务目标

1. 掌握计数器指令的使用及应用；
2. 用状态图监视计数器的计数过程；
3. 用 PLC 构成轧钢机控制系统；
4. 培养生产实践中的工匠精神。

任务描述

某一轧钢机的模拟控制示意如图 4-6 所示。图中 S1 为检测传送带上有无钢板传感器，S2 为检测传送带上钢板是否到位传感器；M1、M2 为传送带电动机；M3F 和 M3R 为传送电动机 M3 正转和反转指示灯；Y1 为驱动锻压机工作的电磁阀。

按下启动按钮，电动机 M1、M2 运行，待加工钢板存储区中的钢板自动往传送带上运送。若 S1 表示检测到物件，电动机 M3 正转，即 M3F 亮。当传送带上的钢板已过 S1 检测信号且 S2 检测到钢板到位时，电动机 M3 反转，即 M3R 亮，同时电磁阀 Y1 动作。

锻压机向钢板冲压一次，S2 信号消失。当 S1 再检测到有信号时，电动机 M3 正转，重复经过 3 次循

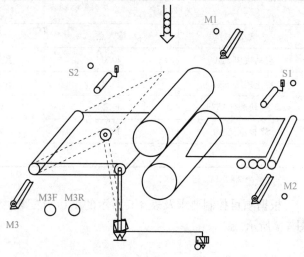

图 4-6　轧钢机的模拟控制示意

环，停机一段时间(3 s)，取出成品后，继续运行，不需要按启动按钮。按下停止按钮时，必须按启动按钮后方可运行。注意：若 S1 没动作，则 S2 将不会动作。

根据控制要求可知，该设计有两个检测信号，S1 专用于检测待加工物件是否已在传送带上，S2 用于检测待加工物件是否到达加工点。S1 有效时，M1、M2 工作，M3 正转。S2 有效时，M3 反转，Y1 动作。轧钢机重复 3 次，停机 3 s，将已加工好的钢板放入加工后钢板存储区，因此需要计数器和定时器，并且计数达到预设值后还要将其复位。

知识储备

使用计数器指令的注意事项如下。

(1)增计数器指令用语句表示时，要注意计数输入(第一个 LD)、复位信号输入(第二个 LD)和增计数器指令的先后顺序不能颠倒。

(2)减计数器指令用语句表示时，要注意计数输入(第一个 LD)、装载信号输入(第二个 LD)和减计数器指令的先后顺序不能颠倒。

(3)增减计数器指令用语句表示时，要注意增计数输入(第一个 LD)、减计数输入(第二个 LD)、复位信号输入(第三个 LD)和增减计数器指令的先后顺序不能颠倒。

(4)在同一个程序中，虽然 3 种计数器的编号范围都为 0～255，但不能使用两个相同的计数器编号，否则会导致程序执行时出错，无法实现控制目的。

(5)计数器的输入端为上升沿有效。

任务实施

1. 列出 I/O(输入/输出)分配表

根据项目分析可知，对输入、输出量进行分配，见表 4-5。

表 4-5　自动轧钢机控制系统 I/O 分配表

输入量(IN)		输出量(OUT)	
功能	输入点	功能	输出点
启动按钮 SB1	I0.0	控制 M1 电动机	Q0.0
停止按钮 SB2	I0.3	控制 M2 电动机	Q0.1
S1 检测信号	I0.1	M3 正转指示	Q0.2
S2 检测信号	I0.2	M3 反转指示	Q0.3
		Y1 锻压控制	Q0.4

2. PLC 外部硬件接线图

根据项目控制要求及表 4-5 所示的 I/O 分配表，自动轧钢机控制系统 PLC 硬件原理如图 4-7 所示。

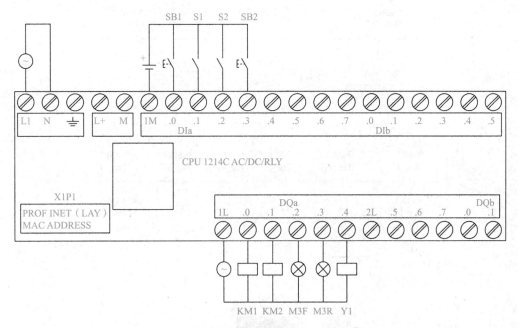

图 4-7 自动轧钢机控制系统 PLC 硬件原理

3. PLC 控制程序设计

自动轧钢机控制系统程序设计如下。

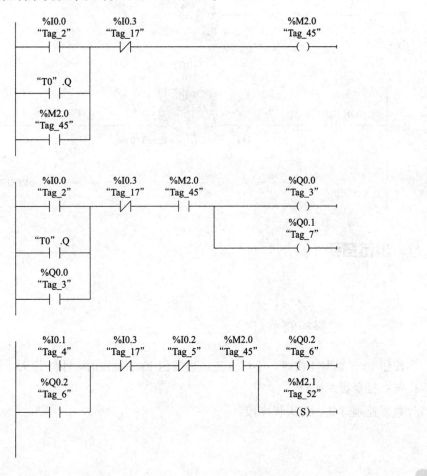

```
      %I0.3                                              %M2.1
     "Tag_17"                                           "Tag_52"
   ─────┤/├──────┬──────────────────────────────────────( R )───
                 │
      "C0".QU    │
   ─────┤ ├──────┘
```

```
   %I0.2        %I0.3        %I0.1       %M2.0       %M2.1       %Q0.3
  "Tag_5"      "Tag_17"     "Tag_4"     "Tag_45"    "Tag_52"    "Tag_11"
 ───┬─┤ ├────────┤/├─────────┤/├─────────┤ ├─────────┤ ├───┬─────( )───
    │                                                       │
  %Q0.3                                                    %Q0.4
 "Tag_11"                                                 "Tag_49"
 ───┴─┤ ├──                                               └─────( )───
```

```
                              %DB1
                              "C0"
                            ┌─────────┐
                            │   CTU   │
                            │  ┌───┐  │
                            │  │Int│  │
   %Q0.3                    │  └───┘  │
  "Tag_11"                  │         │
 ─────┤ ├───────────────────┤CU      Q├────────────────────────────
                            │         │
                            │       CV├─── 0
                            │         │
   "T0".Q                   │         │
 ─────┤ ├───────────────────┤R        │
                            │         │
                        3 ──┤PV       │
                            └─────────┘
```

```
                              %DB2
                              "T0"
                            ┌─────────┐
                            │   TON   │
                            │  ┌────┐ │
                            │  │Time│ │
   "C0".QU                  │  └────┘ │
 ─────┤ ├───────────┬───────┤IN      Q├────────────────────────────
                    │       │         │
              T#3 s─┤       ┤PT     ET├─── T#0 ms
                    │       └─────────┘
                    │                                 %Q0.0
                    │                                "Tag_3"
                    └────────────────────────────────( RESET_BF )──
                                                           4
```

 小试身手

案例一　计数器控制小灯

当按钮 I0.2 触发 4 次时，小灯点亮，当按钮 I0.3 触发时，小灯熄灭。

1. PLC 控制程序设计

计数器控制灯亮、灯灭程序段：

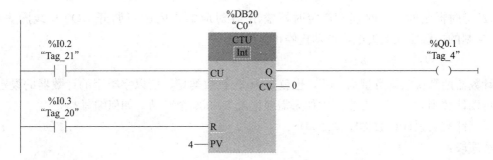

2. 程序解释

（1）按一次 I0.2，CU 端会产生一个上升沿，计数器计数 1 次，直到最大值 32 767。

（2）当计数器计数到 4 时，计数器输出 Q 信号为"1"，Q0.1 输出，灯亮。

（3）按下 I0.3，计数器数值复位，清零。计数器复位输出 Q，Q0.1 断开，灯熄灭。

案例二 生产线产品计量

在一台自动生成产品的设备上，会经常用到当生产到一定数量后停止机器的功能。设定，若生产线上以 50 个产品生产为一个单位，当光电开关 I0.1 检测到已经生产了 50 个产品后，生产线休整 5 s，用于 50 个产品的打包，休整后生产线重新生产下一个单位的产品。

其中按钮 I0.0 为启动按钮，I0.1 为光电开关。

1. PLC 控制程序设计

生产线产品计量程序设计如下。

程序段 1：

%I0.0
"Tag_1"   "T0".Q   %Q0.0
                     "Tag_2"

%Q0.0
"Tag_2"

程序段 2：

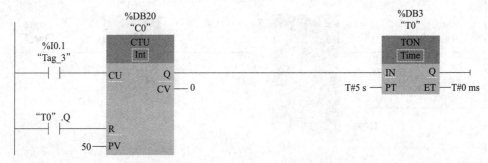

（1）按下按钮 I0.0，定时器输出 Q 对应的常闭触点闭合，Q0.0 线圈得电并自锁，电动机启动。

（2）光电开关接通一次。计数器记录次数，当数量记录到 50 次时，计数器输出 1，定时器开始延时，定时器延时 5 s 时间到，同时复位计数器。

（3）定时器延时 5 s 时间到，定时器输出 Q 对应的常闭触点断开，Q0.0 线圈失电，Q0.0 控制的接触器线圈失电，电动机停止。

2. 计数器累计计数

计数器的默认数据类型为"字"，也就是 16 位整数类型，所以字类型的计数器的设定值最多可以计数到 32 767，在生产中如果需要记录 50 000 个产品，如何编写？

双字计数器累计计数程序设计如下。

程序段：

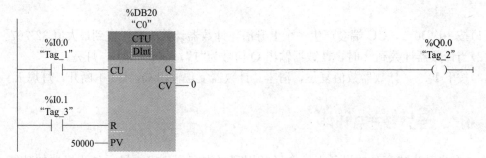

（1）通过 I0.0 光电开关记录产品个数，程序中更改计数器的数据类型为双字，当计数大于等于 50 000 个时，计数器 C0 输出 Q 信号为"1"。

（2）当计数到 50 000 个时，Q0.0 线圈接通，指示灯亮，直到按下复位按钮 I0.1，双字计数器复位。

案例三　冲床计量控制

有一台冲床在冲垫片，要对所冲的垫片进行计数，即冲床的滑块下滑一次，接近感应开关动作，计数器计数，计到 50 000 次时，输出指示灯亮，表示已经完成目标。按下复位开关，随时对计数器进行复位。其中 I0.0 为接近开关，I0.1 为复位开关，Q0.0 为指示灯。

1. PLC 控制程序设计

冲床计量控制程序设计如下。

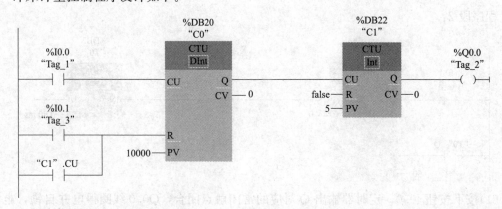

2. 程序解释

（1）计数器计数，要计到 50 000 次，超过了计数器最大数值 32 767，因此必须用两个计数器来完成，50 000＝10 000×5。

(2)接近开关感应一次，CU 端会产生 1 次上升沿，计数器计数 1 次。

(3)当计数器 C0 计数至 10 000 时，计数器 C0 输出 Q 信号为"1"，计数器 C1 计数 1 次，计数器 0 数值复位，清零。重新开始计数。

(4)当计数器 C1 计数到 5 时，计数器 C1 输出 Q 信号为"1"，Q0.0 输出，指示灯亮。

(5)按下 I0.1，2 个计数器数值复位，清零。计数器 C1 复位输出 Q，断开 Q0.0，指示灯熄灭。

 知识拓展

艺无止境，意思即一门学问、一种技艺，应当不断提高，精益求精，不会有精熟到头的时候。生产实践就是工匠的课堂，杰出的工匠总是努力钻研，提高技艺，给予自己更高的目标和更为强劲的动力，在艺海的波涛中劈波斩浪，扬帆远行。

2011 年，谭亮从电气自动化专业毕业，来到广东一家公司工作。初到单位，好学的谭亮跟着师傅虚心学习，他"白手起家"，深知自当刻苦努力。在工作中，他一边研究设备，一边细心观察师傅的操作，不懂就问，决不不懂装懂。有一次下班后，公司一厂涂布机突发烘箱温度不稳定状况，故障涂布机有近 30 个发热管和温控表工作异常，谭亮听闻，顾不上吃饭，赶紧返回岗位，逐个检查发热管，查看各温控表参数，一直忙到凌晨 3 点才把问题全部解决。10 年来，他坚守一线，勤学苦练电气设备故障处理技术，从一名普通大专生淬炼成为公司的电气"金牌大夫"。

为解决生产线产能不足问题，谭亮主动研发半自动注液机、半自动封装机、半自动测短路机，独立设计电气图纸，安装电气线路，调试机械动作，编写 PLC 程序，开发人机界面。经过生产和工艺人员验证，设备达到设计要求，生产产品符合工艺、品质要求，大大减轻了公司产能不足的压力。谭亮没有停下脚步，他继续钻研，不断解决技术难题，公司二厂装配车间的焊接机、包装机、注液机，制片车间的分条机，都在他的优化测试和系统改造下提升了效率，这些举措给公司创造了丰厚的效益。

在追求梦想的路上，谭亮永不停歇，越战越勇，艺无止境，终成传奇。

技能提升 全国技能大赛试题解析

全国职业技能大赛(现代电气控制系统安装与调试)真题见附录，现节选真题 M3 电动机部分进行解析。

一、机床电气控制系统

机床电气控制系统由以下电气控制回路组成。

(1)主轴电动机 M1 控制回路(M1 为三相异步电动机，由变频器实现模拟量控制，加减速时间分别为 0.2 s、0.8 s)。

(2)冷却电动机 M2 控制回路(M2 为双速电动机，需要考虑过载、联锁保护，低速时热继电器整定电流为 0.3 A，高速时热继电器整定电流为 0.35 A)。

(3)刀架换刀电动机 M3 控制回路(M3 为三相异步电动机，可实现正反转运行)。

(4)Y 轴进给电动机 M4 控制回路(M4 为步进电动机，每转需要 2 000 脉冲)。

(5)X 轴进给电动机 M5 控制回路(M5 为伺服电动机，连接滚珠丝杠副系统。伺服电动机参数设置如下：伺服电动机每旋转一周需要 4 000 脉冲)。

(6)电动机旋转以“顺时针旋转为正向，逆时针旋转为反向”为准。

二、刀架换刀电动机 M3 调试过程

触摸屏调试画面上显示当前刀号(初值为 1)，在选择刀号后输入 1～8 任何一个与当前刀号不同的刀号后，按下触摸屏开始换刀按钮，换刀电动机 M3 开始换刀。换刀机构示意如图 4-8 所示。要求按最近的旋转方向实现换刀动作。换刀机构每转过一个刀位就会发出一个刀位到位信号，该信号由 SB1 按钮手动按下给出。当转过相应刀位数后，电动机停止，当前刀号变为选刀刀号，选刀结束。当选刀电动机 M3 顺时针旋转时，指示灯 HL1 以 2 Hz 闪亮；逆时针旋转时，指示灯 HL2 常亮。若输入的选刀刀号与当前刀号相同，则换刀电动机 M3 不动，HL3 指示灯以 1 Hz 闪亮 3 s 后停止，调试结束。

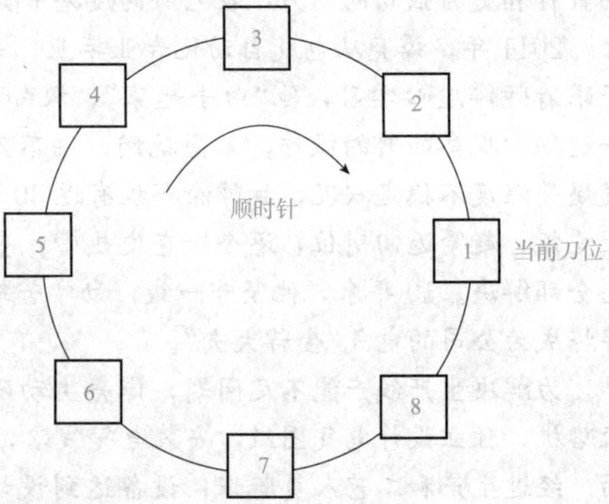

图 4-8　换刀机构示意(换刀电动机正转带动选刀机构顺时针旋转)

三、程序编写

本部分为 M3 电动机子程序(手动调试)，由于本书没有涉及触摸屏部分知识，所以部分操作功能由按钮代替。SB2 为正转启动按钮，SB4 为反转启动按钮，SB3 为停止按钮(图 4-9)。

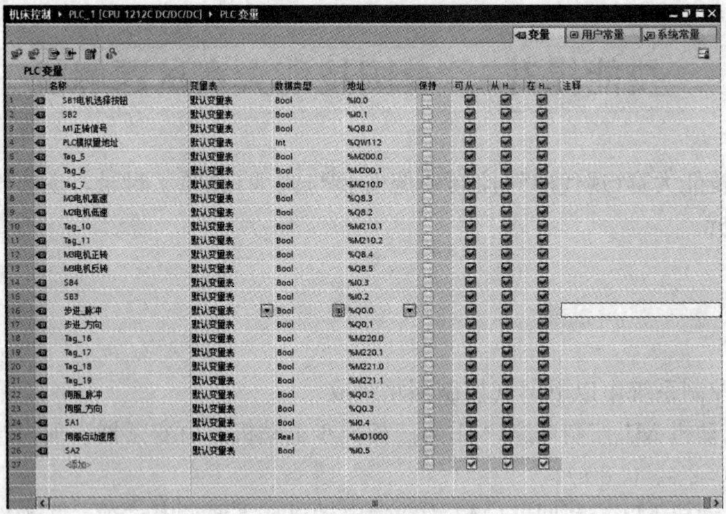

	名称	变量表	数据类型	地址	保持	可从…	从 H…	在 H…	注释
1	SB1电机选择按钮	默认变量表	Bool	%I0.0	☐	☑	☑	☑	
2	SB2	默认变量表	Bool	%I0.1	☐	☑	☑	☑	
3	M1正转信号	默认变量表	Bool	%Q8.0	☐	☑	☑	☑	
4	PLC模拟量地址	默认变量表	Int	%QW112	☐	☑	☑	☑	
5	Tag_5	默认变量表	Bool	%M200.0	☐	☑	☑	☑	
6	Tag_6	默认变量表	Bool	%M200.1	☐	☑	☑	☑	
7	Tag_7	默认变量表	Bool	%M210.0	☐	☑	☑	☑	
8	M2电机高速	默认变量表	Bool	%Q8.3	☐	☑	☑	☑	
9	M2电机低速	默认变量表	Bool	%Q8.2	☐	☑	☑	☑	
10	Tag_10	默认变量表	Bool	%M210.1	☐	☑	☑	☑	
11	Tag_11	默认变量表	Bool	%M210.2	☐	☑	☑	☑	
12	M3电机正转	默认变量表	Bool	%Q8.4	☐	☑	☑	☑	
13	M3电机反转	默认变量表	Bool	%Q8.5	☐	☑	☑	☑	
14	SB4	默认变量表	Bool	%I0.3	☐	☑	☑	☑	
15	SB3	默认变量表	Bool	%I0.2	☐	☑	☑	☑	
16	步进_脉冲	默认变量表	Bool	%Q0.0	☐	☑	☑	☑	
17	步进_方向	默认变量表	Bool	%Q0.1	☐	☑	☑	☑	
18	Tag_16	默认变量表	Bool	%M220.0	☐	☑	☑	☑	
19	Tag_17	默认变量表	Bool	%M220.1	☐	☑	☑	☑	
20	Tag_18	默认变量表	Bool	%M221.0	☐	☑	☑	☑	
21	Tag_19	默认变量表	Bool	%M221.1	☐	☑	☑	☑	
22	伺服_脉冲	默认变量表	Bool	%Q0.2	☐	☑	☑	☑	
23	伺服_方向	默认变量表	Bool	%Q0.3	☐	☑	☑	☑	
24	SA1	默认变量表	Bool	%I0.4	☐	☑	☑	☑	
25	伺服点动速度	默认变量表	Real	%MD1000	☐	☑	☑	☑	
26	SA2	默认变量表	Bool	%I0.5	☐	☑	☑	☑	
27	<添加>				☐	☑	☑	☑	

图 4-9　程序变量表

刀架换刀电动机 M3 程序设计如下。

程序段 1：按下正转启动按钮 SB2，置位 Q8.4 代表电动机正转启动。同时复位 Q8.5.确保正转时反转不启动。

```
   %I0.1                                          %Q8.4
   "SB2"                                      "M3电动机正转"
   ──┤ ├──┬──────────────────────────────────────( S )──┤
          │
          │                                       %Q8.5
          │                                   "M3电动机反转"
          └──────────────────────────────────────( R )──┤
```

程序段 2：按下反转启动按钮 SB4，置位 Q8.5 代表电动机反转启动。同时复位 Q8.4.确保反转时正转不启动。

```
   %I0.3                                          %Q8.5
   "SB4"                                      "M3电动机反转"
   ──┤ ├──┬──────────────────────────────────────( S )──┤
          │
          │                                       %Q8.4
          │                                   "M3电动机正转"
          └──────────────────────────────────────( R )──┤
```

程序段 3：按下停止按钮 SB3，同时复位 Q8.4 和 Q8.5，使电动机停止。

```
   %I0.2                                          %Q8.4
   "SB3"                                      "M3电动机正转"
   ──┤ ├──┬──────────────────────────────────────( R )──┤
          │
          │                                       %Q8.5
          │                                   "M3电动机反转"
          └──────────────────────────────────────( R )──┤
```

模块三

S7-1200功能指令

项目五　十字路口交通灯控制

任务一　带人行横道强制控制的交通灯控制

任务目标

1. 掌握西门子 S7-1200 系列比较指令；
2. 熟练运用比较指令进行交通灯控制设计；
3. 通过 PLC 的实现过程，培养纵观全局的职业素养。

任务描述

在一些乡村公路上，十字路口距离较远，车辆可以高速行驶，但为了方便行人穿越公路，设置了交通路口，在这种交通路口，东西方向是机动车道，南北方向是人行道，如图 5-1 所示。正常情况下，机动车道上有车辆行驶，如果有行人要过交通路口，先要按下按钮，一段时间后，东西方向车道上红灯亮，南北方向绿灯亮时，行人可以穿过公路，延时一段时间后，仍恢复成南北方向的红灯亮，东西方向的绿灯亮。

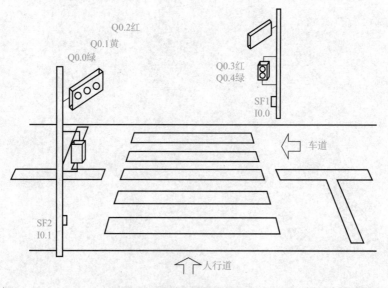

图 5-1　人行横道强制控制示意

由带人行横道强制控制的系统可以看出，东西车道有红黄绿 3 个灯，南北人行道只有红灯和绿灯，在人行道的控制按钮按下后，假定东西车道绿灯亮 30 s，然后变成 10 s 黄灯，最后转成红灯；同时在按下按钮后人行道绿灯在车道红灯亮 5 s 后才亮，15 s 后人行道绿灯开始闪烁，亮暗间隔为 0.5 s，共闪烁 5 次后才变为人道红灯亮，车道绿灯亮。至此两方向信号灯恢复为正常状态。

知识储备

S7-1200 的比较操作指令清单如图 5-2 所示。

比较指令功能介绍如下。

比较指令用于比较两个数值或字符串，满足比较关系式给出的条件时，触点闭合。比较指令为实现上、下限控制及数值条件判断提供了方便（图 5-3）。

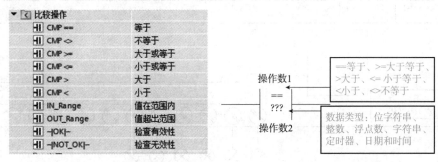

图 5-2　比较指令清单　　　　图 5-3　比较指令功能

比较指令的运算有等于＝、大于等于＞＝、小于等于＜＝、大于＞、小于＜和不等于＜＞等 6 种。比较指令的功能如下。

（1）字节比较。用于比较两个字节型有符号或无符号整数值的大小。

（2）整数比较。用于比较两个有符号或者无符号字的大小，有符号字其范围是 16#8000～16#7FFF（10 进制－32 768～＋32 767）。

（3）双字整数比较。用于比较两个有符号或者无符号双字的大小，有符号双字的范围是－2 147 483 648～2 147 483 647。

（4）实数比较。用于比较两个实数的大小，是有符号的比较。

（5）字符串比较。用于比较两个字符串的 ASCII 码。

（6）定时器比较。用于比较两个 Time 类型数据的大小。

（7）日期和时间比较。用于比较两个 Time of Day 实时时间或者 DTL 长格式日期和时间类型数据的大小。

任务实施

1. 列出 I/O（输入/输出）分配表

PLC 的 I/O 分配表见表 5-1。

2. PLC 硬件接线图

PLC 硬件外部接线如图 5-4 所示。

表 5-1　PLC 的 I/O 分配表

输入量（IN）			输出量（OUT）		
元件代号	功　能	输 入 点	元件代号	功　能	输 出 点
SB1	启动按钮	I0.0	HL1	东西绿灯	Q0.0
SB2	停止按钮	I0.1	HL2	东西黄灯	Q0.1
SB3	人行横道按钮	I0.2	HL3	东西红灯	Q0.2
SB4		I0.3	HL4	南北红灯	Q0.3
			HL5	南北绿灯	Q0.4

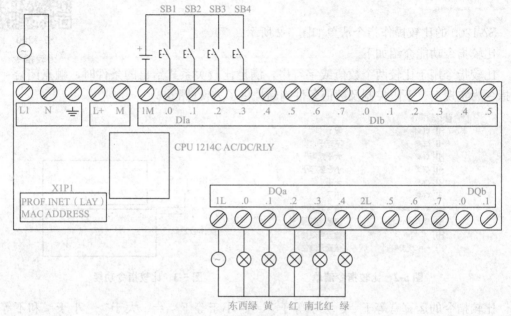

图 5-4　PLC 硬件外部接线

3. PLC 控制程序设计

根据任务分析画出本任务的程序流程图（图 5-5），再根据流程图写出梯形图程序。

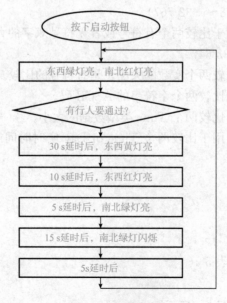

图 5-5　程序流程

程序段1：

```
    %I0.0              %I0.1                                              %M10.0
   "启动按钮"          "停止按钮"                                          "Tag_2"
    ─┤ ├──────┬──────── ┤/├─────────────────────────────────────────────( )─
             │
    %M10.0   │
   "Tag_2"   │
    ─┤ ├─────┘
```

程序段2：

```
    %I0.2               "T4".Q                                           %M10.1
  "人行横道按钮1"                                                          "Tag_5"
    ─┤ ├──────┬──────── ┤/├─────────────────────────────────────────────( )─
             │
    %M10.1   │
   "Tag_5"   │
    ─┤ ├─────┤
             │
    %I0.3    │
  "人行横道按钮2"│
    ─┤ ├─────┘
```

程序段3：

```
    %M10.0              %I0.1              "T1".Q                         %Q0.0
   "Tag_2"            "停止按钮"                                         "东西绿灯"
    ─┤ ├──────┬──────── ┤/├─────────────┤/├──────────────────────────────( )─
             │
    %Q0.0    │
  "东西绿灯"  │
    ─┤ ├─────┤
             │
    "T3".Q   │
    ─┤ ├─────┘
```

程序段4：

```
                              %DB1
                              "T1"
                              TON
                             Time
    %M10.1
   "Tag_5"                  IN      Q
    ─┤ ├──────────────────
                  T#30 s ── PT     ET ── T#0 ms
```

程序段5：

```
                              %DB2
                              "T2"
                              TON
                             Time
    "T1".Q
    ─┤ ├──────────────────  IN      Q
                  T#10 s ── PT     ET ── T#0 ms
```

程序段6：

```
                           %DB3
                           "T3"
                           TON
                          ┌─────┐
                          │Time │
    "T2" .Q               └─────┘
  ───┤ ├─────────────────┤IN   Q├──────────────────────────────
              T#5 s ──────┤PT  ET├── T#0 ms
```

程序段7：

```
                           %DB5
                           "T4"
                           TON
                          ┌─────┐
                          │Time │
    "T3" .Q               └─────┘
  ───┤ ├─────────────────┤IN   Q├──────────────────────────────
             T#20 s ──────┤PT  ET├── T#0 ms
```

程序段8：

```
                                              %Q0.1
                                            "东西黄灯"
    "T1" .Q      "T2" .Q                      ( )
  ───┤ ├────────┤/├──────────────────────────────────
    │
    │ %Q0.1
    │"东西黄灯"
    └──┤ ├──
```

程序段9：

```
                                              %Q0.2
                                            "东西红灯"
    "T2" .Q      "T4" .Q                      ( )
  ───┤ ├────────┤/├──────────────────────────────────
    │
    │ "T3" .Q
    └──┤ ├──
```

程序段10：

```
    %I0.0       %I0.1        %Q0.1       "T2" .Q           %Q0.3
   "启动按钮"  "停止按钮"   "东西黄灯"                    "南北红灯"
  ───┤ ├───────┤/├─────────┤/├──────────┤/├──────────────( )
    │
    │ %M10.0
    │ "Tag_2"
    ├──┤ ├──
    │
    │ %Q0.3
    │"南北红灯"
    └──┤ ├──
```

程序段11：

```
                                                          %Q0.4
                                                        "南北绿灯"
    "T3" .Q     "T4".ET                      "T4" .Q
  ───┤ ├──────┌────┐───────────────────────┤/├──────────( )
    │         │ <= │
    │         │Time│
    │         │T#15 s
    │
    │          "T4".ET        %M0.5
    │         ┌────┐        "Clock_1 Hz"
    └─────────│ >  │──────────┤ ├──
              │Time│
              │T#15 s
```

任务二　　十字路口交通灯控制

》任务目标

1. 掌握西门子S7-1200系列在范围内和在范围外比较指令；
2. 熟练运用上述两种比较指令进行交通灯控制设计；
3. 熟悉PLC的实现过程；
4. 具有一定的解决问题、分析问题的能力。

任务描述

　　十字路口交通灯控制系统的信号灯分为东西、南北两组，有"红""黄""绿"3种颜色。东西和南北方向的两个红灯、黄灯、绿灯是同时动作的（图5-6）。

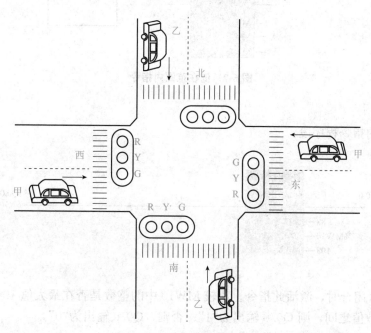

图5-6　十字路口交通灯工作示意

　　控制电路要求：两个方向的灯点亮完成周期为50 s。当系统工作时首先南北方向红灯亮25 s，东西绿灯亮20 s，闪烁3 s，黄灯亮2 s，然后东西红灯亮25 s，南北绿灯亮20 s，闪烁3 s，黄灯亮2 s，并不断循环反复，十字路口交通信号灯运行规律见表5-2。

表 5-2　十字路口交通信号灯运行规律

南北向交通信号灯	信号颜色	绿灯	黄灯	红灯
	保持时间	常亮 20 s，闪烁 3 s	2 s	25 s
东西向交通信号灯	信号颜色	红灯	绿灯	黄灯
	保持时间	25 s	常亮 20 s，闪烁 3 s	2 s

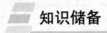

知识储备

一、值在范围内(IN RANGE)指令

值在范围内指令将输入 VAL 的值与输入 MIN 和 MAX 的值进行比较，并将结果发送到功能框输出中(图 5-7)。如果输入 VAL 的值满足 MIN≤VAL 或 VAL≤MAX 的比较条件，则功能框输出的信号状态为"1"。如果不满足比较条件，则功能框输出的信号状态为"0"。

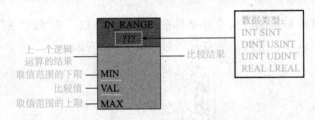

图 5-7　值在范围内指令

1. 指令说明

值在范围内指令程序段：

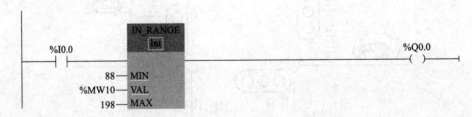

2. 程序解释

(1)当 I0.0 闭合时，激活此指令。比较 MW10 中的整数是否在最大值 198 和最小值 88 之间，如在两数值之间，则 Q0.0 输出为"1"；否则，Q0.0 输出为"0"。

(2)在 I0.0 断开时，Q0.0 输出为"0"。

二、值在范围外(OUT RANGE)指令

值在范围外指令将输入 VAL 的值与输入 MIN 和 MAX 的值进行比较，并将结果发送到功能框输出中。如果输入 VAL 的值满足 MIN＞VAL 或 VAL＞MAX 比较条件，则功能框输出的信号状态为"1"。如果不满足比较条件，则功能框输出的信号状态为"0"(图 5-8)。

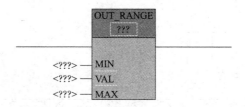

图 5-8 值在范围外指令

1. 指令说明

值在范围外指令程序段：

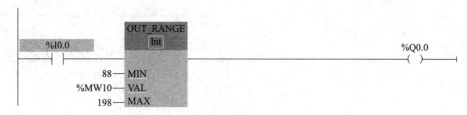

2. 程序解释

(1)当 I0.0 闭合时，激活此指令。比较 MW10 中的整数是否大于最大值 198 或小于最小值 88，如在两数值范围之外，则 Q0.0 输出为"1"；否则，Q0.0 输出为"0"。

(2)在 I0.0 不闭合时，Q0.0 输出为"0"。

任务实施

1. 列出 I/O(输入/输出)分配表

PLC 的 I/O 分配表见表 5-3。

表 5-3 PLC 的 I/O 分配表

输入量		输出量	
I0.0	开始按钮	Q0.0	东西方向红灯
I0.1	停止按钮	Q0.1	南北方向绿灯
		Q0.2	南北方向黄灯
		Q0.3	南北方向红灯
		Q0.4	东西方向绿灯
		Q0.5	东西方向黄灯

2. PLC 硬件接线图

PLC 硬件外部接线如图 5-9 所示。

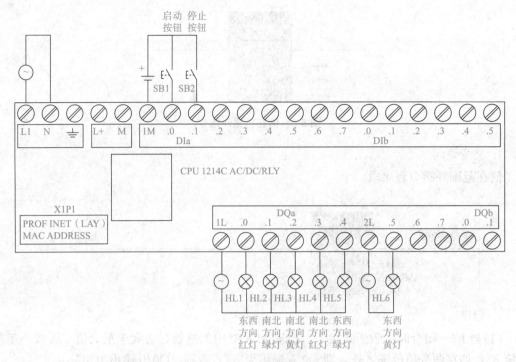

图 5-9　PLC 硬件外部接线

3. PLC 控制程序设计

十字路口交通灯控制梯形图程序如下。

程序段 1：按下启动按钮 I0.0，M10.0 接通并保持，同时 T0 开始计时，T0 的常闭触点断开 T0 定时器线圈实现循环。

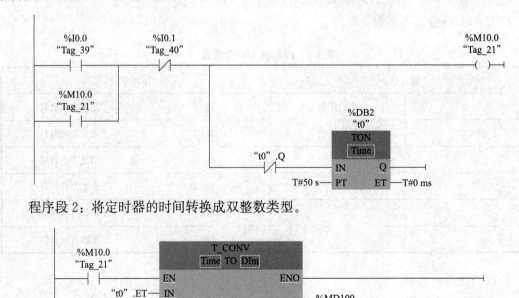

程序段 2：将定时器的时间转换成双整数类型。

程序段 3：在 0～25 s，东西方红灯 Q0.0 亮。

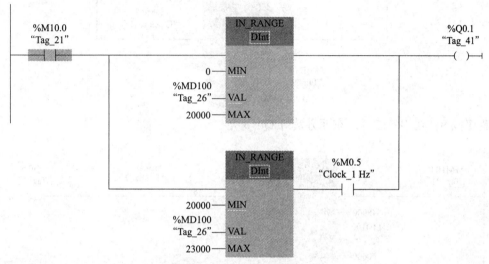

程序段4：在0~20 s，南北方绿灯Q0.1亮；在20~23 s，南北方绿灯Q0.1闪烁。

程序段5：在23~25 s，南北方黄灯Q0.2亮。

程序段6：大于25 s时，南北方向红灯亮。

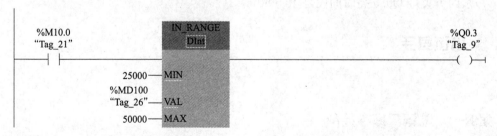

程序段7：在25~45 s，东西方绿灯Q0.4亮；在45~48 s，东西方绿灯Q0.4闪烁。

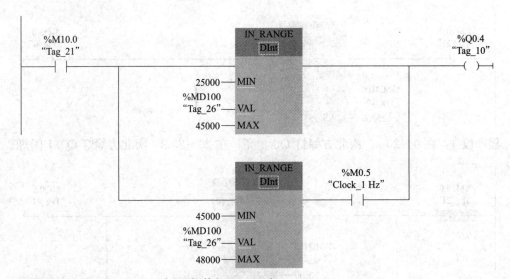

程序段8：在48～50 s，东西方黄灯 Q0.5 亮。

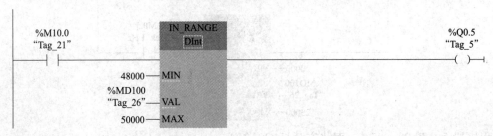

程序解释：

(1)按下启动按钮 I0.0，M10.0 接通并保持，同时 T0 开始计时，当 T0 的时间到达 50 s 时 T0 的常闭触点断开 T0 定时器线圈实现循环。

(2)东西方红灯 Q0.0 亮时间段是 0～25 s。

(3)南北方绿灯 Q0.1 亮时间段是 0～20 s；南北方绿灯 Q0.1 闪烁时间段是 20～23 s。

(4)南北方黄灯 Q0.2 亮时间段是 23～25 s。

(5)南北方红灯 Q0.3 亮时间段是 25～50 s。

(6)东西方绿灯 Q0.4 亮时间段是 25～45 s；东西方绿灯 Q0.4 闪烁时间段是 45～48 s。

(7)东西方黄灯 Q0.5 亮时间段是 48～50 s。

 小试身手

案例一　轧钢厂库存控制

某轧钢厂的成品库可存放钢卷 1 000 个，因为不断有钢卷入库、出库，需要对库存的钢卷进行统计。当库存低于下限 100 时，指示灯 HL1 亮；当库存大于 900 时，指示灯 HL2 亮；当达到库存上限 1 000 时报警器 HA 响，停止入库。入库、出库分别接感应光电开关。按下复位按钮，数值清零。

其中 I0.0 接入库感应开关，I0.1 接出库感应开关，I0.2 接复位按钮，Q0.0 接指示灯 HL1，Q0.1 接指示灯 HL2，Q0.2 接报警器 HA。

1. PLC 控制程序设计

轧钢厂的成品库存控制程序设计如下。

程序段 1：

程序段 2：

程序段 3：

2. 程序解释

(1) I0.0 感应到入库信号，计数器计数加 1 次，钢卷数量加 1。

(2) I0.1 感应到出库信号，计数器计数减 1 次，钢卷数量减 1。

(3) 当计数器数值小于 100 时，Q0.0 输出，指示灯 HL1 亮。

(4) 当计数器数值大于 900 时，Q0.1 输出，指示灯 HL2 亮。

(5) 当计数器数值达到 1 000 时，计数器输出 QU 信号为"1"，Q0.2 输出，报警器 HA 响。

(6) 当按下复位按钮 I0.2 时，计数器复位端接通，清零。

案例二　温度警示控制

温度低于 15 ℃时黄灯亮，温度高于 35 ℃时红灯亮，其他情况绿灯亮。

其中 Q0.0 接黄灯，Q0.1 接红灯，Q0.2 接绿灯。S7-1200 PLC 采集的温度放到 MW0 里面。

1. PLC 控制程序设计

温度警示控制程序设计如下。

程序段 1：

```
        %MW0
        <=                                              %Q0.0
        Int                                             ( )
        15
```

程序段 2：

```
        %MW0
        >=                                              %Q0.1
        Int                                             ( )
        35
```

程序段 3：

```
        %MW0        %MW0
        >           <                                   %Q0.2
        Int         Int                                 ( )
        15          35
```

2. 程序解释

(1)MW0 数值小于等于 15 时，黄灯(Q0.0)亮。

(2)MW0 数值大于等于 35 时，红灯(Q0.1)亮。

(3)MW0 数值大于 15 小于 35 时，绿灯(Q0.2)亮。

案例三　电动机的顺序启动逆序停车

当按下启动按钮 I0.0 时，第一台电动机启动，每过 3 s 启动一台电动机，直至 3 台电动机全部启动；当按下停止按钮 I0.1 时，先停止第 3 台电动机，每过 3 s 停止一台，直至 3 台电动机全部停止。

其中 I0.0 接启动按钮，I0.1 接停止按钮。Q0.0 控制第一台电动机，Q0.1 控制第二台电动机，Q0.2 控制第三台电动机。

1. PLC 控制程序设计

3 台电动机顺序启动逆序停车控制程序设计如下。

程序段 1：

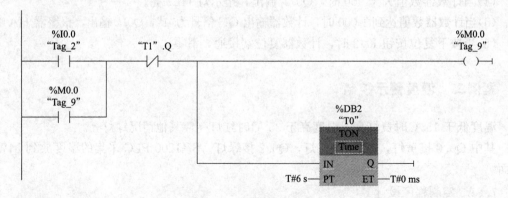

程序段 2：

程序段 3：

程序段 4：

程序段 5：

2. 程序解释

（1）按下启动按钮 I0.0，M0.0 输出并自锁，定时器 T0 开始计时。

（2）M0.0 常开触点导通，Q0.0 输出；定时器 T0 时间到达 6 s 以后，Q0.1 输出；定时器 T0 时间到达 6 s 以后，Q0.2 输出；顺序启动完成。

（3）按下停止按钮 I0.1，M0.1 输出并自锁，定时器 T1 开始计时。

（4）定时器 T1 时间到达 3 s 以后，Q0.2 断开；定时器 T1 时间到达 6 s 以后，Q0.1 断开；定时器 T1 时间到达 9 s 以后，Q0.0 断开；逆序停止完成。

（5）定时器 T1 时间到达 9 s 以后，定时器 T1 输出，Q 对应的常闭触点断开，M0.0 和 M0.1 断开。按下启动按钮，电动机又可以正常顺序启动，逆序停止。

案例四 彩灯控制

有 4 盏彩灯，要求按下启动按钮，每隔 1 s，彩灯按照顺序依次点亮，再依次熄灭，如此循环，按下停止按钮，灯都熄灭。

其中 I0.0 接启动按钮，I0.1 接停止按钮，Q0.0 控制第一盏灯，Q0.1 控制第二盏灯，Q0.2 控制第三盏灯，Q0.3 控制第四盏灯。

1. PLC 控制程序设计

4 盏彩灯控制程序设计如下。

程序段 1：

程序段 2：

程序段 3：

程序段 4：

程序段 5：

2. 程序解释

(1)按下启动按钮 I0.0，M0.0 输出并自锁，定时器 T0 开始计时。

(2)定时器 T0 时间到达 8 s 以后，定时器 T0 输出，Q 对应的常闭触点断开，定时器清零。定时器清零以后，定时器 T0 输出，Q 对应的常闭触点又导通，定时器又开始正常计时，实现 8 s 的循环。

(3)定时器 T0 时间到达 1 s 以后，Q0.0 输出；定时器 T0 时间到达 2 s 以后，Q0.1 输出；定时器 T0 时间到达 3 s 以后，Q0.2 输出；定时器 T0 时间到达 4 s 以后，Q0.3 输出。

(4)定时器 T0 时间到达 5 s 以后，Q0.0 断开；定时器 T0 时间到达 6 s 以后，Q0.1 断开；定时器 T0 时间到达 7 s 以后，Q0.2 断开；定时器 T0 时间到达 8 s 以后，Q0.3 断开。

(5)按下停止按钮 I0.1，M0.0 断开，定时器停止计时，所有灯都熄灭。

案例五　按照规定顺序点亮 4 盏信号灯

有 4 盏灯，要求按下启动按钮，每隔 3 s，按 1—3—2—4 顺序点亮，再按 4—3—2—1 顺序灭灯，如此循环。按下停止按钮，灯都熄灭。

其中 I0.0 接启动按钮，I0.1 接停止按钮，Q0.0 控制第一盏灯，Q0.1 控制第二盏灯，Q0.2 控制第三盏灯，Q0.3 控制第四盏灯。

1. 列出 I/O(输入/输出)分配表

PLC 的 I/O 分配表见表 5-4。

表 5-4　PLC 的 I/O 分配表

输入量		输出量	
I0.0	启动按钮	Q0.0	指示灯 1
I0.1	停止按钮	Q0.1	指示灯 2
		Q0.2	指示灯 3
		Q0.3	指示灯 4

2. PLC 硬件接线图

PLC 硬件外部接线如图 5-10 所示。

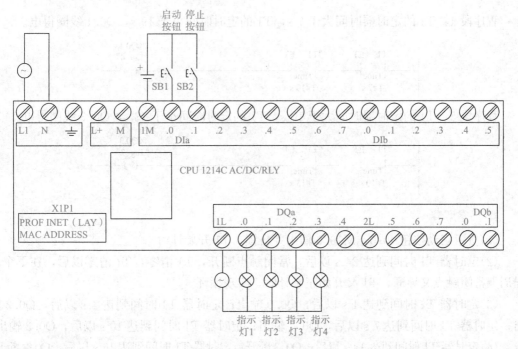

图 5-10　PLC 硬件外部接线

3. PLC 控制程序设计

按照规定顺序点亮 1—3—2—4 信号灯控制程序如下。

程序段 1：T1 的定时器定时 24 s。

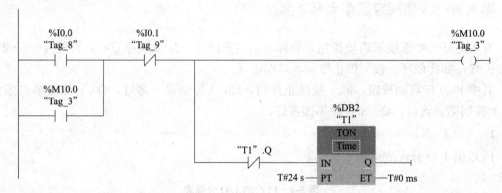

程序段 2：T1 的定时器时间大于 1 s，T1 的定时时间小于 21 s，Q0.0 线圈得电。

程序段 3：T1 的定时器时间大于 4 s，T1 的定时时间小于 16 s，Q0.2 线圈得电。

程序段 4：T1 的定时器时间大于 7 s，T1 的定时时间小于 19 s，Q0.1 线圈得电。

程序段 5：T1 的定时器时间大于 10 s，T1 的定时时间小于 13 s，Q0.3 线圈得电。

4. 程序解释

(1) 按下启动按钮 I0.0，M10.0 输出并自锁，T1 开始计时。

(2) 定时器 T1 时间到达 24 s 以后，常闭触点断开，T1 清零，T1 清零以后，在下个扫描周期常闭触点又导通，T1 又开始正常计时，实现循环。

(3) 定时器 T1 时间到达 1 s 以后，Q0.0 输出；定时器 T1 时间到达 4 s 以后，Q0.2 输出；定时器 T1 时间到达 7 s 以后，Q0.1 输出；定时器 T1 时间到达 10 s 以后，Q0.3 输出。

(4) 定时器 T1 时间到达 13 s 以后，Q0.3 断开；定时器 T1 时间到达 16 s 以后，Q0.2 断开；定时器 T1 时间到达 19 s 以后，Q0.1 断开；定时器 T1 时间到达 21 s 以后，Q0.0 断开。

(5) 按下停止按钮 I0.1，M10.0 断开，T1 停止计时，所有灯都熄灭。

案例六　循环点亮指示灯

有 8 盏灯，要求按下启动按钮，每隔 1 s，顺序依次点亮，再依次灭灯。如此循环，按下停止按钮，停止循环点亮。

1. 列出 I/O(输入/输出)分配表

PLC 的 I/O 分配表见表 5-5。

表 5-5　PLC 的 I/O 分配表

输入量		输出量	
I0.0	启动按钮	Q0.0	指示灯 1
I0.1	停止按钮	Q0.1	指示灯 2
		Q0.2	指示灯 3
		Q0.3	指示灯 4
		Q0.4	指示灯 5
		Q0.5	指示灯 6
		Q0.6	指示灯 7
		Q0.7	指示灯 8

2. PLC 控制程序设计

循环点亮指示灯控制梯形图程序如下：

程序段 1：按下启动按钮 I0.0，M0.0 接通并保持，同时 T0 开始计时，T0 的常闭触点断开，T0 定时器线圈实现循环。

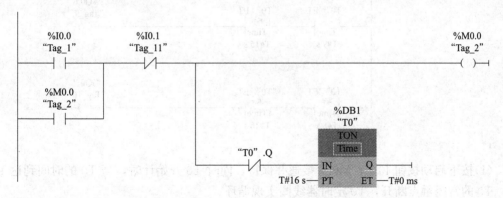

程序段 2：M0.0 接通后，T0 定时器的当前值与灯亮的时间段做比较，例如 Q0.0 在 1 s 后和 9 s 前是亮的，Q0.1 在 2 s 后和 10 s 前是亮的，Q0.2 在 3 s 后和 11 s 前是亮的，Q0.3 在 4 s 后和 12 s 前是亮的，Q0.4 在 5 s 前和 13 s 前是亮的，Q0.5 在 6 s 后和 14 s 前是亮的，Q0.6 在 7 s 后和 15 s 前是亮的，Q0.7 在 8 s 后和 16 s 前是亮的。

```
  %M0.0          "T0".ET      "T0".ET                        %Q0.0
  "Tag_2"          >=           <=                           "Tag_3"
───┤ ├──────────┬──┤Time├──────┤Time├──────────────────────────( )──
                │   T#1 s        T#9 s
                │
                │   "T0".ET      "T0".ET                        %Q0.1
                │     >=           <=                           "Tag_4"
                ├──┤Time├──────┤Time├──────────────────────────( )──
                │   T#2 s        T#10 s
                │
                │   "T0".ET      "T0".ET                        %Q0.2
                │     >=           <=                           "Tag_5"
                ├──┤Time├──────┤Time├──────────────────────────( )──
                │   T#3 s        T#11 s
                │
                │   "T0".ET      "T0".ET                        %Q0.3
                │     >=           <=                           "Tag_6"
                ├──┤Time├──────┤Time├──────────────────────────( )──
                │   T#4 s        T#12 s
                │
                │   "T0".ET      "T0".ET                        %Q0.4
                │     >=           <=                           "Tag_7"
                ├──┤Time├──────┤Time├──────────────────────────( )──
                │   T#5 s        T#13 s
                │
                │   "T0".ET      "T0".ET                        %Q0.5
                │     >=           <=                           "Tag_8"
                ├──┤Time├──────┤Time├──────────────────────────( )──
                │   T#6 s        T#14 s
                │
                │   "T0".ET      "T0".ET                        %Q0.6
                │     >=           <=                           "Tag_9"
                ├──┤Time├──────┤Time├──────────────────────────( )──
                │   T#7 s        T#15 s
                │
                │   "T0".ET      "T0".ET                        %Q0.7
                │     >=           <=                           "Tag_10"
                └──┤Time├──────┤Time├──────────────────────────( )──
                    T#8 s        T#16 s
```

3. 程序解释

(1)按下启动按钮 I0.0，M0.0 接通并保持，同时 T0 开始计时，当 T0 的时间到达 16 s 后，T0 的常闭触点断开，T0 定时器线圈实现循环。

(2)M0.0 接通后，T0 将当前值跟各个灯点亮的时间段做比较，例如，Q0.0 在 1 s 后和 9 s 前是亮的，Q0.1 在 2 s 后和 10 s 前是亮的，Q0.2 在 3 s 后和 11 s 前是亮的，Q0.3 在 4 s 后和 12 s 前是亮的，Q0.4 在 5 s 后和 13 s 前是亮的，Q0.5 在 6 s 后和 14 s 前是亮的，Q0.6 在 7 s 后和 15 s 前是亮的，Q0.7 在 8 s 后和 16 s 前是亮的。

案例七　音乐喷泉控制

一个喷泉池里有 A、B、C 3 种喷头。喷泉的喷水规律：按下启动按钮，A 喷头喷 5 s，B、C 喷头同时喷 8 s，B 喷头喷 4 s，A、C 喷头同时喷 5 s，A、B、C 喷头同时喷 8 s，停1 s，然后从头循环开始喷水，直到按下停止按钮。

1. 列出 I/O(输入/输出)分配表

PLC 的 I/O 分配表见表 5-6。

表 5-6　PLC 的 I/O 分配表

输入量		输出量	
I0.0	启动按钮	Q0.0	A 喷头
I0.1	停止按钮	Q0.1	B 喷头
		Q0.2	C 喷头

2. PLC 硬件接线图

音乐喷泉 PLC 硬件外部接线如图 5-11 所示。

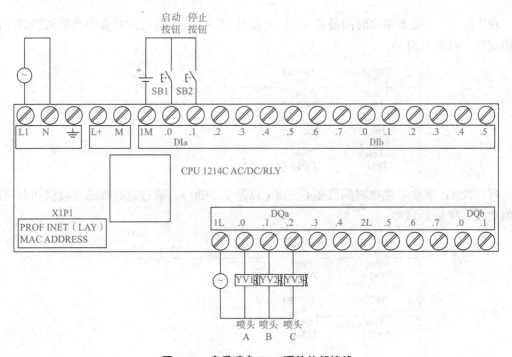

图 5-11　音乐喷泉 PLC 硬件外部接线

3. PLC 控制程序设计

音乐喷泉控制梯形图程序如下。

程序段 1：

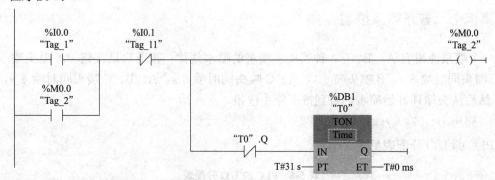

程序段 2：喷泉 A 喷水时间段是 0～5 s 以及 17～30 s，通过定时器的当前值和对应的数值比较，喷泉 A 启动。

```
        "T0" .ET      "T0" .ET                          %Q0.0
          >             <                               "Tag_3"
         Time          Time                              ( )
        T#0 s         T#5 s

        "T0" .ET      "T0" .ET
          >             <
         Time          Time
        T#17 s        T#30 s
```

程序段 3：喷泉 B 喷水时间段是 5～17 s 以及 22～30 s，通过定时器的当前值和对应的数值比较，喷泉 B 启动。

```
        "T0" .ET      "T0" .ET                          %Q0.1
          >             <                               "Tag_4"
         Time          Time                              ( )
        T#5 s         T#17 s

        "T0" .ET      "T0" .ET
          >             <
         Time          Time
        T#22 s        T#30 s
```

程序段 4：喷泉 C 喷水时间段是 5～13 s 以及 17～30 s，通过定时器的当前值和对应的数值比较，喷泉 C 启动。

```
        "T0" .ET      "T0" .ET                          %Q0.2
          >             <                               "Tag_5"
         Time          Time                              ( )
        T#5 s         T#13 s

        "T0" .ET      "T0" .ET
          >             <
         Time          Time
        T#17 s        T#30 s
```

4. 程序解释

(1)按下启动按钮 I0.0，M0.0 接通并保持，同时 T0 开始计时，T0 的常闭触点断开，T0 定时器线圈实现循环，按下停止按钮 I0.1，设备停止。

(2)喷头 A 喷水时间段是 0～5 s 以及 17～30 s。

(3)喷头 B 喷水时间段是 5～17 s 以及 22～30 s。

(4)喷头 C 喷水时间段是 5～13 s 以及 17～30 s。

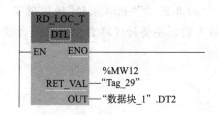

案例八　电动机多段时间启动停止控制

PLC 时间设定好了后，编程实现电动机的多段定时启停，说明：8—10 点电动机 1 启动，10 点后停止；8—16 点电动机 2 启动，16 点后停止；18—20 点电动机 3 启动，20 点后停止。第二天再按以上要求运行，运行 2 天后停止，当按下复位按钮后，则继续按要求启动电动机。

1. 列出 I/O(输入/输出)分配表

PLC 的 I/O 分配表见表 5-7。

表 5-7　PLC 的 I/O 分配表

输入	功能	输出	功能
I0.0	复位	Q0.0	电机 1 输出
DT2. YEAR	年	Q0.1	电机 2 输出
DT2. MONTH	月	Q0.2	电机 3 输出
DT2. DAY	日		
DT2. HOUR	时		
DT2. MINUTE	分		
DT2. SECOND	秒		
C0	输出次数		

数据变量设定如图 5-12 所示。

		名称	数据类型	起始值	保持	可从 HMI/…	从 H…	在 HMI …	设定值
1		▼ Static							
2		▪ ▼ DT2	DTL	DTL#1970-01-01-…		☑	☑	☑	
3		▪ YEAR	UInt	1970		☑	☑	☑	
4		▪ MONTH	USInt	1		☑	☑	☑	
5		▪ DAY	USInt	1		☑	☑	☑	
6		▪ WEEKDAY	USInt	5		☑	☑	☑	
7		▪ HOUR	USInt	0		☑	☑	☑	
8		▪ MINUTE	USInt	0		☑	☑	☑	
9		▪ SECOND	USInt	0		☑	☑	☑	
10		▪ NANOSECOND	UDInt	0		☑	☑	☑	

数据块_1

图 5-12　数据变量设定

2. PLC 控制程序设计

电动机多段时间启动停止控制梯形图程序如下。

程序段 1：RD LOC T 为读取本地实时时间指令，保存在数据类型为 DTL 的 DB 变量 DT2 中。

169

程序段 2：时间做比较，"数据块 1"，DT2. HOUR 为读取的小时值，通过比较小时值，启停不同的电动机。

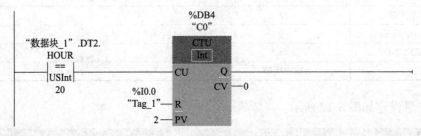

程序段 3："数据块 1". DT2. HOUR 等于 20，则计数一次，若计数大于等于 2，停止一次，在程序段 2 中对计数器的状态位取反。按下复位按钮后重新计数。

3. 程序解释

(1)读取实时本地时钟指令 RD_LOC_I，将读到的事件保存在数据类型为 DTL 的 DB 变量 DT2 中。

(2)我们需要的年、月、日、时、分、秒存放在数据类型为 DTL 的 DB 变量 DT2 中。

(3)时间做比较，8—10 点电动机 1 启动，Q0.0 输出；8—16 点电动机 2 启动，Q0.1 输出；18—20 点电动机 3 启动，Q0.2 输出。

(4)计数，运行 2 天后计数器输出 Q 信号状态为"1"，使电动机停止；当按下复位按钮后，则继续按要求启动电动机。

 知识拓展

中国传统文化中，与自动控制领域相关的科学家、成语故事很多，譬如魏晋时期"绝世巧思"的马钧，他发明了新式织绫机、龙骨水车和"水战百戏"，体现了刻苦钻研，而后创新的时代精神。成语"能工巧匠""独具匠心""精益求精"等体现了中国优秀的传统文化。改革开放以来取得的巨大成就告诉人们，要坚持道路自信、理论自信、制度自信、文化自信。

项目六 炫彩光的控制

任务一 舞台灯光控制

>> **任务目标**

1. 掌握 S7-1200 移动操作类指令的应用方法；
2. 会利用移动操作类指令完成舞台灯光控制系统设计；
3. 会利用系统时钟设置脉冲周期；
4. 会进行舞台灯光控制电路的接线；
5. 会使用编程软件下载、调试程序；
6. 培养良好的职业道德和高度的职业责任感。

▰ 任务描述

在舞台灯光布置中，有这样一个灯光组，它由 8 盏灯首尾相连组成，相隔的 4 盏灯为一个控制组，即图 6-1 中黄色为一组、白色为一组，每隔 0.5 s 两组灯光交替亮一次，重复循环。

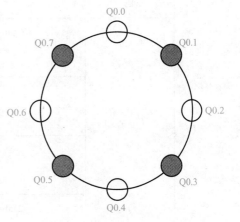

图 6-1 舞台灯光组控制示意

▰ 知识储备

移动操作指令树如图 6-2 所示。

一、移动值指令

移动值指令在不改变原存储单元值（内容）的情况下，将 IN（输入端存储单元）的值复制到 OUT（输出端存储单元）中，可用于存储单元的清零、程序初始化等场合（图 6-3）。传送包括传送单个数据及一次性传送多个连续字块。每种指令又可依据传送数据的类型分为字节、字、双字或者实数等几种情况，见表 6-1。

S7-1200
移动指令

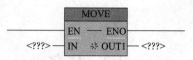

图 6-2　移动操作指令树　　　　　图 6-3　移动值指令

表 6-1　MOVE 指令数据类型

IN	位字符串、整数、浮点数、定时器、日期时间、Char、WChar、Struct、Array、IEC 数据类型、PLC 数据类型(UDT)
OUT1	位字符串、整数、浮点数、定时器、日期时间、Char、WChar、Struct、Array、IEC 数据类型、PLC 数据类型(UDT)

当使能端 EN 有效时，输入 IN 的字节、字、双字或实数传送到 OUT 的指定存储单元输出，传送过程数据内容保持不变。

1. 指令说明

移动值指令程序段：

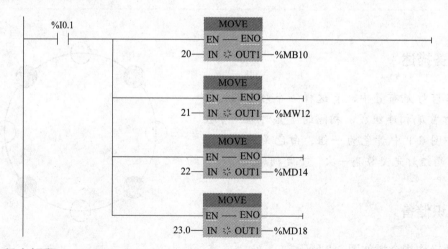

2. 程序解释

按一次 I0.1，传送指令 MOVE 把 20 传送给 MB10；传送指令 MOVE 把 21 传送给 MW12；传送指令 MOVE 把 22 传送给 MD14；传送指令 MOVE 把 23.0 传送给 MD18。

二、块移动指令

块移动指令如图 6-4 所示。
MOVE_BLK 指令数据类型见表 6-2。

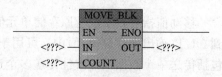

图 6-4　块移动指令

表 6-2　MOVE_BLK 指令数据类型

IN	待复制源区域中的首个元素
COUNT	源范围移动到目标范围的元素个数 COUNT 范围：1～4 294 967 295
OUT	源范围内容要复制到的目标范围中的首个元素

当使能端 EN 有效时，把输入的二进制数、整数、浮点数、定时器、Date、Char、WChar、TOD 的 N(N 的范围是 1～4 294 967 295)个元素传送到 OUT 的目标范围的元素中。传送过程中数据内容保持不变，输入区和输出区必须是数组。

1. 指令说明

块移动指令程序段：

2. 程序解释

(1)按一次 I0.1，数据块 1 中的数组 A 的 0 号元素开始的 5 个 Int 元素的值，被复制给数据块 2 的数组 B 的 0 号元素开始的 5 个元素。

(2)COUNT 为要传送的数组元素的个数，复制操作按地址增大的方向进行。传送过程中数据内容保持不变。传送数据见表 6-3。

表 6-3　数据块传送指令对应数据

数据	地址	数据	地址
4	A[0]	4	B[0]
7	A[1]	7	B[1]
42	A[2]	42	B[2]
156	A[3]	156	B[3]
230	A[4]	230	B[4]

三、填充块(FILL BLK)

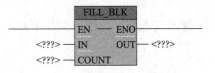

填充块指令如图 6-5 所示。

填充块指令数据类型见表 6-4。

图 6-5　填充块指令

表 6-4　填充块指令数据类型

IN	用于填充目标范围的元素
COUNT	移动操作的重复次数 COUNT 范围：1～4 294 967 295
OUT	目标范围中填充的起始地址

可以使用"填充存储区"指令，用 IN 输入的值填充一个存储区域(目标范围)。从输出 OUT 指定的地址开始填充目标范围。可以使用参数 COUNT 指定复制操作的重复次数。执行该指令时，输入 IN 中的值将移动到目标范围，重复次数由参数 COUNT 的值指定。

1. 指令说明

填充块指令程序段：

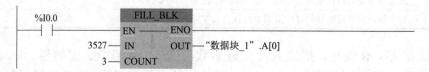

2. 程序解释

按一次 I0.0，常数 3 527 被填充到数据块 1 的 A[0]开始的 3 个字，填充块指令对应数据见表 6-5。

表 6-5　填充块指令对应数据

IN 数据	COUNT 数据	数据	地址
3527	3	3 527	A[0]
		3 527	A[1]
		3 527	A[2]

四、字节交换(SWAP)指令

字节交换指令如图 6-6 所示。

字节交换指令数据类型见表 6-6。

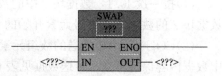

图 6-6　字节交换指令

表 6-6　字节交换指令数据类型

EN	使能输入
IN	要交换其字节的操作数
OUT	结果
数据类型	Word、DWord

字节交换指令用来交换输入字 IN 的最高字节和最低字节。

1. 指令说明

字节交换指令程序示例如下。

程序段 1：

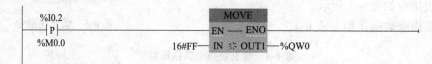

程序段 2：

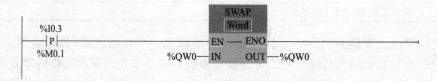

2. 程序解释

(1)按一次 I0.2,传送指令(MOVE)把 16♯FF 传送给 QW0:Q0.0~Q0.7 为 0,Q1.0~Q1.7 为 1。

(2)按一次 I0.3,字节交换指令 SWAP 把 QB0 与 QB1 进行交换,交换后,Q0.0~Q0.7 为 1,Q1.0~Q1.7 为 0,QW0 为 16♯FF00,如图 6-7 所示。

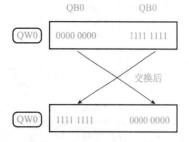

图 6-7 数据交换举例图解

任务实施

1. 列出 I/O(输入/输出)分配表

PLC 的 I/O 分配表见表 6-7。

表 6-7 PLC 的 I/O 分配表

输出量		输出量	
Q0.0	灯 1	Q0.4	灯 5
Q0.1	灯 2	Q0.5	灯 6
Q0.2	灯 3	Q0.6	灯 7
Q0.3	灯 4	Q0.7	灯 8

2. PLC 硬件接线图

PLC 硬件外部接线如图 6-8 所示。

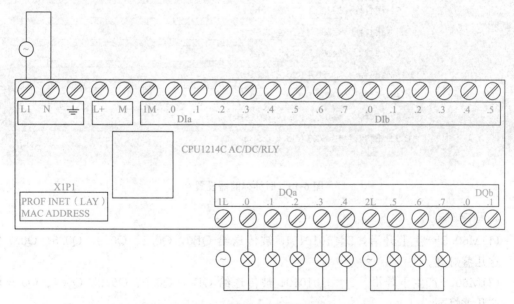

图 6-8 PLC 硬件外部接线

3. PLC 控制程序设计

舞台灯光组控制梯形图程序如下。

程序段 1:

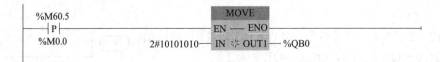

程序段 2：

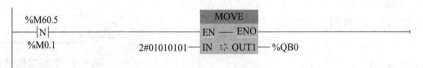

M60.5 产生周期为 1 s 的方波，一个周期里面会产生一次上升沿和一次下降沿，间隔为 0.5 s，如图 6-9 所示。

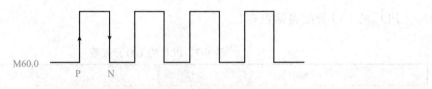

图 6-9　M60.5 产生的方波波形图

要想使 M60.5 产生周期为 1 s 的方波，则需要在博途软件中对系统时钟存储区进行设置，具体设置如图 6-10 所示。

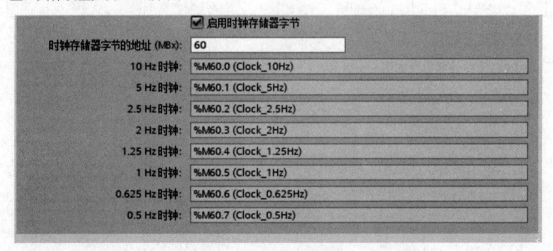

图 6-10　时钟存储器设置

4. 程序解释

(1)M60.5 产生上升沿，2#10101010 被传送给 QB0，Q0.1、Q0.3、Q0.5、Q0.7 输出，这几盏灯亮。

(2)M60.5 产生下降沿，2#01010101 被传送给 QB0，Q0.0、Q0.2、Q0.4、Q0.6 输出，这几盏灯亮。

(3)M60.5 产生周期为 1 s 的方波，重复循环，灯也会重复亮灭循环。

任务二　　天塔之光模拟控制

>> **任务目标**

1. 掌握西门子 S7-1200 系列移位指令的应用方法；
2. 会利用移位寄存器指令实现天塔之光控制；
3. 会进行天塔之光控制电路的接线；
4. 会使用编程软件下载、调试程序；
5. 具有一定的解决问题、分析问题的能力。

任务描述

按下启动按钮后，要求按以下规律显示：L1、L4、L7 亮，1 s 后灭，接着 L2、L5、L8 亮，1 s 后灭，接着 L3、L6、L9 亮，1 s 后灭，如此循环周而复始。按下停止按钮后，停止运行，如图 6-11 所示。

SD、ST 分别为启动、停止按钮；L1、L2、L3、L4、L5、L6、L7、L8、L9 分别模拟显示天塔的各盏灯。

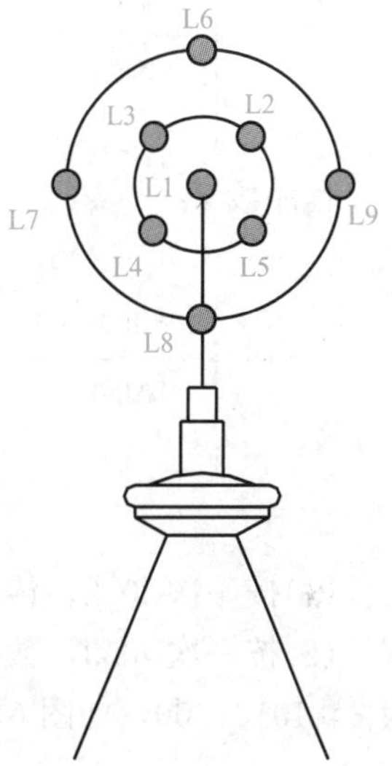

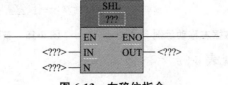

图 6-11　天塔之光控制示意

知识储备

移位和循环操作指令树如图 6-12 所示。

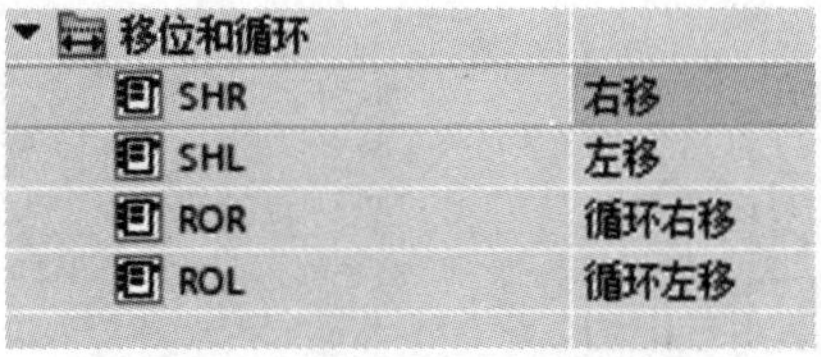

▼ ⬛ 移位和循环	
⬛ SHR	右移
⬛ SHL	左移
⬛ ROR	循环右移
⬛ ROL	循环左移

图 6-12　移位和循环操作指令树

一、左移位(SHL)指令

左移位指令如图 6-13 所示。

```
      SHL
      ???
 ── EN    ENO ──
<???>─ IN    OUT ─<???>
<???>─ N
```

图 6-13　左移位指令

S7-1200
移位和循环移位

左移位指令数据类型见表 6-8。

表 6-8　左移位指令数据类型

IN	要移位的值
N	将对值进行移位的位数
OUT	指令的结果
数据类型	USInt、UInt、Word、DWord、Byte、UDInt、SInt、Int、DInt

左移位指令将输入位字符串、整数值根据移位位数向左移动，并将结果载入输出对应的存储单元，移位指令对每个移出位补 0。

1. 指令说明

左移位指令程序如下。

程序段 1：

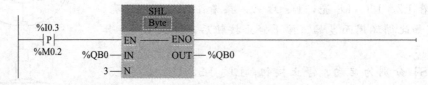

程序段 2：

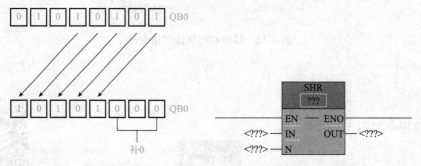

2. 程序解释

(1)按一次 I0.2，传送指令 MOVE 把 2#1010101 传送给 QB0。

(2)按一次 I0.3，数据向左移动 3 个位置，移出位自动补 0，并将结果载入 QB0，QB0 为 2#10101000，如图 6-14 所示。

二、右移位(SHR)指令

右移位指令如图 6-15 所示。

图 6-14　位数据左移动示例　　图 6-15　右移位指令

右移位指令数据类型见表 6-9。

表 6-9　右移位指令数据类型

IN	要移位的值
N	将对值进行移位的位数
OUT	指令的结果
数据类型	USInt、UInt、Word、DWord、Byte、UDInt、SInt、Int、DInt

右移位指令将输入位字符串、整数值向右移动 N 位并将结果载入输出对应的存储单元，移位指令对每个移出位补 0。

1. 指令说明

右移位指令程序如下。

程序段 1：

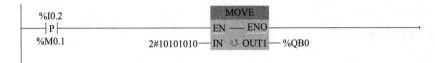

程序段 2：

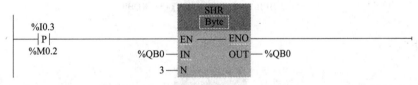

2. 程序解释

(1)按一次 I0.2，传送指令 MOVE 把 2#10101010 传送给 QB0。

(2)按一次 I0.3，数据向右移动 3 个位置，移出位自动补 0，并将结果载入 QB0，QB0 为 2#00010101 如图 6-16 所示。

三、循环左移(ROL)指令

循环左移指令如图 6-17 所示。

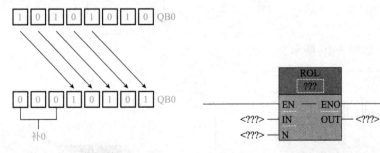

图 6-16　位数据右移动示例　　　图 6-17　循环左移指令示例

循环左移指令数据类型见表 6-10。

表 6-10　循环左移指令数据类型

IN	要循环移位的值
N	将值循环移动的位数
OUT	指令的结果
数据类型	Word、DWord、Byte

(1)循环左移指令将输入字节、字、双字数值向左旋转 N 位，并将结果载入输出对应的存储单元，循环移位是一个环形移位，即被移出来的位将返回另一端空出的位置。

(2)若移动的位数 N 大于允许值(对于字节操作，允许值为 8，字操作为 16，双字操作为 32)，则执行循环移位指令之前要先对 N 进行取模操作，如字节移位，将 N 除以 8 后取余数，从而得到一个有效的移位次数。取模的结果对于字节操作是 0～7，对于字操作是 0～15，对于双字操作是 0～31，若取模操作结果为 0，则不能进行循环移位操作。

1. 指令说明

循环左移指令程序如下。

程序段 1：

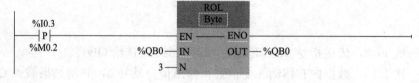

程序段 2：

2. 程序解释

(1)按一次 I0.2，传送指令 MOVE 把 2#10101010 传送给 QB0。

(2)按一次 I0.3，数据向左移动 3 位，剩下的整体向左移动 3 位，并将结果载入 QB0，QB0 为 2#01010101，如图 6-18 所示。

四、循环右移(ROR)指令

循环右移指令如图 6-19 所示。

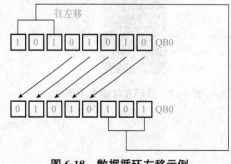

图 6-18　数据循环左移示例

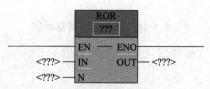

图 6-19　循环右移指令

循环右移指令数据类型见表 6-11。

表 6-11　循环右移指令数据类型

IN	要循环移位的值
N	将值循环移动的位数
OUT	指令的结果
数据类型	Word、DWord、Byte

(1)循环右移指令将输入字节、字、双字数值向右旋转 N 位，并将结果输入输出对应的存储单元，循环移位是一个环形移位，即被移出来的位将返回另一端空出的位置。

(2)若移动的位数 N 大于允许值(对于字节操作，允许值为 8，字操作为 16，双字操作为 32)，则执行循环移位指令之前先对 N 进行取模操作，如字节移位，将 N 除以 8 后取余数，从而得到一个有效的移位次数。取模的结果对于字节操作是 $0\sim7$，对于字操作是 $0\sim$ 15，对于双字操作是 $0\sim31$，若取模操作结果为 0，则不能进行循环移位操作。

1. 指令说明

循环右移指令程序如下。

程序段 1：

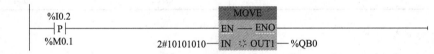

程序段 2：

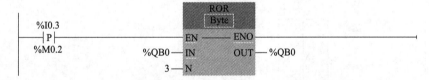

2. 程序解释

(1)按一次 I0.2，传送指令 MOVE 把 2♯10101010 传送给 QB0。

(2)按一次 I0.3，数据向右移动 3 位，剩下的整体向右移动 3 位，并将结果载入 QB0，QB0 为 2♯01010101，如图 6-20 所示。

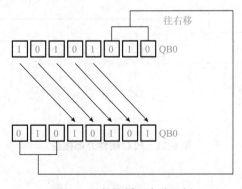

图 6-20　数据循环右移示例

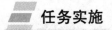

任务实施

1. 列出 I/O(输入/输出)分配表

PLC 的 I/O 分配见表 6-12。

表 6-12　PLC 的 I/O 分配表

输入量		输出量	
I0.0	启动按钮	Q0.0	1 号灯
I0.1	停止按钮	Q0.1	2 号灯
		Q0.2	3 号灯
		Q0.3	4 号灯
		Q0.4	5 号灯
		Q0.5	6 号灯
		Q0.6	7 号灯
		Q0.7	8 号灯
		Q1.1	9 号灯

2. PLC 硬件接线图

PLC 硬件外部接线如图 6-21 所示。

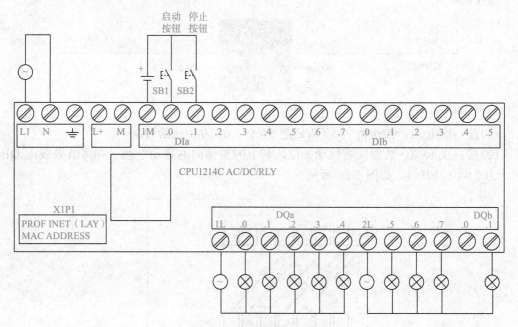

图 6-21　PLC 硬件外部接线

3. PLC 控制程序设计

天塔之光控制梯形图程序如下。

程序段 1：

%M3.5
"Tag_21"
—| |—|P|—

%M5.0
"Tag_22"

%M6.2
"Tag_11"
—|N|—

%M3.1
"Tag_6"

MOVE
EN — ENO
1 — IN
⁜ OUT1 — %MB6
"Tag_10"

程序段 2：

%I0.0   %I0.1   %M3.5
"Tag_2"   "Tag_8"   "Tag_21"
—| |————|/|——( )—

%M3.5
"Tag_21"
—| |—

程序段 3：

%M3.5   %M0.5   SHL
"Tag_21"   "Clock_1Hz"   Byte
—| |————————| |—|P|—   ———— EN — ENO ————
             %M3.0
             "Tag_3"   %MB6
                               "Tag_10" — IN   OUT — %MB6
                                                         "Tag_10"
                                    1 — N

程序段 4：

%M6.0   %Q0.0
"Tag_12"   "Tag_7"
—| |———( )—

                                                               %Q0.3
                                                               "Tag_14"
                        ——————————————————————————————————————( )—

                                                               %Q0.6
                                                               "Tag_15"
                        ——————————————————————————————————————( )—

程序段 5：

%M6.1   %Q0.1
"Tag_13"   "Tag_16"
—| |———( )—

                                                               %Q0.4
                                                               "Tag_17"
                        ——————————————————————————————————————( )—

                                                               %Q0.7
                                                               "Tag_4"
                        ——————————————————————————————————————( )—

程序段 6：

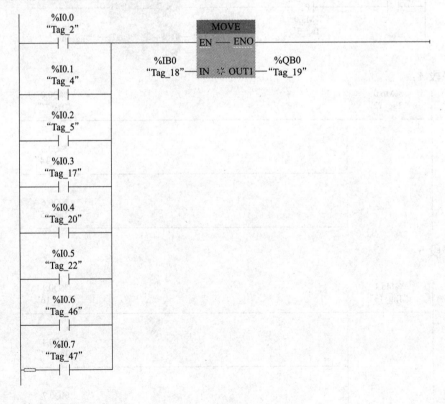

案例一　8 盏灯的单独控制

有 8 盏灯（QB0），分别通过 8 个按钮（IB0）控制，按下按钮 I0.0，对应 Q0.0 的灯亮，即 IB0 与 QB0 的点亮一一对应。

按钮控制指示灯程序如下：

案例二　灯的交替输出控制

按下按钮开关 I0.3，Q1.0、Q1.1、Q1.2、Q1.3 输出，对应的灯亮。按下按钮开关

I0.4，Q0.0、Q0.1、Q0.2、Q0.3 输出，对应的灯亮。按下 I0.5，断开所有输出，灯灭。

1. PLC 控制程序设计

4 盏灯交替输出程序如下。

程序段 1：

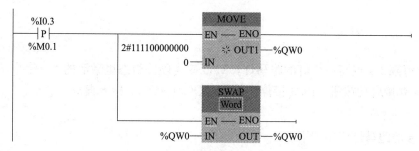

程序段 2：

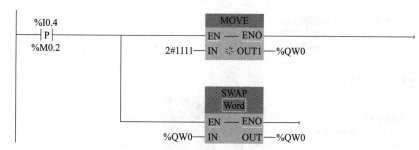

程序段 3：

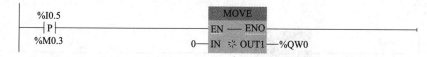

2. 程序解释

（1）按下 I0.3，2#111100000000 被传送给 QW0。根据西门子高位低字节存储方式，实际是 Q0.0、Q0.1、Q0.2、Q0.3 输出，SWAP 字节交换指令执行后，QB0 与 QB1 交换，Q1.0、Q1.1、Q1.2、Q1.3 输出，对应的灯亮。数据交换图例如图 6-22 所示。

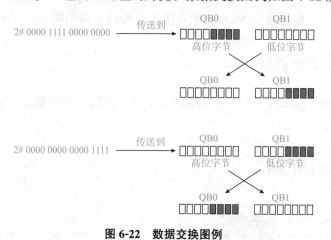

图 6-22　数据交换图例

（2）按下 I0.4，2#00000000001111 被传送给 QW0。根据西门子高位低字节存储方式，实际是 Q1.0、Q1.1、Q1.2、Q1.3 输出，SWAP 字节交换指令执行后，QB0 与 QB1 交换，Q0.0、Q0.1、Q.2、Q0.3 输出，对应的灯亮。数据交换图例如图 6-22 所示。

（3）按下 I0.5，0 被传送给 QW0。所有输出点断开，所有灯灭。

案例三　跑马灯控制

做一个每隔 1 s 点亮一个灯的跑马灯，M60.5 为硬件组态里激活的 1 s 脉冲。

其中 I0.0 接启动按钮，I0.3 接停止按钮，Q0.0～Q0.7 接 8 盏灯。

1. PLC 控制程序设计

每隔 1 s 的跑马灯程序如下。

程序段 1：

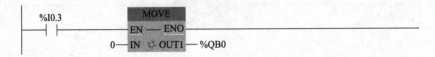

程序段 2：

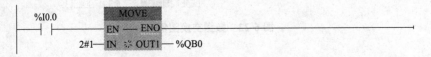

程序段 3：

2. 程序解释

（1）按一次 I0.0，传送指令 MOVE 把 2#1 传送给 QB0，Q0.0 输出，对应的灯亮。

（2）M60.5 每隔 1 s 产生一个上升沿 P，QB0 循环左移移动一个步长。

（3）按一次 I0.3，传送指令 MOVE 把 0 传送给 QB0，输出断开，灯灭。

案例四　7 盏灯的循环点亮

7 盏灯循环点亮，即 Q0.0～Q0.6 每隔 1 s 点亮一盏灯，周期循环，M60.5 为硬件组态里激活的 1 s 脉冲。

1. PLC 控制程序设计

7 盏灯循环点亮程序如下。

程序段 1：

程序段 2：

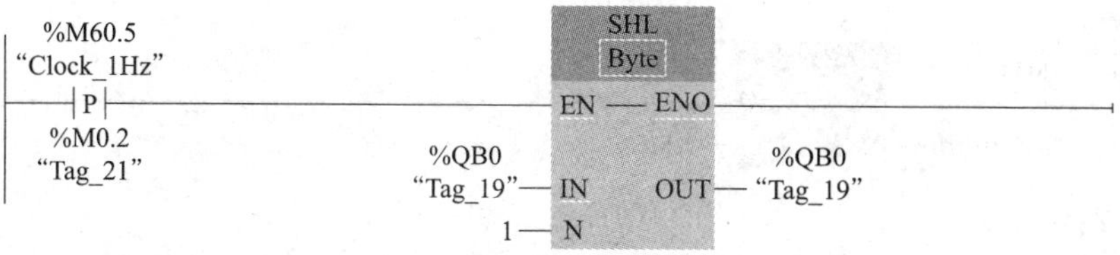

```
        %M60.5                                    ┌─────────┐
        "Clock_1Hz"                               │   SHL   │
        ──┤P├──                                   │  Byte   │
        %M0.2                                     EN ─── ENO
        "Tag_21"                        %QB0      │         │      %QB0
                                        "Tag_19"─ IN   OUT ─ "Tag_19"
                                               1─ N       │
                                                  └─────────┘
```

程序段 3：

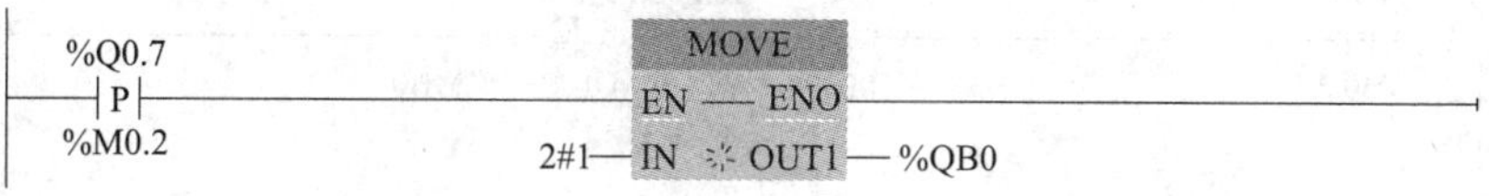

```
        %Q0.7                           ┌─────────┐
        ──┤P├──                         │  MOVE   │
        %M0.2                           EN ─── ENO
                                  2#1 ─ IN  ☀ OUT1 ─ %QB0
                                        └─────────┘
```

程序段 4：

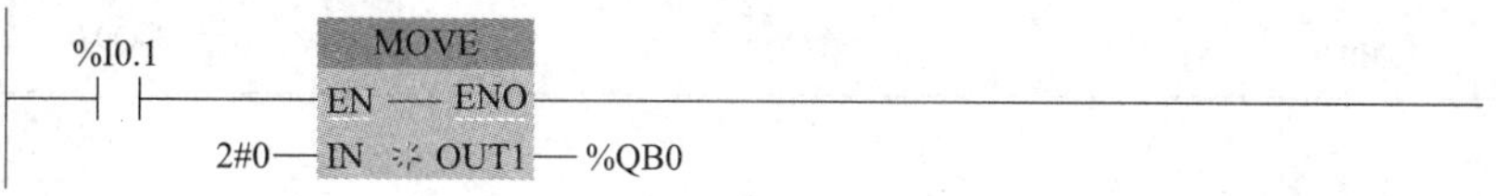

```
        %I0.1                           ┌─────────┐
        ──┤ ├──                         │  MOVE   │
                                        EN ─── ENO
                                  2#0 ─ IN  ☀ OUT1 ─ %QB0
                                        └─────────┘
```

2. 程序解释

（1）按一次 I0.0，传送指令 MOVE 把 2#1 传送给 QB0。Q0.0 输出，对应的灯亮。

（2）M60.5 每隔 1 s 产生一个上升沿 P，QB0 左移一个步长。

（3）Q0.7 为 1 时产生一个上升沿 P，执行传送指令 MOVE，把 2#1 传送给 QB0，Q0.0 输出，对应的灯亮，Q0.0~Q0.6 开始每隔 1 s 点亮一盏灯，周期循环。

（4）按一次 I0.1，传送指令 MOVE 把 2#0 传送给 QB0，输出断开，灯灭。

案例五　一键启停程序设计

利用一个按钮完成对输出 Q0.0 的启停控制，即单按钮启停。

1. PLC 控制程序设计

首先在硬件组态中启用系统存储区字节，如图 6-23 所示。

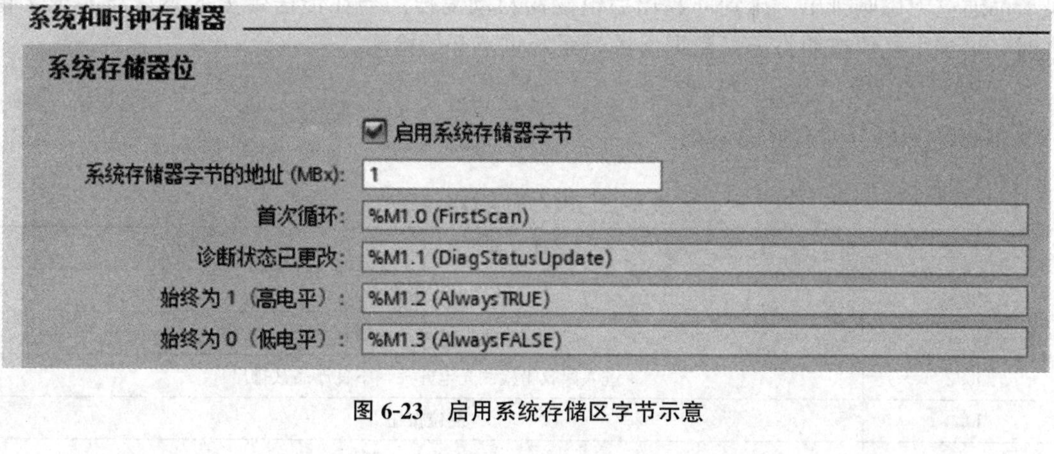

图 6-23　启用系统存储区字节示意

一键启停程序如下。

程序段1：

```
  %M1.0        ┌─────MOVE─────┐
───┤ ├────────┤EN        ENO├──────────────────────────
                │              │
2#10101010 ─────┤IN  ✳  OUT1├── %MB0
               └──────────────┘
```

程序段2：

```
                         ┌────ROL────┐
                         │   Byte    │
  %I0.0                  │           │
───┤ P ├─────────────────┤EN    ENO├──────────────────
  %M0.2                  │           │
         %MB0 ───────────┤IN    OUT├── %MB0
                    1 ───┤N          │
                         └───────────┘
```

程序段3：

```
  %M0.0                                              %Q0.0
───┤ ├──────────────────────────────────────────────( )──
```

2. 程序解释

(1)程序初始化 M1.0，传送指令 MOVE 把 2#10101010 传送给 MB0。

(2)按一次 I0.0 产生一个上升沿 P，MB0 循环左移一个步长。

(3)第一次按下 I0.0，循环左移指令执行后，MB0 为 2#01010101。第二次按下 I0.0，循环左移指执行后，MB0 为 2#10101010。第三次按下 I0.0，循环左移指令执行后，MB0 为 2#01010101。MB0 在 2#10101010 与 2#01010101 之间循环切换。

(4)MB0 中 M0.0 在 0 和 1 之间循环切换。M0.0 接通 Q0.0，Q0.0 会产生亮一次、灭一次的循环，实现一键启停。

案例六　传送带货物检测控制

产品被传送至传送带上做检测，当光电开关检测到有不良产品时(高度偏高)，即将不良产品通过电磁阀排出，排到回收箱后电磁阀自动复位。当在传送带上的不良产品记忆错乱时，可按下复位按钮将记忆数据清零，系统重新开始检测。

1. 列出 I/O(输入/输出)分配表

PLC 的 I/O 分配表见表 6-13。

表 6-13　PLC 的 I/O 分配表

元件说明	
I0.0	不良产品检测光电开关
I0.1	凸轮检测光电开关，检测有无产品
I0.2	进入回收箱检测光电开关，不良产品被排出
I0.3	复位按钮
M0.0	内部辅助继电器1

元件说明	
M0.1	内部辅助继电器2
M0.2	内部辅助继电器3
M0.3	内部辅助继电器4
Q0.0	电磁阀推出杆

2. PLC 硬件接线图

PLC 硬件外部接线如图 6-24 所示。

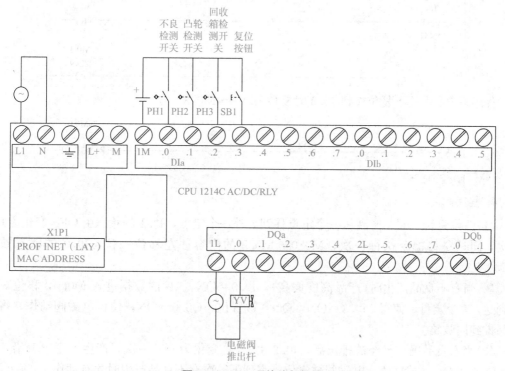

图 6-24　PLC 硬件外部接线

3. PLC 控制程序设计

传送带货物检测控制程序如下。

程序段 1：I0.0 的状态传到 M0.0。

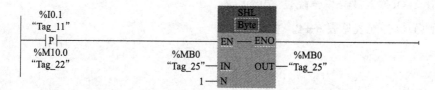

程序段 2：I0.1 的状态由 OFF 变为 ON 一次，左移指令执行一次，M0.0～M0.3 左移位一位。

程序段 3：当有不良品产生时 M0.3＝ON，Q0.0 被置位，电磁阀动作，将不良品推到回收箱。

```
   %M0.3                                              %Q0.0
  "Tag_26"                                           "Tag_3"
────┤ ├──────────────────────────────────────────────( S )────
```

程序段 4：当不良品确认已经被推出后，电磁阀被复位，直到下一次有不良品产生时才有动作。

```
   %I0.2                                              %Q0.0
  "Tag_13"                                           "Tag_3"
────┤ P ├──────┬──────────────────────────────────────( R )────
   %M10.1      │
  "Tag_27"     │
               │                                      %M0.3
               │                                     "Tag_26"
               └──────────────────────────────────────( R )────
```

程序段 5：当按下复位按钮 I0.3 时复位 M0.0～M0.3。

```
   %I0.3                                              %M0.0
  "Tag_14"                                           "Tag_2"
────┤ P ├────────────────────────────────────────(RESET_BF)───
   %M10.2                                              4
  "Tag_28"
```

4. 程序解释

(1)凸轮每转一圈，产品从一个定点移到另外一个定点，I0.1 的状态由 OFF 变化为 ON 一次，同时左移指令执行一次，M0.0～M0.3 的内容往左移位一位，I0.0 的状态被传到 M0.0。

(2)当有不良品产生时(产品高度偏高)，I0.0＝ON，"1"的数据进入 M0.0，移位 3 次后到达，4 个定点，使得 M0.3＝ON，Q0.0 被置位，Q0.0＝ON，使得电磁阀动作，将不良品推到回收箱。

(3)当不良品确认已经被排出后，I0.2 由 OFF 变化为 ON 一次，产生一个上升沿，使得 M0.3 和 Q0.0 被复位，电磁阀被复位，直到下一次有不良品产生时才有动作。

(4)当按下复位按钮 I0.3 时，I0.3 由 OFF 变化为 ON 一次，产生一个上升沿，使得 M0.0～M0.3 被全部复位为"0"，保证传送带上产品发生不良品记忆错乱时，重新开始检测。

案例七　霓虹灯广告牌控制

一盏广告灯包括 8 个彩色 LED(从左到右依次排开)，启动时，要求 8 个彩色 LED 从右到左逐个点亮，全部点亮时，再从左到右逐个熄灭。全部熄灭后，再从左到右逐个点亮，全部点亮时，再从右到左逐个熄灭，并不断重复上述过程。

1. 列出 I/O(输入/输出)分配表

PLC 的 I/O 分配表见表 6-14。

表 6-14　PLC 的 I/O 分配表

元件说明	
I0.0	广告灯启动开关
I0.1	广告灯停止开关
T0	计时 32 s 定时器
T1	计时 1 s 定时器
Q0.0～Q0.7	8 个彩色 LED 灯
M0.0	内部辅助继电器 1

2. PLC 控制程序设计

霓虹灯广告牌控制梯形图程序如下。

程序段 1：

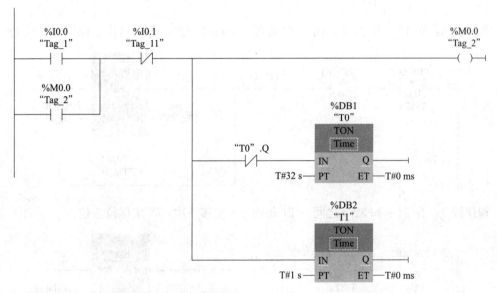

程序段 2：T0 计时为 1 s 时，点亮 Q0.0。

程序段 3：在 1 s 和 8 s 之间，T1 每隔 1 s 左移一次，每次移位 1 位，同时置位 Q0.0。

程序段 4：在 8 s 和 16 s 之间，每隔 1 s 右移一次，每次移位 1 位。

```
    "T0".ET        "T0".ET        "T1".Q              SHR
      >              <=                                Byte
    ┤Time├         ┤Time├         ┤ ├            EN ─── ENO
    T#8 s          T#16 s                  %QB0                    %QB0
                                        "Tag_23"─ IN    OUT ─"Tag_23"
                                            1 ─ N
```

程序段 5：T0 计时为 17 s 时，Q0.7 置位为 1。

```
                   "T0".ET                         %Q0.7
                     ==                           "Tag_10"
                   ┤Time├                           (S)
                   T#17 s
```

程序段 6：在 17 s 和 24 s 之间，T1 每隔 1 s 右移一次，每次移位 1 位同时置位 Q0.7。

```
    "T0".ET        "T0".ET        "T1".Q              SHR
      >              <=                                Byte
    ┤Time├         ┤Time├         ┤ ├            EN ─── ENO
    T#17 s         T#24 s                   %QB0                    %QB0
                                        "Tag_23"─ IN    OUT ─"Tag_23"
                                            1 ─ N

                                                        %Q0.7
                                                       "Tag_10"
                                                        ( S )
```

程序段 7：在 24 s 和 32 s 之间，T1 每隔 1 s 左移一次，每次移位 1 位。

```
    "T0".ET        "T0".ET        "T1".Q              SHL
      >              <=                                Byte
    ┤Time├         ┤Time├         ┤ ├            EN ─── ENO
    T#24 s         T#32 s                   %QB0                    %QB0
                                        "Tag_23"─ IN    OUT ─"Tag_23"
                                            1 ─ N
```

程序段 8：按下停止按钮 I0.1，Q0.0～Q0.7 全部复位，灯全部熄灭。

```
            %I0.1                          %Q0.0
           "Tag_11"                        "Tag_3"
           ┤ ├                           (RESET_BF)
                                              8
```

程序段 9：时间继电器 T1 状态位为 1 时，时间继电器 T1 复位。

```
                                              %DB2
            "T1".Q                             "T1"
           ┤ ├                                 [RT]
```

3. 程序解释

(1)按下启动开关,I0.0 常开触点闭合,T0、T1 开始计时,M0.0 得电自锁,T0 每隔 32 s 发出一个脉冲,即 32 s 循环一次,T1 每隔 1 s 发出一个脉冲,即 1 s 循环一次。

(2)T0 计时为 1 s 时,点亮 Q0.0,在 1 s 和 8 s 之间,T1 隔 1 s 再发一个脉冲,执行一次左移指令,同时最右位 Q0.0 补 1,8 个 LED 依次点亮,最后全亮。

(3)T0 计时在 8 s 到 16 s 之间,T1 隔 1 s 再发一个脉冲,执行一次右移指令,8 个 LED 依次熄灭,最后全灭。

(4)T0 计时为 17 s 时,点亮 Q0.7,在 17 s 和 24 s 之间,T1 隔 1 s 再发一个脉冲,执行一次右移指令,同时最左位 Q0.7 补 1,8 个 LED 依次点亮,最后全亮。

(5)T0 计时在 24 s 和 32 s 之间,T1 隔 1 s 再发一个脉冲,执行一次左移指令,8 个 LED 依次熄灭,最后全灭。

(6)按下停止按钮,Q0.0~Q0.7 全部复位,灯全部熄灭。

案例八　公交车多站呼叫

一辆公交车在行驶线路上运行,线路上共有 1~5 号 5 个站,每个站点各设一个行程开关和一个呼叫按钮。要求按下任意一个呼叫按钮,公交车将行进至对应的站点并停下。

1. 列出 I/O(输入/输出)分配表

PLC 的 I/O 分配表见表 6-15。

表 6-15　PLC 的 I/O 分配表

输入量		输出量	
I0.0	1 号呼叫	Q0.0	前进
I0.1	2 号呼叫	Q0.1	后退
I0.2	3 号呼叫		
I0.3	4 号呼叫		
I0.4	5 号呼叫		
I0.5	1 号行程开关		
I0.6	2 号行程开关		
I0.7	3 号行程开关		
I1.0	4 号行程开关		
I1.1	5 号行程开关		

2. PLC 硬件接线图

PLC 硬件外部接线如图 6-25 所示。

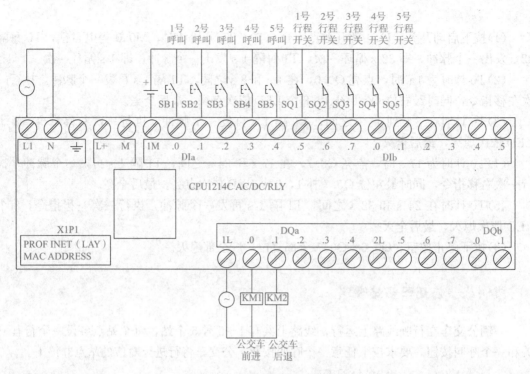

图 6-25　PLC 硬件外部接线

3. PLC 控制程序设计

公交车多站呼叫控制梯形图程序如下。

程序段 1：MW0 为呼叫点，1～5 号站点的呼叫分别对应数字 1～5。

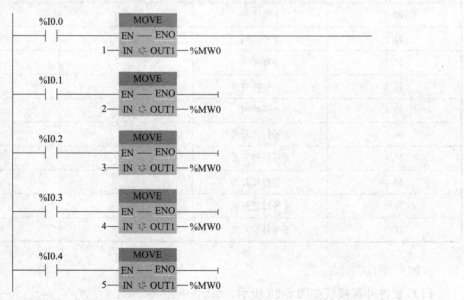

程序段 2：MW2 为公交车停靠点，1～5 号站点的停靠分别对应数字 1～5。

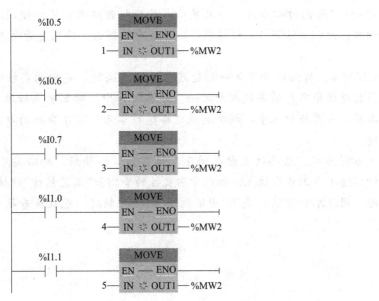

程序段 3：公交车呼叫点 MW0 与公交车 MW2 停靠点进行比较，当公交车呼叫点大于停靠点时，公交车前进。

```
        %MW0                                              %Q0.0
         >                                                ( )
        |Int|
        %MW2
```

程序段 4：公交车呼叫点 MW0 与公交车 MW2 停靠点进行比较，当公交车呼叫点小于停靠点时，公交车后退。

```
        %MW0                                              %Q0.1
         <                                                ( )
        |Int|
        %MW2
```

4. 程序解释

(1)5 个站点的按钮 I0.0～I0.4 分别对应 5 个站点号，5 个站点号依次分配数值为 1、2、3、4、5，站点号的数值存储于 MW0 中。

(2)5 个行程开关 I0.5～I1.1 分别对应 5 个停靠点，5 个停靠点号依次分配数值为 1、2、3、4、5，停靠点的数值存储于 MW2 中。

(3)公交车呼叫点 MW0 与公交车停靠点 MW2 进行比较，当公交车呼叫点大于停靠点时，公交车前进。

(4)公交车呼叫点 MW0 与公交车停靠点 MW2 进行比较，当公交车呼叫点小于停靠点时，公交车后退。

 知识拓展

大国工匠，就就业业，在各自的岗位上发挥着奉献精神和优秀工匠的创造力，为实现中国梦而努力拼搏，成就中国由制造大国变成制造强国的梦想。正如央视《大国工匠》纪录

片的片首语所说的："他们耐心专注，咫尺匠心，诠释极致追求；他们锲而不舍，身体力行，传承匠心精神；他们千锤百炼，精益求精，打磨中国制造。他们是劳动者，一念执着，一生坚守。"

CRH380A 型列车，曾经以世界第一的速度试跑京沪高铁，是中国高铁的一张国际名片。姚智慧就是打造这张名片的关键人物之一。她在工作中，对工艺高标准、严要求，力求卓越，精益求精，用灵巧的双手，娴熟地梳理搭建列车系统密密麻麻的电线，取得了零差错的优异成绩。

不忘初心、方得始终。在高铁装配车间里，姚智慧心怀梦想，脚踏实地，精益求精，勇于创新，将汗水播撒在工作岗位上。她以中国女性的坚韧和"工匠精神"迎接一个个挑战，创造一个个奇迹，用汗水和智慧擦亮了"中国制造"的金字招牌，也收获着属于自己的光荣与梦想。

项目七 数学计算

>> **任务目标**

1. 掌握 S7-1200 数学计算类指令的应用方法；
2. 会利用数学计算类指令解决实际问题；
3. 会使用编程软件下载、调试程序；
4. 具有一定的自学、创新、可持续发展的能力。

任务描述

通过传感器采集到 PLC 中的锅炉压力数值，并不是锅炉的真实压力值，需要经过 PLC 计算后，才能准确地掌握锅炉的真实压力。

若压力变送器的量程为 0～10 MPa，输出信号电流为 4～20 mA，PLC 进行采集后，得到的相应量程为 0～20 mA，数字量存储范围为 0～27 648，那么知道了采集值如何才能得到真实压力值？

知识储备

一、转换操作

转换操作指令树如图 7-1 所示。

(一)转换值指令

转换值指令如图 7-2 所示。

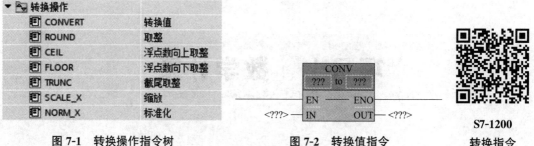

图 7-1 转换操作指令树　　　　　图 7-2 转换值指令

S7-1200
转换指令

转换值指令数据类型见表 7-1。

表 7-1　转换值指令数据类型

IN	要转换的值
OUT	转换结果
数据类型	Int、DInt、Real、USInt、UInt、UDInt、SInt、LReal、Char、WChar、DWord

(1)可选择字节转整数，将字节数值(IN)转换成整数值，并将结果置入 OUT 指定的变量。

(2)可选择整数转字节，将整数值(IN)转换成字节数值，并将结果置入 OUT 指定的变量。如果选择无符号的 USInt，数值 0～255 被转换，其他的值会导致溢出，输出不受影响。

(3)可选择整数转双整数，将整数值(IN)转换成双整数值，并将结果置入 OUT 指定的变量中，符号被扩展。

(4)可选择双整数转整数，将双整数值(IN)转换成整数值，并将结果置入 OUT 指定的变量中。如果转换的值过大，则无法在输出中表示，设置溢出位后，输出不受影响。

(5)可选择 BCD 码转整数，将输入的二进制编码的十进制值转换成整数值，并将结果载入 OUT 指定的变量。输入的有效范围是 0～9999 BCD。

(6)可选择整数转 BCD 码，将输入整数值转换成二进制编码的十进制数，并将结果载入 OUT 指定的变量中。输入的有效范围是 0～9999 INT。

(7)可选择双整数转实数，将 32 位带符号整数(IN)转换成 32 位实数，并将结果置入 OUT 指定的变量。

(8)可选择实数转双整数，将 32 位实数转换成 32 位带符号整数，并将结果置入 OUT 指定的变量。

1. 指令说明

转换值指令程序如下。

程序段 1：

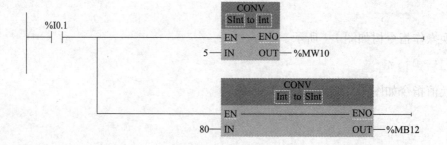

程序段 2：

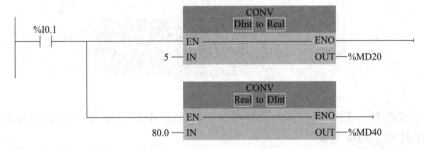

程序段 3：

2. 程序解释

(1)按下 I0.1 后，转换值指令把字节输入 5 转换成整数形式存在 MW10 里面。之前 5 是以 8 位的字节存储，现在以 16 位的字存储。数值大小不变，存储空间变大了。

(2)转换值指令把整数输入 80 转换成字节形式存在 MB12 里面，注意输入的数据不能大于 127。之前 80 是以 16 位的整数存储，现在以 8 位的字节存储，存储空间变小了。

(3)按下按钮 I0.1 后，转换值指令把整数输入 5 转换成双整数形式存在 MD14 里面。之前 5 是以 16 位的整数存储，现在以 32 位的双字存储。数值大小不变，存储空间变了。

(4)转换值指令把双整数输入 80 转换成整数形式存在 MW18 里面，注意输入 IN 的数据不能大于 32 767。之前 80 是以 32 位的双整数存储，现在以 16 位的双整数存储。数值大小不变，存储空间变小了。

(5)转换值指令把双整数输入 5 转换成实数形式存在 MD20 里面。

(6)转换值指令把实数输入 80.0 转换成双整数形式存在 MD40 里面。

(二)取整转换指令

取整和截尾取整转换指令如图 7-3 所示。

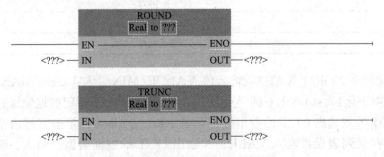

图 7-3　取整和截尾取整转换指令

（1）四舍五入取整指令将实数（IN）转换成双整数值，并将结果置入 OUT 指定的变量。如果小数部分等于或大于 0.5，则进位为整数，如果小数部分小于 0.5，则舍去小数部分。

（2）截尾取整指令将 32 位实数（IN）转换成 32 位双整数，并将结果的整数部分置入 OUT 指定的变量。实数的整数部分被转换，小数部分被丢弃。

1. 指令说明

取整和截尾取整转换指令程序如下。

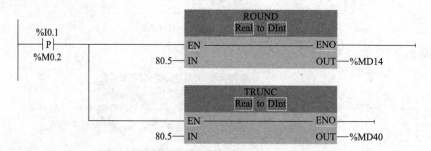

2. 程序解释

（1）按下按钮 I0.1 后，四舍五入取整指令 ROUND 把实数输入，80.5 四舍五入后转换成双整数 81 存在 MD14 里面。

（2）同时，截尾取整指令 TRUNC 把实数输入，80.5 去掉小数后转换成双整数 80 存在 MD40 里面。

（三）标准化（NORM -X）指令

标准化指令如图 7-4 所示。

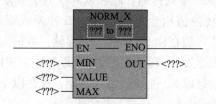

图 7-4　标准化指令

标准化指令数据类型见表 7-2。

表 7-2　标准化指令数据类型

MIN	取值范围的下限
VALUE	要标准化的值
MAX	取值范围的上限
OUT	标准化结果

（1）标准化指令 NORM_X 的整数输入值 VALUE（MIN≤VALUE≤MAX）被线性转换（标准化，或称归-化）为 0.0～1.0 的浮点数，转换结果用 OUT 指定的地址保存。

（2）NORM_X 的输出 OUT 的数据类型可选 Real 或 LReal，单击方框内指令名称下面的问号，用下拉式列表设置输入 VALUE 和输出 OUT 的数据类型。输入、输出之间的线性关系如图 7-5 所示，即 OUT＝（VALUE－MIN）/（MAX－MIN）。

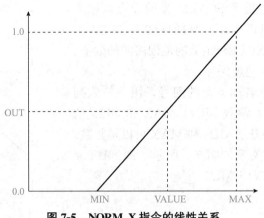

图 7-5　NORM_X 指令的线性关系

1. 指令说明

标准化指令程序如下。

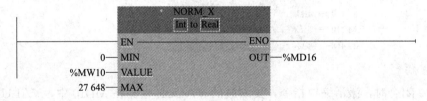

2. 程序解释

当 I0.0 闭合时，激活标准化指令，要标准化的 VALUE 存储在 MW10 中，VALUE 的范围是 0～27 648，VALUE 标准化的输出范围是 0～1.0。假设 MW10 中是 13 824，那么 MD16 中标准化结果为 0.5。

(四)缩放(SCALE_X)指令

缩放指令如图 7-6 所示。

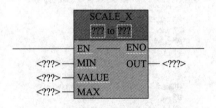

图 7-6　缩放指令

缩放指令数据类型见表 7-3。

表 7-3　缩放指令数据类型

MIN	取值范围的下限
VALUE	要缩放的值
MAX	取值范围的上限
OUT	缩放结果

(1)缩放（或称标定）指令 SCALE_X 的浮点数输入值 VALUE（$0.0 \leqslant$ VALUE $\leqslant 1.0$）被线性转换（映射）为参数 MIN（下限）和 MAX（上限）定义的范围之间的数值。转换结果用 OUT 指定的地址保存。

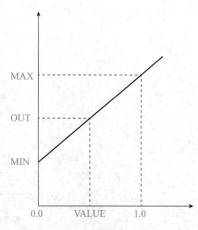

图 7-7　输入、输出之间的线性关系

(2)单击方框内指令名称下面的问号，用下拉式列表设置变量的数据类型。参数 MIN、MAX 和 OUT 的数据类型应相同，VALUE、MIN 和 MAX 可以是常数。输入、输出之间的线性关系如图 7-7 所示，即 OUT＝VALUE_$\times$（MAX－MIN）＋MIN。

1. 指令说明

缩放指令程序如下。

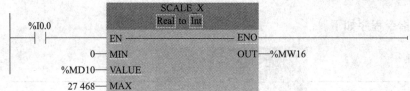

2. 程序解释

当 I0.0 闭合时，激活缩放指令，要缩放的 VALUE 存储在 MD10 中，VALUE 的范围是 $0 \sim 1.0$，VALUE 缩放的输出范围是 $0 \sim 27\ 648$。假设 MD10 中是 0.5，那么 MW16 中缩放结果为 13 824。

二、算术运算和数学函数指令

数学函数指令树如图 7-8 所示。

名称	描述
▼ ⏏ 数学函数	
CALCULATE	计算
ADD	加
SUB	减
MUL	乘
DIV	除法
MOD	返回除法的余数
NEG	求二进制补码
INC	递增
DEC	递减
ABS	计算绝对值
MIN	获取最小值
MAX	获取最大值
LIMIT	设置限值
SQR	计算平方
SQRT	计算平方根
LN	计算自然对数
EXP	计算指数值
SIN	计算正弦值
COS	计算余弦值
TAN	计算正切值
ASIN	计算反正弦值
ACOS	计算反余弦值
ATAN	计算反正切值
FRAC	返回小数
EXPT	取幂

图 7-8　数学函数指令树

S7-1200
简单运算指令

(一)加法指令

加法指令如图 7-9 所示。

图 7-9　加法指令

加法指令数据类型见表 7-4。

表 7-4　加法指令数据类型

IN1	要相加的第一个数
IN2	要相加的第二个数
OUT	总和
数据类型	Int、DInt、Word、Real、LReal、USInt、UInt、SInt、UDInt

整数、双整数、实数的加法运算是将 IN1 和 IN2 相加运算后产生的结果，存储在目标操作数(OUT)指定的存储单元中，操作数数据类型不变。

1. 指令说明

加法指令程序如下。

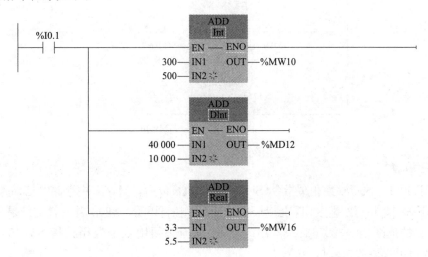

2. 程序解释

(1)按下 I0.1，执行整数相加指令(ADD Int)，执行以后，MW10 中存储的结果为 800。

(2)按下 I0.1，执行双整数相加指令(ADD DInt)，执行以后，MD12 中存储的结果为 50 000。

(3)整数的范围是 −32 768~32 767，超过范围必须用双整数相加指令，50 000 大于 32 767，必须用双整数相加指令。

(4)按下 I0.1，执行实数相加指令(ADD Real)，执行以后，MW16 中存储的结果为 8.8。只要是带小数点的运算，必须用实数运算指令。

(二)减法指令

减法指令如图 7-10 所示。

减法指令数据类型见表 7-5。

整数、双整数、实数的减法运算是将 IN1 和 IN2 相减运算后产生的结果,存储在目标操作数(OUT)指定的存储单元中,操作数数据类型不变。

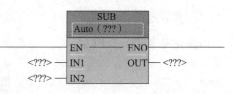

图 7-10　减法指令

表 7-5　减法指令数据类型

IN1	被减数
IN2	减数
OUT	差值
数据类型	Int、DInt、Word、Real、LReal、USInt、UInt、SInt、UDInt

1. 指令说明

减法指令程序如下。

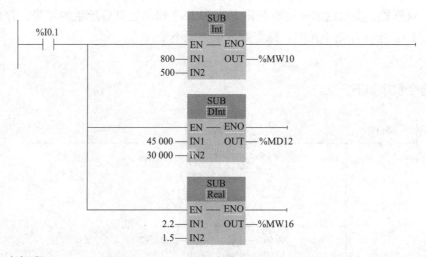

2. 程序解释

(1)按下 I0.1,执行整数相减指令(SUB_Int),执行以后,MW10 中存储的结果为 300。

(2)按下 I0.1,执行双整数相减指令(SUB_DInt),执行以后,MD12 中存储的结果为 15 000。

(3)整数的范围是 -32 768~32 767,超过范围必须用双整数相减指令,45 000 大于 32 767,必须用双整数相减指令。

(4)按下 I0.1,执行实数相减指令(SUB. Real),执行以后,MW16 中存储的结果为 0.7。只要是带小数点的运算,必须用实数运算指令。

(三)乘法指令

乘法指令如图 7-11 所示。

乘法指令数据类型见表 7-6。

图 7-11　乘法指令

表 7-6 乘法指令数据类型

IN1	被乘数
IN2	乘数
OUT	乘积
数据类型	Int、DInt、Word、Real、LReal、USInt、UInt、SInt、UDInt

整数、双整数、实数的相乘运算是将 IN1 与 IN2 相乘运算后产生的结果，存储在目标操作数（OUT）指定的存储单元中，操作数数据类型不变。

1. 指令说明

乘法指令程序如下。

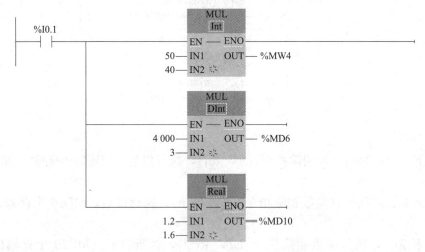

2. 程序解释

（1）按下 I0.1，执行整数相乘指令（MUL Int），执行以后，MW4 中存储的结果为 2 000。

（2）按下 I0.1，执行双整数相乘指令（MUL DInt），执行以后，MD6 中存储的结果为12 000。

（3）按下 I0.1，执行实数相乘指令（MUL.Real），执行以后，MD10 中存储的结果为 1.92。只要是带小数点的运算，必须用实数运算指令。

（四）除法指令

除法指令如图 7-12 所示。

除法指令数据类型见表 7-7。

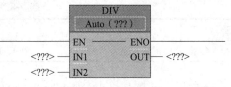

图 7-12 除法指令

表 7-7 除法指令数据类型

IN1	被除数
IN2	除数
OUT	商值
数据类型	Int、DInt、Word、Real、LReal、USInt、UInt、SInt、UDInt

整数、双整数、实数的相除运算是将 INI 与 IN2 相除运算后产生的结果，存储在目标操作数（OUT）指定的存储单元中，操作数据类型不变。整数、双整数除法不保留余数。

1. 指令说明

除法指令程序如下。

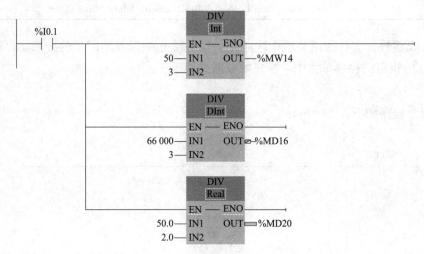

2. 程序解释

（1）按下 I0.1，执行整数相除指令（DIV_Int），执行以后，MW14 中存储的结果为 16，不保留余数。

（2）按下 I0.1，执行双整数相除指令（DIV_DInt），执行以后，MD16 中存储的结果为 22 000。

（3）按下 I0.1，执行实数相除指令（DIV_Real），执行以后，MD20 中存储的结果为 25.0。只要是带小数点的运算，必须用实数运算指令。实数保持 6 个有效字符。

（五）递增指令

递增指令如图 7-13 所示。

递增指令数据类型见表 7-8。

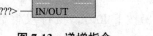

图 7-13　递增指令

表 7-8　递增指令数据类型

IN/OUT	要递增的值
数据类型	SInt、Int、DInt、USInt、UInt、UDInt

递增指令运算是将 IN 加 1 后产生的结果，存储在目标操作数（OUT）指定的存储单元中，操作数据类型不变。

1. 指令说明

递增指令程序如下。

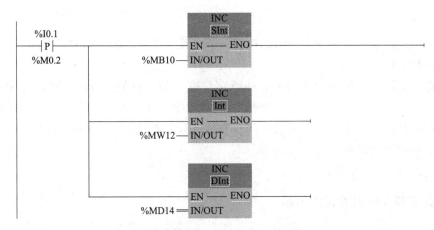

2. 程序解释

(1)按一次 I0.1 产生一个上升沿，执行字节自加 1 指令(INC_SInt)，MB10 中的数据加1，字节不能够超过 127。

(2)按一次 I0.1 产生一个上升沿，执行字自加 1 指令(INC_Int)，MW12 中的数据加 1，字不超过 32 767。

(3)按一次 I0.1 产生一个上升沿，执行双字自加 1 指令(INC_DInt)，MD14 中的数据加 1，双字不超过 21 亿。

(六)递减指令

递减指令如图 7-14 所示。

递减指令数据类型见表 7-9。

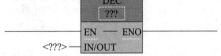

图 7-14 递减指令

表 7-9 递减指令数据类型

IN/OUT	要递减的值
数据类型	SInt、Int、DInt、USInt、UInt、UDInt

递减指令运算是将 IN 减 1 后产生的结果，存储在目标操作数(OUT)指定的存储单元中，操作数据类型不变。

1. 指令说明

递减指令程序如下。

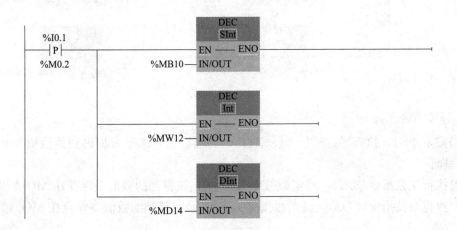

2. 程序解释

(1)按一次 I0.1 产生一个上升沿，执行字节自减 1 指令(DEC SInt)，MB10 中的数据减1，字节不能够小于−128。

(2)按一次 I0.1 产生一个上升沿，执行字自减 1 指令(DEC_Int)，MW12 中的数据减1，字不小于−32 768。

(3)按一次 I0.1 产生一个上升沿，执行双字自减 1 指令(DEC DInt)，MD14 中的数据减 1，双字不小于−21 亿。

(七)函数运算指令

函数运算指令树如图 7-15 所示。

🔲	SQR	计算平方
🔲	SQRT	计算平方根
🔲	LN	计算自然对数
🔲	EXP	计算指数值
🔲	SIN	计算正弦值
🔲	COS	计算余弦值
🔲	TAN	计算正切值
🔲	ASIN	计算反正弦值
🔲	ACOS	计算反余弦值
🔲	ATAN	计算反正切值
🔲	FRAC	返回小数
🔲	EXPT	取幂

图 7-15　数学函数运算指令树

1. 指令说明

函数运算指令程序如下。

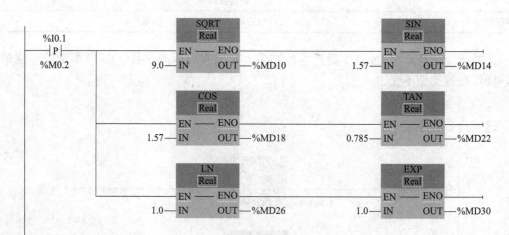

2. 程序解释

(1)按下 I0.1，执行平方根指令(SQRT)，将实数 9.0 求平方根得到的数值 3.0 保存在MD10 里面。

(2)执行正弦指令(SIN)，将实数弧度 1.57 求正弦得到的数值 1 保存在 MD14 里面。

(3)执行余弦指令(COS)，将实数弧度 1.57 求余弦得到的数值 0 保存在 MD18 里面。

(4)执行正切指令(TAN)，将实数弧度 0.785 求正切得到的数值 1 保存在 MD22 里面。

(5)执行自然对数指令(LN)，将实数 1.0 求自然对数得到的数值 0 保存在 MD26 里面。

(6)执行自然指数指令(EXP)，将实数 1.0 求自然对数得到的数值 2.71 保存在 MD30 里面。

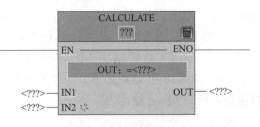

图 7-16　计算指令

(八)计算(CALCULATE)指令

计算指令如图 7-16 所示。

计算指令数据类型见表 7-10。

表 7-10　计算指令数据类型

EN	允许输入
IN1	输入数值 1
IN2	输入数值 2
OUT	计算结果
数据类型	Int、DInt、Real、LReal、USInt、UInt、SInt、UDInt、Byte、Word、DWord

使用计算指令定义并执行表达式，根据所选数据类型计算数学运算或复杂逻辑运算。

1. 指令说明

计算指令设定 OUT 过程如图 7-17 所示。

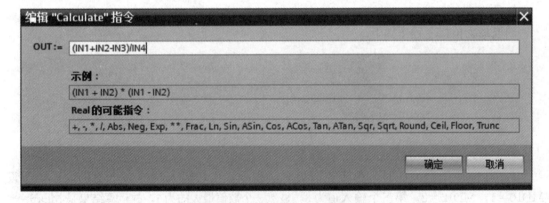

图 7-17　计算指令设定 OUT 过程

计算指令程序如下。

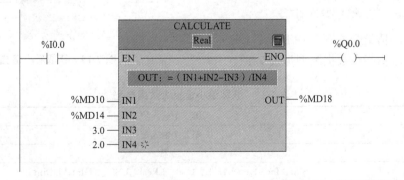

2. 程序解释

(1)用一个例子来说明计算指令,在梯形图中单击"计算器"图标,弹出程序段界面,输入表达式,本例为 OUT=(IN1+ IN2-IN3)/IN4。

(2)当 I0.0 闭合时,激活计算指令,IN1 中的实数存储在 MD10 中,假设这个数为 12.0,IN2 中的实数存储在 MD14 中,假设这个数为 3.0,根据计算公式,结果存储在 OUT 端的 MD18 中的数是 6.0。由于没有超出计算范围,所以 Q0.0 输出为"1"。

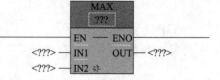

图 7-18　获取最大值指令

(九)获取最大值(MAX)指令

获取最大值指令如图 7-18 所示。

获取最大值指令数据类型见表 7-11。

表 7-11　获取最大值指令数据类型

IN1	第 1 个输入值
IN2	第 2 个输入值
OUT	结果
数据类型	SInt、Int、DInt、DTL、Real、LReal、USInt、UInt、UDInt

获取最大值指令比较所有输入的值,最大可以扩展 32 个输入值,并将最大的值写入 OUT。

1. 指令说明

获取最大值指令程序如下。

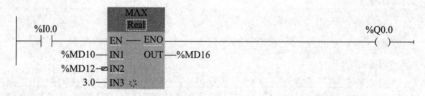

2. 程序解释

(1)当 I0.0 闭合一次时,激活获取最大值指令,比较输入端的 3 个值的大小,假设 MD10=1,MD12=2,第三个输入道为 3,显然 3 个数值最大的为 3,故运算结果是 MD16=3。

(2)由于没有超过计算范围,所以 Q0.0 输出为"1"。

(十)获取最小值(MIX)指令

获取最小值指令如图 7-19 所示。

获取最小值指令数据类型见表 7-12。

图 7-19　获取最小值指令

表 7-12　获取最小值指令数据类型

IN1	第 1 个输入值
IN2	第 2 个输入值
OUT	结果
数据类型	SInt、Int、DInt、DTL、Real、LReal、USInt、UInt、UDInt

获取最小值指令比较所有输入的值，最大可以扩展 32 个输入值，并将最小的值写入 OUT。

1. 指令说明

获取最小值指令程序如下：

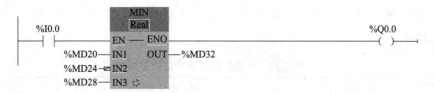

2. 程序解释

当 I0.0 闭合一次时，激活获取最小值指令，比较输入端的 3 个值的大小，假设 MD20＝1，MD24＝2，MD28＝3，显然 3 个数值最小的为 1，故运算结果是 MD32＝1。由于没有超过计算范围，所以 Q0.0 输出为"1"。

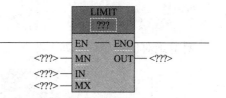

图 7-20 设置限制指令

（十一）设置限制（LIMIT）指令

设置限制指令如图 7-20 所示。

设置限制指令数据类型见表 7-13。

表 7-13 设置限制指令数据类型

MN	下限
IN	输入值
MX	上限
OUT	结果
数据类型	SInt、Int、DInt、DTL、Real、LReal、USInt、UInt、UDInt

（1）使用设置限制指令，将输入 IN 的值限制在输入 MN 与 MX 的值范围之间。如果 IN 输入的值满足条件 MN≤IN≤MX，则 OUT 以 IN 的值输出。

（2）如果不满足该条件且输入值 IN 低于下限 MN，则 OUT 以 MN 的值输出。

（3）如果超出上限 MX，则 OUT 以 MX 的值输出。

1. 指令说明

设置限制指令程序如下。

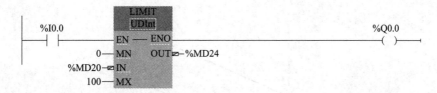

2. 程序解释

当 I0.0 闭合一次时，激活设置限制指令，当 100.0≥MD20≥0.0 时，MD24＝MD20；当 MD20≥100.0 时，MD24＝100；当 MD20≤0.0，MD24＝0.0。

(十二)计算绝对值(ABS)指令

计算绝对值指令如图 7-21 所示。

计算绝对值指令数据类型见表 7-14。

当允许输入端 EN 为高电平"1"时,对输入端

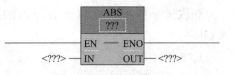

图 7-21　计算绝对值指令

IN 求绝对值,结果送入 OUT。IN 中的数可以是常数。计算绝对值(ABS)的表达式:
OUT=│IN│。

表 7-14　计算绝对值指令数据类型

IN	输入值
OUT	输出值(绝对值)
数据类型	SInt、Int、DInt、DTL、Real、LReal、USInt、UInt、UDInt

1. 指令说明

计算绝对值指令程序如下。

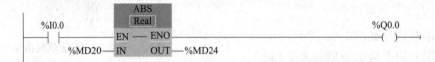

2. 程序解释

(1)当 I0.0 闭合时,激活计算绝对值指令,IN 中的实数存储在 MD20 中,假设这个数为 10.1,实数求绝对值的结果存储在 OUT 端的 MD24 中的数是 10.1。

(2)假设 IN 中的实数为−10.1,实数求绝对值的结果存储在 OUT 端的 MD24 中的数是 10.1。

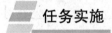 **任务实施**

1. 任务分析

找到实际物理量与模拟量输入模块内部数字量比例关系是解决这个任务的关键,压力变送器采集到的信号量程为 4～20 mA,PLC 处理的数据量程为 0～20 mA,两者不完全对应,因此,实际采样的压力 0 MPa 对应 PLC 内部数字量为 5 530,实际采样的压力 10 MPa 对应 PLC 内部数字量为 27 648,压力采集值与 PLC 内处理数据的线性关系如图 7-22 所示,即 $X=(Y-5\ 530)\times10/(27\ 648-5\ 530)$

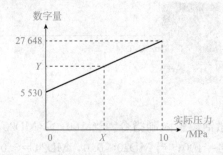

图 7-22　压力采集值与 PLC 内处理数据的线性关系

2. PLC 控制程序设计

转换程序如下。

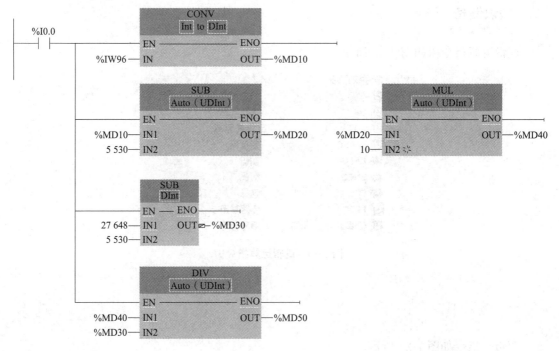

3. 程序解释

(1)MD10 是将 IW96 的数值转换为双整数，结果存在 MD10 中。

(2)MD40 是表达出 $10 \times (Y - 5\ 530)$，故先用减法指令 SUB 再用乘法指令 MUL。

(3)MD30 是表达出分母$(27\ 648 - 5\ 530)$，故用减法指令 SUB。

(4)MD50 是以上两步结果相除，最终表达为 $X = 10(Y - 5\ 530)/(27\ 648 - 5\ 530)$。

任务二　家居照明灯的多地控制

任务目标

1. 掌握 S7-1200 字逻辑运算类指令的应用方法；
2. 会利用逻辑运算类指令解决实际问题；
3. 会使用编程软件下载、调试程序；
4. 培养学生在分析和解决问题时独立思考的能力。

任务描述

为了控制便捷，家居照明灯一般多采用多地控制，即多地方可对同一盏灯进行开关状态的控制。

逻辑运算指令树如图 7-23 所示。

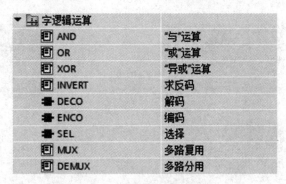

图 7-23 逻辑运算指令树

一、逻辑与指令(AND)

逻辑与指令如图 7-24 所示。

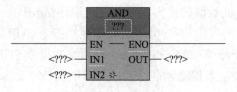

图 7-24 逻辑与指令

S7-1200
基本逻辑运算指令

逻辑与指令数据类型见表 7-15。

表 7-15 逻辑与指令数据类型

IN1	逻辑运算的第 1 值
IN2	逻辑运算的第 2 值
OUT	结果
数据类型	Byte、Word、DWord

（1）字节与指令对两个字节输入数值（IN1 和 IN2）的对应位执行 AND（与运算）操作，并将结果存入 OUT 指定的单元中。

（2）字与指令对两个字输入数值（IN1 和 IN2）的对应位执行 AND（与运算）操作，并将结果存入 OUT 指定的单元中。

（3）双字与指令对两个双字输入数值（IN1 和 IN2）的对应位执行 AND（与运算）操作，并将结果存入 OUT 指定的单元中。

1. 指令说明

逻辑与指令程序如下。

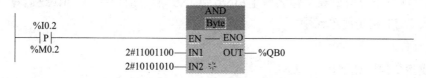

2. 程序解释

按下按钮 I0.2，字节与指令（AND_Byte）把 IN1 里面的数据和 IN2 里面的数据按位进行逻辑与运算，得到的结果 2#10001000 存到 QB0 里面，如图 7-25 所示。

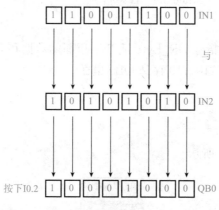

图 7-25　逻辑与运算示例

二、逻辑或指令（OR）

逻辑或指令如图 7-26 所示。

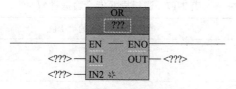

图 7-26　逻辑或指令

逻辑或指令数据类型见表 7-16。

表 7-16　逻辑或指令数据类型

IN1	逻辑运算的第 1 值
IN2	逻辑运算的第 2 值
OUT	结果
数据类型	Byte、Word、DWord

（1）字节或指令对两个字节输入数值（IN1 和 IN2）的对应位执行 OR（或运算）操作，并将结果存入 OUT 指定的单元中。

(2)字或指令对两个字输入数值(IN1 和 IN2)的对应位执行 OR(或运算)操作,并将结果存入 OUT 指定的单元中。

(3)双字或指令对两个双字输入数值(IN1 和 IN2)的对应位执行 OR(或运算)操作,并将结果存入 OUT 指定的单元中。

1. 指令说明

逻辑或指令程序如下。

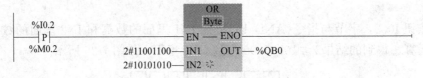

2. 程序解释

按下按钮 I0.2,字节或指令 OR_Byte 把 IN1 里面的数据和 IN2 里面的数据按位进行逻辑或运算,得到的结果 2#11101110 存到 QB0 里面。

三、逻辑异或指令(XOR)

逻辑异或指令如图 7-27 所示。

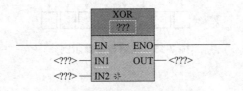

图 7-27　逻辑异或指令

逻辑异或指令数据类型见表 7-17。

表 7-17　逻辑异或指令数据类型

IN1	逻辑运算的第 1 值
IN2	逻辑运算的第 2 值
OUT	结果
数据类型	Byte、Word、DWord

(1)字节异或运算指令对两个字节输入数值(IN1 和 IN2)的对应位执行 XOR(异或运算)操作,并在内存位置(OUT)中载入结果。

(2)字异或运算指令对两个字输入数值(IN1 和 IN2)的对应位执行 XOR(异或运算)操作,并在内存位置(OUT)中载入结果。

(3)双字异或运算指令对两个双字输入数值(IN1 和 IN2)的对应位执行 XOR(异或运算)操作,并在内存位置(OUT)中载入结果。

1. 指令说明

逻辑异或指令程序如下。

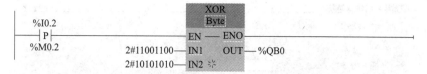

2. 程序解释

按下按钮 I0.2，异或指令 XOR Byte 把 IN1 里面的数据和 IN2 里面的数据按位进行逻辑异或运算，得到的结果 2#01100110 存到 QB0 里面，如图 7-28 所示。

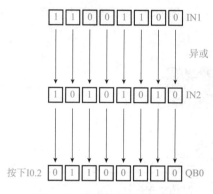

图 7-28　异或指令执行过程

四、取反指令（INV）

取反指令如图 7-29 所示。

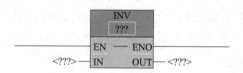

图 7-29　取反指令

取反指令数据类型见表 7-18。

表 7-18　取反指令数据类型

IN	输入值
OUT	输入 IN 的值的反码
数据类型	Int、DInt、Word、DWord、UInt、UDInt、USInt、SInt、Byte

（1）可选择字节取反对输入字执行求补操作，并将结果输入 OUT 指定的内存位置。

（2）可选择字取反对输入字执行求补操作，并将结果输入 OUT 指定的内存位置。

（3）可选择双字取反对输入双字执行求补操作，并将结果载入 OUT 指定的内存位置。

1. 指令说明

取反指令程序设计，首先在硬件组态中启用系统存储区字节，如图 7-30 所示。

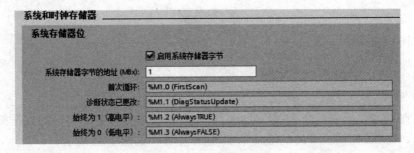

图 7-30 取反指令时钟设定

取反指令程序如下。

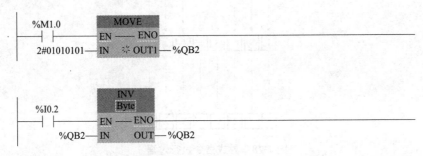

2. 程序解释

(1)程序初始化 M1.0，传送指令(MOVE)把 2#01010101 传送给 QB2；Q0.0、Q0.2、Q0.4、Q0.6 为 1，Q0.1、Q0.3、Q0.5、Q0.7 为 0。

(2)按一次 I0.2，字节取反指令(INV Byte)把 QB2 按位取反后保存在 QB2 里面，Q0.0、Q0.2、Q0.4、Q0.6 为 0，Q0.1、Q0.3、Q0.5、Q0.7 为 1。QB2 为 2#10101010。

(3)再按一次 I0.2，字节取反指令(INV_Byte)把 QB2 按位取反后保存在 QB2 里面，Q0.0、00.2、Q0.4、Q0.6 为 1，Q0.1、Q0.3、Q0.5、Q0.7 为 0。QB2 为 2#01010101，如图 7-31 所示。

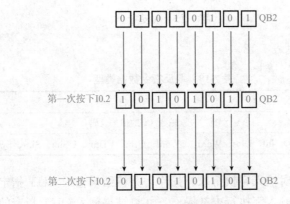

图 7-31 取反指令执行过程

五、解码指令(DECO)

解码指令如图 7-32 所示。

图 7-32 解码指令

解码指令数据类型见表 7-19。

表 7-19 解码指令数据类型

IN	输出值中待置位的位置
OUT	输出值
数据类型	Byte、Word、DWord

1. 指令说明

解码指令读取输入 IN 的值，并将输出值中位号与读取值对应的那个位置 1。输出值中的其他位以零填充。

解码指令程序如下。

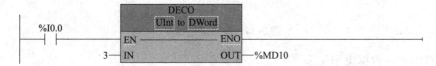

2. 程序解释

当 I0.0 接通时，将 3 解码，双字 MD2♯0000000000000000000000001000(16♯8)可将第 3 位置 1。

六、编码指令(ENCO)

编码指令如图 7-33 所示。

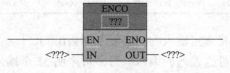

图 7-33 编码指令

编码指令数据类型见表 7-20。

表 7-20 编码指令数据类型

IN	输入值
OUT	输出值
数据类型	Byte、Word、DWord

1. 指令说明

编码指令选择输入 IN 值的最低有效位，并将该位号写入输出 OUT 的变量。

编码指令程序如下。

2. 程序解释

当 I0.0 接通时，假设双字 MD10 = 2♯0001000100010001000000000000001000（即 16♯11110008），编码的结果输出到 MW16 中，因为 MD10 最低有效位在第 3 位，所以 MW16 = 3。

七、多路复用指令(MUX)

多路复用指令如图 7-34 所示。

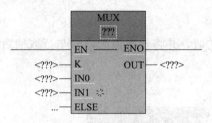

图 7-34　多路复用指令

多路复用指令数据类型见表 7-21。

表 7-21　多路复用指令数据类型

K	指定要复制那个输入的数据。 如果 K＝0，则参数 IN0，如果 K＝1，则参数 IN1，依此类推
IN0	第一个输入值
IN1	第二个输入值
ELSE	指定 K＞n 时要复制的值
OUT	输出值
数据类型	Byte、Char、WChar、Word、Int、DWord、DInt、Real、Char、Date、Time、USInt

(1)使用多路复用指令将选定输入的内容复制到输出 OUT。

(2)可以扩展指令框中可选输入的编号，最多可声明 32 个输入。

1. 指令说明

多路复用指令程序如下。

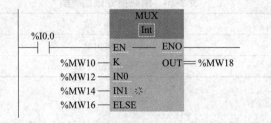

2. 程序解释

当 I0.0 接通时，假设 MW10＝1，MW12＝12，MW14＝14，MW16＝16，由于 K＝1，所以选择 IN1 的输入值 MW14＝14 输出到 MW18 中，所以运算结果 MW18＝14。

八、多路分用指令（DEMUX）

多路分用指令如图 7-35 所示。

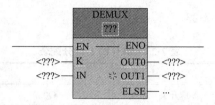

图 7-35　多路分用指令

多路分用指令数据类型见表 7-22。

表 7-22　多路分用指令数据类型

K	指定要将输入值（IN）复制到的输出。如果 K＝0，则复制参数 OUT0，如果 K＝1，则复制参数 OUT1，以此类推
OUT0	第一个输出值
OUT1	第二个输出值
ELSE	指定 K＞n 时要复制的值
IN	输入值
数据类型	Byte、Char、WChar、Word、Int、DWord、DInt、Real、Char、Date、Time、USInt

（1）使用多路分用指令将输入 IN 的内容复制到选定的输出。可以在指令框中扩展选定输出的编号。在此框中自动对输出编号。编号从 OUT0 开始，对于每个新输出，此编号连续递增。

（2）可以使用参数 K 定义要将输入 IN 的内容复制到的输出。其他输出则保持不变。如果参数的值大于可用输出数，参数 ELSE 中输入 IN 的内容和使能输出 ENO 的信号状态将被分配为"0"。

1. 指令说明

多路分用指令程序如下。

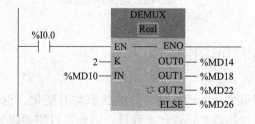

2. 程序解释

当 I0.0 接通时，假设 MD10＝10，由于 K＝2，所以 MD10 的数值 10 选择复制到 OUT2，运算 MD22＝10，而 MD14、MD18、MD26 保持原来数值不变。

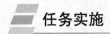
任务实施

1. 列出 I/O(输入/输出)分配表

PLC 的 I/O 分配表见表 7-23。

表 7-23　PLC 的 I/O 分配表

输入量		输出量	
I0.0	A 地开关	Q0.0	灯 L0
I0.1	B 地开关		
I0.2	C 地开关		

2. PLC 硬件接线

PLC 硬件外部接线如图 7-36 所示。

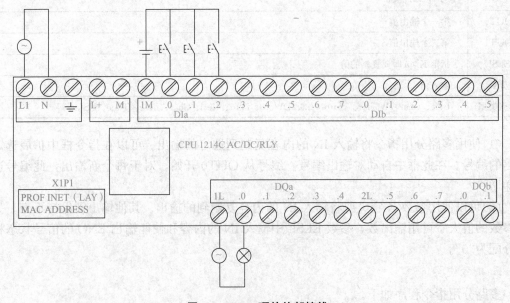

图 7-36　PLC 硬件外部接线

3. PLC 控制程序设计

家居照明灯多地控制梯形图程序如下。

4. 程序解释

三地控制一盏灯，即每个开关动作时，灯的状态均有变化，也就是原来亮时，开关动作后灭；原来灭时，开关动作后亮，即状态取反。因此可以用逻辑异或指令来实现 Q0.0 的按位取反。

```
                                    ┌──────────┐
                                    │   XOR    │
           %I0.0                    │  Word    │
           ─┤P├─────────┬───────────┤EN    ENO ├────────────────────────
           %M30.0       │        1 ─┤IN1   OUT ═├─ %QB0
                        │    %QB0 ─┤IN2 ✳    │
           %I0.0        │           └──────────┘
           ─┤N├─────────┤
           %M30.1       │
                        │
           %I0.1        │
           ─┤P├─────────┤
           %M30.2       │
                        │
           %I0.1        │
           ─┤N├─────────┤
           %M30.3       │
                        │
           %I0.2        │
           ─┤P├─────────┤
           %M30.4       │
                        │
           %I0.2        │
           ─┤N├─────────┘
           %M30.5
```

小试身手

案例一　计算$[(12+13)×4-4]÷6$

1. PLC 控制程序设计

四则混合运算程序如下。

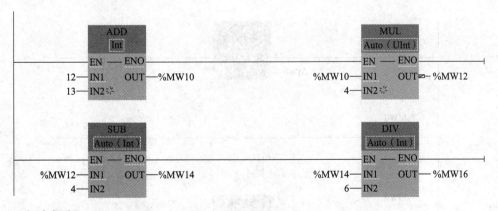

2. 程序解释

(1) 相加指令（ADD_Int）执行以后，MW10 中存储的结果为 25。

(2) 相乘指令（MUL_Int）执行以后，MW12 中存储的结果为 100。

(3) 相减指令（SUB_Int）执行以后，MW14 中存储的结果为 96。

(4) 相除指令（DIV_Int）执行以后，MW16 中存储的结果为 16。

案例二　计算[(7+8)×2-9]÷8

1. PLC 控制程序设计

四则混合运算程序如下。

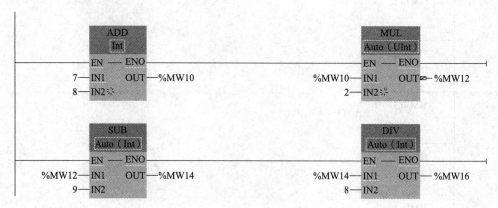

2. 程序解释

(1)相加指令(ADD_Int)执行以后，MW10 中存储的结果为 15。

(2)相乘指令(MUL Int)执行以后，MW12 中存储的结果为 30。

(3)相减指令(SUB_Int)执行以后，MW14 中存储的结果为 21。

(4)相除指令(DIV_Int)执行以后，M16 中存储的结果为 2。

案例三　自加1指令实现一键启停程序设计

1. PLC 控制程序设计

自加 1 指令实现一键启停程序如下。

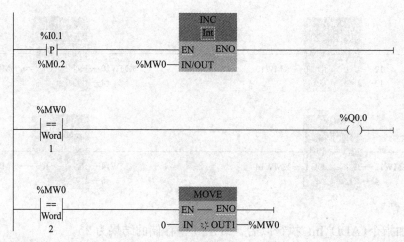

2. 程序解释

(1)第一次按下 I0.1 产生一个上升沿，执行自加 1 指令，执行以后，MW0 中存储的结果为 1。

（2）第二次按下 10.1 产生一个上升沿，执行自加 1 指令，执行以后，MW0 中存储的结果为 2。

（3）MW0 中的数值为 2 时，执行传送指令（MOVE），0 被传给 MW0，执行以后，MW0 中存储的结果为 0。MW0 开始在 0 和 1 之间循环切换。

（4）MW0 中的数值为 1 时接通 Q0.0，实现一键启停。

 知识拓展

　　中国古代哲学家荀子说过："锲而舍之，朽木不折；锲而不舍，金石可镂"。意思是说人生一定要有追求，更要有毅力、有恒心，只有坚持不懈，持之以恒，才能获得成功。一个锲而不舍的人，必将视工作为事业，为之奋斗终生；视责任为使命，为之敬业奉献；视技艺为财富，为之刻苦钻研。

　　高凤林，是中国航天科技集团公司第一研究院的一名焊工，也是一个默默无闻的幕后工作者。他所承担的焊接工作，是一项耗费体力和精力的苦差事，更是多数人眼中的"低等职业"。可高凤林就是在这样一个被人低看的普通工种上，一干就是几十年，并最终坚持到实现自己的人生价值的那一刻，同时，也把自己的专业业务水平提高到一个令人望尘莫及的高度。

　　高凤林曾经说："每个人都是英雄，只是岗位不同，作用不同，仅此而已。只要心中装着国家，懂得坚持，在任何岗位都能收获无上的荣耀。"的确，职业无高低贵贱之分，只要肯钻研，是金子总会发光，无论在哪里都可以发出万丈光芒。高凤林用坚持的精神，融入精力、汗水和时间，最终成就了自己"金手天焊"的荣耀。

技能提升　　全国技能大赛试题解析

　　全国职业技能大赛（现代电气控制系统安装与调试）真题见附录，现节选真题 M2 电动机部分进行解析。

一、机床电气控制系统

机床电气控制系统由以下电气控制回路组成。

（1）主轴电动机 M1 控制回路（M1 为三相异步电动机，由变频器实现模拟量控制，加减速时间分别为 0.2 s、0.8 s）。

（2）冷却电动机 M2 控制回路（M2 为双速电动机，需要考虑过载、联锁保护，低速时热继电器整定电流为 0.3 A，高速时热继电器整定电流为 0.35 A）。

（3）刀架换刀电动机 M3 控制回路（M3 为三相异步电动机，可实现正反转运行）。

（4）Y 轴进给电动机 M4 控制回路（M4 为步进电动机，每转需要 2 000 脉冲）。

（5）X 轴进给电动机 M5 控制回路（M5 为伺服电动机，连接滚珠丝杠副系统。伺服电动机参数设置如下：伺服电动机每旋转一周需要 4 000 脉冲）。

(6)电动机旋转以"顺时针旋转为正向,逆时针旋转为反向"为准。

二、冷却电动机 M2 调试过程

按下启动按钮 SB1 后,冷却电动机高速启动,运行 3 s 后 M2 停止,2 s 后启动低速,运行 3 s 后低速运行,休息 2 s 后再次启动高速,如此循环 3 次后自动停止。M2 电动机调试过程中,HL2 指示灯高速时以 1 Hz 的频率闪烁,低速时常亮,停止时熄灭。

三、程序编写

部分为 M2 电动机子程序(手动调试),由于本书没有涉及触摸屏部分知识,所以部分操作功能由按钮代替。SB2 为启动按钮。程序变量如图 7-37 所示。

		名称	变量表	数据类型	地址	保持	可从 ...	从 H...	在 H...	注释
1		SB1电机选择按钮	默认变量表	Bool	%I0.0		☑	☑	☑	
2		SB2	默认变量表	Bool	%I0.1		☑	☑	☑	
3		M1正转信号	默认变量表	Bool	%Q8.0		☑	☑	☑	
4		PLC模拟量地址	默认变量表	Int	%QW112		☑	☑	☑	
5		Tag_5	默认变量表	Bool	%M200.0		☑	☑	☑	
6		Tag_6	默认变量表	Bool	%M200.1		☑	☑	☑	
7		Tag_7	默认变量表	Bool	%M210.0		☑	☑	☑	
8		M2电机高速	默认变量表	Bool	%Q8.3		☑	☑	☑	
9		M2电机低速	默认变量表	Bool	%Q8.2		☑	☑	☑	
10		Tag_10	默认变量表	Bool	%M210.1		☑	☑	☑	
11		Tag_11	默认变量表	Bool	%M210.2		☑	☑	☑	
12		M3电机正转	默认变量表	Bool	%Q8.4		☑	☑	☑	
13		M3电机反转	默认变量表	Bool	%Q8.5		☑	☑	☑	
14		SB4	默认变量表	Bool	%I0.3		☑	☑	☑	
15		SB3	默认变量表	Bool	%I0.2		☑	☑	☑	
16		步进_脉冲	默认变量表	Bool	%Q0.0		☑	☑	☑	
17		步进_方向	默认变量表	Bool	%Q0.1		☑	☑	☑	
18		Tag_16	默认变量表	Bool	%M220.0		☑	☑	☑	
19		Tag_17	默认变量表	Bool	%M220.1		☑	☑	☑	
20		Tag_18	默认变量表	Bool	%M221.0		☑	☑	☑	
21		Tag_19	默认变量表	Bool	%M221.1		☑	☑	☑	
22		伺服_脉冲	默认变量表	Bool	%Q0.2		☑	☑	☑	
23		伺服_方向	默认变量表	Bool	%Q0.3		☑	☑	☑	
24		SA1	默认变量表	Bool	%I0.4		☑	☑	☑	
25		伺服点动速度	默认变量表	Real	%MD1000		☑	☑	☑	
26		SA2	默认变量表	Bool	%I0.5		☑	☑	☑	
27		<添加>					☑	☑	☑	

图 7-37 程序变量

冷却电动机 M2 程序如下。

程序段 1:按下启动按钮,使中间继电器 M210.0 置位、使后续程序持续使能。

程序段 2：置位 Q8.3，代表电动机高速运行，同时启动定时器 T2，定时 3 s 后停止。

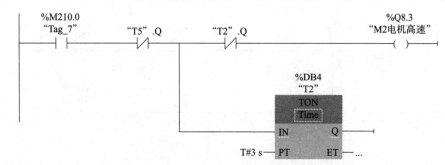

程序段 3：停止后立即启动定时器 T3，定时 2 s 后使 Q8.2 置位，代表电动机低速运行。

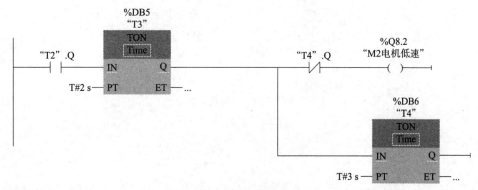

低速运行同时启动定时器 T4，定时 3 s 后，使电动机停止。

程序段 4：电动机再次停止时，启动定时器 T5，2 s 后给 M210.1 一个信号给计数器。中断开定时器 T2 使能，使之重新计时，再次循环程序段 1 到程序段 4。

程序段 5：记录循环程序段 1 到程序段 4 的次数。

程序段 6：在计数器 C3 等于 3 时，使 M210.0 复位，断开整个程序使能。同时给中间继电器 M210.2 一个信号用于复位计数器 C3，使程序再次启动时 C3 依旧从 0 开始计数。

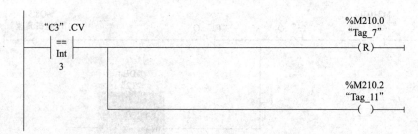

模块四

S7-1200应用与提高

项目八　模拟量控制

任务目标

1. 掌握模拟量控制概念；
2. 掌握模拟量检测系统的组成；
3. 会正确地分析变送器选用类型及接线；
4. 熟练进行模拟量模块选用及连接；
5. 培养学生学为所用，具体问题具体分析，勇于创新的工作作风。

任务描述

某加热设备需要恒温控制，温度应维持在 50 ℃，按下加热启动按钮，全温开启加热（加热管受模拟量固态继电器控制，模拟量信号为 0～10 V），当加热到 60 ℃，开始进入 PLC 控制，将温度维持在 50 ℃；温度检测传感器为热电阻，输出信号为 4～20 mA 对应 0～100 ℃，请选用适当的输入和输出模拟量模块。

知识储备

一、模拟量控制系统概述及组成

1. 模拟量控制简介

（1）在工业控制中，某些输入量（温度、压力、液位和流量等）是连续变化的模拟量信号，某些被控对象也需模拟信号控制，因此要求 PLC 有处理模拟信号的能力。PLC 内部执行的均为数字量，因此，模拟量处理需要完成两个方面任务：一个是将模拟量转换成数字量（A/D 转换）；另一个是将数字量转换为模拟量（D/A 转换）。

（2）模拟量处理过程如图 8-1 所示。

1）模拟量信号的采集由传感器来完成。传感器将非电信号（如温度、压力、液位和流量等）转化为电信号。注意此时的电信号为非标准信号。

2）非标准电信号转化为标准电信号，此项任务由变送器来完成。传感器输出的非标准电信号输送给变送器，经变送器将非标准电信号转化为标准电信号。根据国际标准，标准信号分为电压型和电流型两种类型。电压型的标准信号为 DC 0～10 V 和 0～5 V 等；电流型的标准信号为 DC 0～20 mA 和 DC 4～20 mA。

3）A/D 转换和 D/A 转换。变送器将其输出的标准信号传送给模拟量输入扩展模块后，模拟量输入扩展模块将模拟量信号转化为数字量信号，PLC 经过运算，其输出结果或直接驱动输出继电器，从而驱动开关量负载；或经模拟量输出模块实现 D/A 转换后，输出模拟量信号控制模拟量负载。

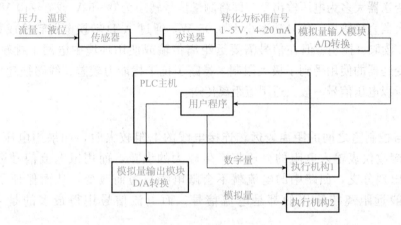

图 8-1　模拟量处理过程

2. 模拟量检测系统的组成

模拟量检测系统的组成如图 8-2 所示。

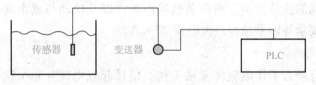

图 8-2　模拟量检测系统的组成

（1）传感器：是能够感受规定的被测量并按照一定的规律将被测量转换成可用输出信号的器件或装置的总称，通常由敏感元件和转换元件组成。它是一种检测装置，能感受被测量的信息，并能将检测感受到的信息，按一定规律变换成为电信号或其他所需形式的输出，满足信息的传输、存储、记录和控制要求。它是实现自动检测和自动控制的首要环节。

（2）变送器：将非标准电信号转换为标准电信号的仪器，在 S7-1200 PLC 中，变送器用于处理标准的模拟量信号。

（3）工程量：通俗地说是指物理量，如温度、压力、流量、转速等。

（4）模拟量：通俗地说是连续变化的量，如电压、电流信号。模拟量是指在一定范围内连续变化的量，也就是说在一定范围(定义域)内可以任意取值。

(5)离散量：是指分放开来的、不存在中间值的量，与连续量相对。不连续变化的量就是离散量，如1、3、5、10。

(6)数字量：也是离散量，但数字量只有0和1两种状态。反映到开关上就是指一个开关的断开(0)和闭合(1)状态。

二、模拟量控制接线

(一)变送器信号的选择

1. 电压信号的选用

早期的变送器大多为电压输出型，即将测量信号转换为$0\sim5$ V 或 $0\sim10$ V 电压输出。这是运算放大器直接输出，信号功率小于 0.05 W，通过 A/D 转换电路转换成数字信号供 S7-1200 PLC 读取、控制。但在信号需要远距离传输或使用环境中电网干扰较大的场合，电压输出型变送器的使用受到了极大限制，暴露了抗干扰能力较差、线路损耗导致精度降低等缺点，所以电压信号一般只适用短距离传送。

2. 电流信号的选用

当现场与控制室之间的距离较远，连接电线的电阻较大时，如果用电压信号远传，电线电阻与接收仪表输入电阻的分压将产生较大的误差，而用恒电流信号远传，只要传送回路不出现分支，回路中的电流就不会随电线长短而改变，从而保证了传送的精度。所以一般远距离传输用的都是电流信号，而电流信号用得最多的是 $4\sim20$ mA 信号。

3. 信号最大电流选择 20mA 的原因

最大电流选择 20 mA 是基于安全、实用、功耗、成本的考虑。安全火花仪表只能采用低电压、低电流，20 mA 的电流通断引起的火花能量不足以引燃瓦斯，非常安全。综合考虑生产现场仪表之间的连接距离、所带负载等因素，以及功耗与成本问题、对电子元件的要求、供电功率的要求等因素选择最大电流 20 mA。

4. 信号起点电流选择 4 mA 的原因

变送器电路没有静态工作电流将无法工作，信号起点电流 4 mA 就是变送器的静态工作电流；同时仪表电气零点为 4 mA，不与机械零点重合，这种"活零点"有利于识别断电和断线等故障。

(二)变送器信号之间的转换

在工作过程中经常会碰到变送器输出的模拟量信号与控制器(S7 1200 PLC)接收口信号不一致的情况，需要怎样处理呢？

1. 电流转电压

标准电流信号 $4\sim20$ mA 是变送器输出信号，相当于一个受输入信号控制的电流源，如在实际中需要的是电压信号而不是电流信号，则转换即可。转换的方式是加 500 Ω 电阻，则转换的电压为 $2\sim10$ V。为何是 500 Ω 的电阻呢？因为最大模拟量电压是 10 V，最大模拟量电流是 20 mA，那么 10 V/20 mA＝500 Ω。

2. 电压转电流

标准电压信号 0~10 V 是变送器输出信号，相当于一个受输入信号控制的电压源，如在实际中需要的是电流信号而不是电压信号，也需转换。电压信号转换成电流信号，在输出端之间串联电阻即可。转换的方式是加 500 Ω 负载电阻，转换的电流则为 0~20 mA。

(三)变送器的类型及接线

变送器分为四线制、三线制、二线制接法。这里讨论的"线制"，是以传感器或仪表变送器是否需要外供电源来区别的，而并不是指模块需要几根信号线或该变送器有几根输出信号线。以下将以最常见的 SM 1234 为例讲解接线。

1. 四线制电流型信号的接法

四线制电流型信号是指信号设备本身外接供电电源，同时有信号＋、信号－两根信号线输出。供电电源常见的是 DC 24 V，接线如图 8-3 所示。

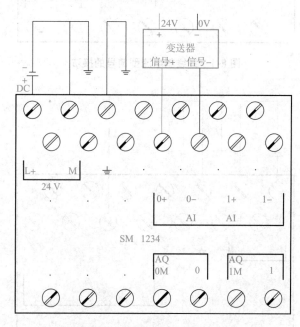

图 8-3　四线制电流型信号的接法

2. 三线制电流型信号的接法

三线制电流型信号是指信号设备本身外接供电电源，只有一根信号线输出，该信号线与电源线共用公共端，通常情况下是共负端的，接线如图 8-4 所示。

3. 二线制电流型信号的接法

二线制电流型信号是指信号设备本身只有两根外接线，设备的工作电源由信号线提供，即其中一根线接电源，另一根线输出信号，接线如图 8-5 所示。

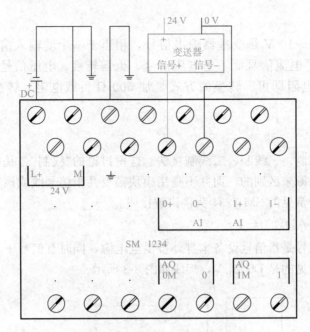

图 8-4 三线制电流型信号的接法

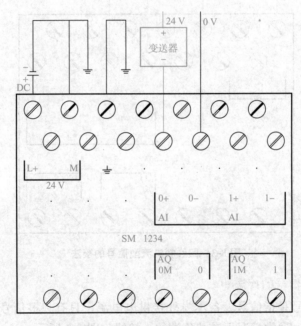

图 8-5 二线制电流型信号的接法

S7-1200 PLC 有一定数量的 I/O 点，其地址分配也是固定的。当需要有模拟量输入和输出时 I/O 点数不够，就需要通过连接 I/O 扩展模块或安装信号板，可以实现 I/O 点数的扩展。扩展模块一般安装在本机的右端，最多可以扩展8个扩展模块；扩展模块可以分为数字量输入模块、数字量输出模块、数字量输入输出模块、模拟量输入模块、模拟量输出模块、模拟量输入输出模块。

扩展模块的地址分配由I/O模块的类型和模块在I/O链中的位置决定。数字量I/O模块的地址以字节为单位，某些CPU和信号板的数字量I/O点数如不是8的整数倍，最后一个字节中未用的位不会分配给I/O链中的后续模块。

一、模拟量输入模块 SM 1231

1. 概述

模拟量输入模块SM 1231有4路模拟量输入，其功能是将输入的模拟量信号转化为数字量，并将结果存入模拟量输入映像寄存器AI。AI中的数据以字(1个字16位)的形式存取，存储的16位数据中，有效位为12位+符号位。模拟量输入模块SM 1231有4种量程，分别为0~20 mA、−10~10 V、−5~5 V、−2.5~2.5 V。选择哪个量程可以通过编程软件TIA Portal来设置。对于单极性满量程输入范围对应的数字量输出为0~27 648；双极性满量程输入范围对应的数字量输出为−27 648~27 648。

2. 技术指标

模拟量输入模块SM 1231的技术指标见表8-1。

表 8-1 SM 1231 模拟量输入技术参数

功耗	2.2 W(空载)
电流消耗(SM 总线)	80 mA
电流消耗(24 VDC)	45 mA(空载)
满量程范围	−27 648~27 648
输入阻抗	≥9 MΩ 电压输入 280 Ω 电流输入
最大耐压/耐流	±35 V DC/+40 mA
输入范围	−5~5 V、−10~10 V、−2.5~2.5 V、0~20 mA 或 4~20 mA
分辨率	12 位+符号位
隔离	无
精度(25 ℃/0~55 ℃)	满程的±0.1%/±0.2%
电缆长度(最大值)	100 m，屏蔽双绞线

3. 模拟量输入模块 SM 1231 的端子与接线

模拟量输入模块SM 1231的接线如图8-6所示。

模拟量输入模块SM 1231需要DC 24 V电源供电，可以外接开关电源，也可由来自PLC的传感器电源(L+，M之间24V DC)提供。在扩展模块及外围元件较多的情况下，不建议使用PLC的传感器电源供电，具体电源需要量，请查阅本书前面的内容。模拟量输入模块安装时，将其连接器插入CPU模块或其他扩展模块的插槽，不再是S7-200 PLC那种采用扁平电缆的连接方式。

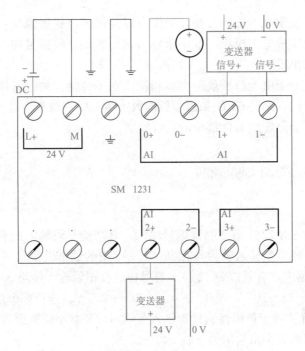

图 8-6　模拟量输入模块 SM 1231 的接线

模拟量输入模块支持电压信号和电流信号输入，对于模拟量电压信号、电流信号的类型及量程的选择由编程软件 TIA Portal 设置来完成，不再是 S7-200 PLC 那种 DIP 开关设置了，这样更加便捷。

4. 模拟量输入模块 SM 1231 组态模拟量输入

在编程软件中，先选中模拟量输入模块，再选中要设置的通道，模拟量的类型有电压和电流两种，电压范围有 $-2.5\sim2.5$ V、$-5\sim5$ V、$-10\sim10$ V 3 种，电流范围只有 $0\sim20$ mA 一种(硬件组态里 V2.0 版本以上电流范围有 $4\sim20$ mA 选项)。值得注意的是，通道 0 和通道 1 的类型相同；通道 2 和通道 3 的类型相同。具体设置如图 8-7 所示。

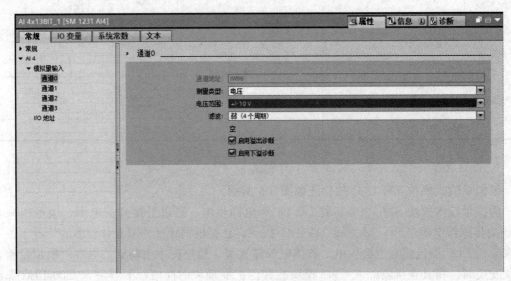

图 8-7　SM 1231 模拟量输入组态

测量类型可选：电压或电流型电压范围±2.5 V、±5 V、±10 V；电流范围只有0～20 mA。

启用溢出诊断和下溢诊断，如超出范围，硬件模拟量小灯会变红并闪烁。

二、模拟量输出模块 SM 1232

1. 概述

模拟量输出模块 SM 1232 有两路模拟量输出，其功能将模拟量输出映像寄存器 AQ 中的数字量转换为可用于驱动执行元件的模拟量。此模块有两种量程，分别为+10 V 和 0～20 mA，对应的数字量为−27 648～27 648 和 0～27 648。

AQ 中的数据以字(1 个字 16 位)的形式存取，电压模式的有效位为 14 位；电流模式的有效位为 13 位。

2. 技术指标

模拟量输出模块 SM 1232 的技术指标见表 8-2。

表 8-2　SM 1232 模拟量输出技术参数

功耗	1.5 W(空载)
电流消耗(SM 总线)	80 mA
电流消耗(24VDC)	45 mA(空载)
信号范围 电压输出 电流输出	−10～10 V 0～20 mA 或 4～20 mA
分辨率	电压模式：14 位 电流模式：13 位
满量程范围	电压：−27 648～27 648 电流：0～27 648 或 5 530～27 648
精度(25 ℃/0～55 ℃)	满程的±0.3%/±0.6%
负载阻抗	电压：≥1 000 Ω；电流：≤500 Ω
电缆长度(最大值)	100 m，屏蔽双绞线

3. 模拟量输出模块 SM 1232 端子与接线

模拟量输出模块 SM 1232 的接线如图 8-8 所示。

模拟量输出模块需要 DC 24 V 电源供电，可以外接开关电源，也可以由来自 PLC 的传感器电源(L+，M 之间 24 V DC)提供。在扩展模块及外围元件较多的情况下，不建议使用 PLC 的传感器电源供电。模拟量输出模块安装时，将其连接器插入 CPU 模块或其他扩展模块的插槽。

4. 模拟量输出模块 SM1232 组态模拟量输出

先选中模拟量输出模块，再选中要设置的通道，模拟量的类型有电压和电流两种。电压范围只有−10～10 V 一种；电流范围只有 0～20 mA 一种(硬件组态里 V2.0 版本以上电流范围有 4～20 mA 选项)。具体设置如图 8-9 所示。

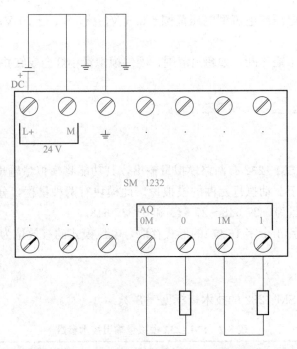

图 8-8　模拟量输出模块 SM 1232 的接线

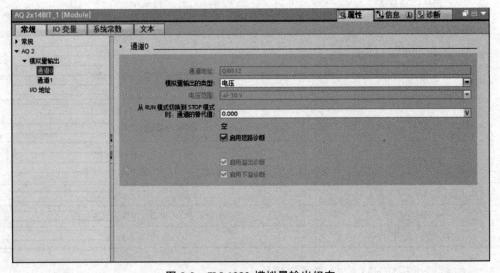

图 8-9　SM 1232 模拟量输出组态

模拟量输出类型可选：电压或电流型电压范围－10～＋10 V；电流范围只有 0～20 mA。

三、模拟量输入输出混合模块 SM 1234

1. 模拟量输入输出混合模块 SM 1234

模拟量输入输出混合模块 SM 1234 有 4 路模拟量输入和 2 路模拟量输出。

2. 模拟量输入输出混合模块 SM 1234 端子与接线

模拟量输入输出混合模块 SM 1234 的接线如图 8-10 所示。

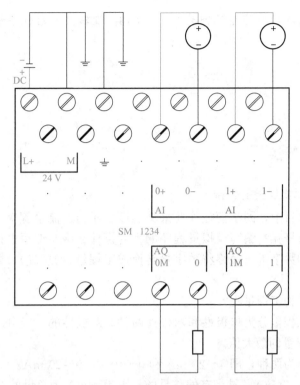

图 8-10　模拟量输入输出混合模块 SM 1234 的接线图

模拟量输入输出混合模块 SM 1234 需要 DC 24V 电源供电，4 路模拟量输入，2 路模拟量输出。此模块实际上是模拟量输入模块 SM 1231 和模拟量输出模块 SM 1232 的组合，故技术指标请参考表 8-1、表 8-2，组态模拟量输入输出请参考图 8-7、图 8-9。

任务二　　模拟量与实际物理量的转换

任务目标

1. 掌握模拟量与数字量的对应关系；
2. 掌握模拟量与实际物理量的转换；
3. 会进行正确的模拟量转换公式的推导；
4. 熟练使用缩放和标准化指令的使用；
5. 培养学生爱岗敬业的职业精神。

任务描述

某压力变送器量程为 0～20 MPa，输出信号为 0～10 V，模拟量输入模块 EM 1231 量程为－10～10 V，转换后数字量范围为 0～27 648，设转换后的数字量为 X，试编程求压力值。

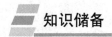

知识储备

一、模拟量的转换

1. 模拟量与实际物理量的转换

在实际的工程项目中，同学们往往要采集温度、压力、流量等信号，那么在程序中如何处理这些模拟量信号呢？编写模拟量程序的目的是什么呢？编写模拟量程序的目的是将模拟量转换成对应的数字量，最终将数字量转换成工程量（物理量），即完成模拟量转换成工程量。

模拟量如何转换为工程量呢？

模拟量转换为工程量分为单极性和双极性两种。双极性的－27 648 对应工程量的最小值，27 648 对应工程量的最大值。

单极性模拟量分为两种，即 4～20 mA 和 0～10 V、0～20 mA。

（1）第一种为 4～20 mA，是带有偏移量的。因为 4 mA 为总量的 20％. 而 20 mA 转换为数字量为 27 648，所以 4 mA 对应的数字量为 5 530。

模拟量转换为数字量是 S7-1200 PLC 完成的，同学们要在程序中将这些数值转换为工程量。

（2）第二种是没有偏移量的。没有偏移量的是如 0～10 V、0～20 mA 等模拟量，AIW＝27 648 对应最大工程量，0 对应工程量的最小值。

2. 模拟量与数字量的对应关系

内码与实际物理量的转换问题属于实际物理量与模拟量模块内部数字量对应关系问题，转换时，应考虑变送器输出量程和模拟量输入模块的量程，找出被测量与 A/D 转换后的数字量之间的比例关系。

模拟量信号（0～10 V、0～5 V 或 0～20 mA）在 S7 1200 PLC CPU 内部用 0～27 648 的数值表示（4～20 mA 对应 5 530～27 648），这两者之间有一定的数学关系，如图 8-11 所示。

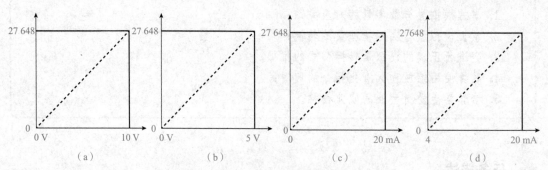

图 8-11 模拟量信号与数字量的对应关系

(a)0～10 V 对应 0～27 648 曲线；(b)0～5 V 对应 0～27 648 曲线；
(c)0～20 mA 对应 0～27 648 曲线；(d)4～20 mA 对应 0～27 648 曲线

二、模拟量转换公式

1. 模拟量转换公式的推导

3 个温度传感变送器的指标如下。

(1)测温范围为 0~200 ℃变送器输出信号为 4~20 mA, 5 530~27 648；

(2)测温范围为 0~200 ℃变送器输出信号为 0~10 V, 0~27 648；

(3)测温范围为-100~500 ℃变送器输出信号为 4~20 mA, 5 530~27 648。

(1)和(2)两个温度传感变送器，测温范围一样，但输出信号不同；(1)和(3)传感变送器输出信号一样，但测温范围不同；这 3 个传感变送器即使选用相同的模拟量输入模块，其转换公式也是各不同。

对于这 3 种传感变送器的转换公式该如何推导呢？这要借助与数学知识帮助，如图 8-12 所示。

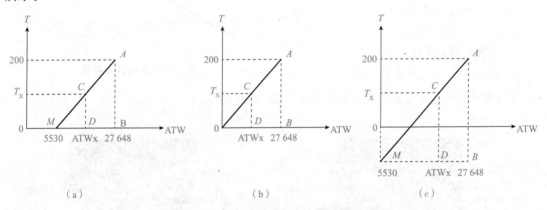

图 8-12 3 种传感器温度 与模拟量关系
(a)传感器 T/ATW 关系；(b)传感器 T/ATW 关系；(c)；传感器 T/ATW 关系

(1)传感器测温 $T=200$ ℃时，输出电流 $I=20$ mA，模块转换数字量 AIW=27 648；测温 $T=0$ ℃时，输出电流 $I=4$ mA，模块转换数字量 AIW=5 300。T 与 ATW 的关系曲线如图 8-12(a)所示，根据相似三角形定理可知：$\triangle ABM \sim \triangle CDM$。

故可列 $AB/CD=BM/DM$。

由图知 $AB=200$，$CD=T_X$，$BM=27648-5\ 530$。

代入公式可得 $T_X=200\times(AIW_X-5\ 530/27\ 648-5\ 530)$。

(2)传感器测温 $T=200$ ℃时，输出 10 V 电压，模块转换数字量 AIW=27 648；测温 $T=0$ ℃时，输出电压=0，模块转换数字量 AIW=0。T 与 AIW 的关系曲线如图 8-12(b)所示，根据相似三角形定理可知：$\triangle AB0 \sim \triangle CD0$。

故可列 $AB/CD=B0/D0$。

由图知 $AB=200$，$CD=T_X$，$B0=27\ 648$，$D0=AIW_X$。

代入公式可得 $T_X=200\times(AIW_X/27\ 648)$。

(3)传感器测温 $T=500$ ℃时，输出电流 $I=20$ mA，模块转换数字量 AIW=27 648；测温 $T=-100$ ℃时，输出电流 $I=4$ mA，模块转换数字量 AIW=5 530。T 与 AIW 的关系曲线如图 8-12(c)所示，根据相似三角形定理可知：$\triangle ABM \sim \triangle CDM$。

故可列 $AB/CD=BM/DM$。

由图知 $AB=500+100\ CD=T_X+100\ BM=27648-5\,530\ DM=AIW_x-5\,530$。

代入公式可得 $T_X=600\times(AIWx-5\,530/27648-5\,530)-100$。

上面推导出的 3 个等式就是对应 (1)、(2)、(3) 3 种温度传感变送器经过模块转换成数字最后换算为被测量的转换公式。只要依据正确的转换公式进行编程,就会获得满意的效果。

由以上 3 个等式可以推导出模拟量的通转换公式:

$$0v=[(0sh-0sl)\times(Iv-Is1)/(Ish-Is1)]+0s1$$

比例转换图像如图 8-13 所示。

其中:

$0v$:换算结果,模拟量转换后的工程量;

Iv:换算对象,对应模拟量通道的输入的模拟量对应数字量;

$0sh$:工程量的上限;

$0sl$:工程量的下限;

Ish:数字量的上限;

Isl:数字量的下限。

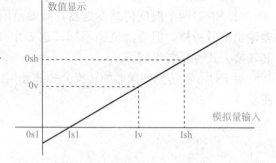

图 8-13 比例转换图像

2. 缩放、标准化指令的使用

(1)将 4~20 mA 模拟量输入转换为工程量输出(图 8-14)。

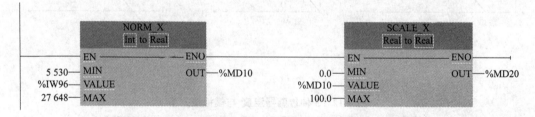

图 8-14 模拟量输入标准化、缩放程序(电流转换为工程量)

5 530 为模拟量输入下限,IW96 为模拟量输入,27 648 为模拟量输入上限,MD10 变化为 0.0~1.0 的实数。

0.0 为温度值下限,100.0 为温度值上限,MD20 为实际温度。

(2)将工程量转化为 0~10 V 模拟量输出(图 8-15)。

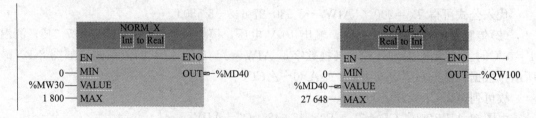

图 8-15 模拟量输入标准化、缩放程序(工程量转换为电流)

0 为速度下限,MW30 为给定速度,1 800 为速度上限,MD 为变化为 0.0~1.0 的实数。

0 为模拟量输入下限,27 648 为模拟量输入上限,QW100 实际模拟量输出控制电动机运行速度。

1. 程序设计

找到实际物理量与模拟量输入模块内部数字量比例关系，此题中，压力变送器的输出信号的量程 0～10 V 恰好和模拟量输入模块 SM 1231 的量程一半 0～10 V ——对应，因此对应关系为正比例，实际物理量 0 MPa 对应模拟量模块内部数字量为 0，实际物理量 20 MPa 对应模拟量模块内部数字量为 27 648。具体如图 8-16 所示。

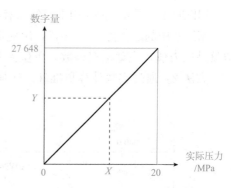

图 8-16　实际物理量与数字量的对应关系

写模拟量程序关键在于用 PLC 语言表达出这个公式：$X = 20Y/27\,648$。

2. 程序编写

方法 1：通过上步找到比例关系后，就可以进行模拟量程序的编写了，编写的关键在于用 PLC 语言表达出 $X = 20Y/27\,648$。转换程序如图 8-17 所示。

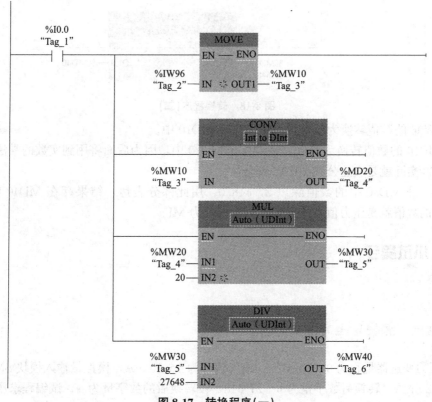

图 8-17　转换程序（一）

IW96 对应公式中的 Y，MD40 对应 X。

将 IW96 的数值传送到 MW10 中。

将 MW10 的数值转换为双整数，结果存在 MD20 中。因为后面将用到双整数乘法，故此转换。

MD20 中的数值与 20 相乘，结果存在 MD30 中，实际就是表达公式 20Y 部分。

MD30 中的数值除以 27 648，用此部分表达，结果存在 MD40 中，现在 MD40 中的数值就是压力值，注意是双整数，单位为 MPa。实数计算更精确。

方法 2：通过实数计算更准确。转换程序如图 8-18 所示。

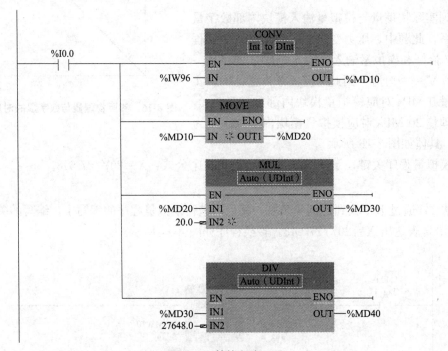

图 8-18　转换程序（二）

将 IW96 的数值转换为双整数，结果存在 MD10 中。

将 MD10 的数值转换为实数，结果存在 MD20 中，因为后面将用到实数的乘法。

MD30 实际就是表达公式 20.0Y 部分。

MD40 是 MD30 中的数值除以 27 648.0，用此部分表达，结果存在 MD40 中，现在 MD40 中的数值就是压力值，注意是实数，单位为 MPa。

 小试身手

案例一　编程求压力值

某压力变送器量程为 0～10 MPa，输出信号为 4～20 mA，模拟量输入模块 SM 1231 量程为 0～20 mA，转换后数字量为 0～27 648，设转换后的数字量为 x，试编程求压力值。

1. 程序设计

找到实际物理量与模拟量输入模块内部数字量比例关系。此例中，压力变送器的输出信号的量程为 4～20 mA，模拟量输入模块 SM 1231 的量程为 0～20 mA，两者不完全对应，因此，实际物理量 0 MPa 对应模拟量模块内部数字量为 5 530，实际物理量 10 MPa 对应模拟量模块内部数字量为 27 648。具体如图 8-19 所示。

压力变送器的输出信号的量程为 4～20 mA，模拟量输入模块 SM 1 231 的量程为 0～20 mA，对应数字量范围为 0～27 648，因此，4 mA 对应的数字量为 27 648×4/20，约为 5 530。

$Y=(27\ 648-5\ 530)\times10/(27\ 648-5\ 530)$ 实际上就是初中的两点求直线公式

折算 $X=(Y-5\ 530)\times10/(27\ 648-5\ 530)$，写模拟量程序就是用 PLC 语言表达出这个公式。

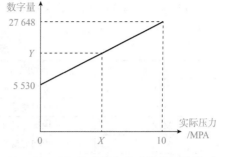

图 8-19　实际物理量与数字量的对应关系

2. 程序编写

通过上步找到比例关系后，就可以进行模拟量程序的编写了，编写的关键在于用 PLC 语言表达出 $X=10(Y-5\ 530)/(276\ 48-5\ 530)$ 转换程序，如图 8-20 所示。

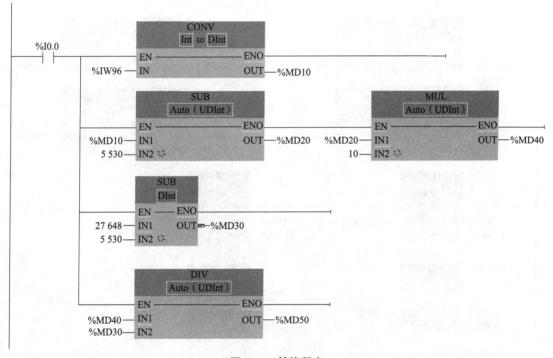

图 8-20　转换程序

MD10 是将 IW96 的数值转换为双整数，结果存在 MD10 中；

MD40 是表达出 $10\times(Y-5\ 530)$，故先用减法指令 SUB 再用乘法指令 MUL；

MD30 是表达出分母 $(27\ 648-5\ 530)$，故用减法指令 SUB；

MD50 是以上两步结果相除，最终表达为 $X=10(Y-5\ 530)(27648-5\ 530)$。

案例二　编写模拟量转换成工程量(物理量)PLC 程序

测温范围为 $-200\sim500$，变送器输出信号为 4～20 mA，对应数字量 5 530～27 648，编写模拟量转换成工程量(物理量)PLC 程序。

1. 程序设计

根据模拟量转换公式得出：

温度＝700×(AIW96－5 530)/22 118－200。

I/O分配表见表 8-3。

表 8-3　I/O 分配表

输入	功能	输出	功能
AIW96	模拟量输入	MD16	中间变量 5
MDO	中间变量 1	MD20	中间变量 6
MD4	中间变量 2	MD24	中间变量 7
MD8	中间变量 3	MD28	工程量
MD12	中间变量 4		

2. 程序编写

转换程序如图 8-21 所示。

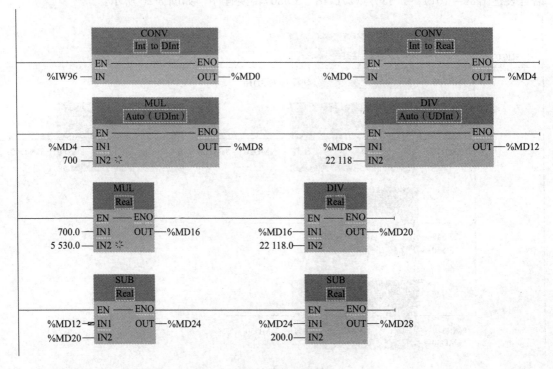

图 8-21　转换程序

 知识拓展

不畏困难：在现在的和平社会，还是有很多人在恶意破坏和平，我们作为新时代的青年，要勇于担当，不畏困难，奋勇前行。面对困难时，我们要有直面困难的勇气，要有战胜困难的决心，更要有解决困难的新方法，要坚持在重大斗争中磨砺，在困难大、矛盾多的地方练胆魄、磨意志、长才干。更要主动投身到各种斗争中，敢于在大是大非面前亮剑，面对矛盾冲突冲在前，面对危机困难奋勇前进，不被歪风邪气所侵扰，树立风清气正的工作环境。

中国电力工业发展历程与成就

1878 年(清光绪五年)，当时在上海的英国殖民主义者为了欢迎美国总统格兰特路过上海，特地运来了一台小型引擎发电机，从 1878 年 8 月 17—18 日在上海外滩使用了两个晚上，在中华大地上点亮了第一盏电灯。

1912 年，在云南建立起中国第一座大型水电站和水电站与昆明之间中国的第一条高压输电线，1912 年 5 月 28 日第一台机组建成发电，迄今还在发电，已经 100 多年了。

1949 年以后，在苏联的帮助和自力更生下，我国陆续建立了很多电厂，使大部分人民用上了电，到了 21 世纪全国通电率已达到 99.99%，取得了伟大的成就。

2002 年 11 月 19 日，我国第一个核电站(秦山核电站)建在浙江的嘉兴，1 号机组于 2002 年 11 月 19 日首次并网发电，并于 2002 年 12 月 31 日投入商业运行。

2009 年 1 月 20 日，在经过一系列的指标考验和试运行后，中国第一条特高压输电线路——山西晋东南至湖北荆门 1 000 kV 特高压交流输电线路正式投入运行。

2013 年 1 月，特高压交流输电技术、成套设备及工程应用荣获"国家科技进步奖特等奖"，中国拥有完全自主知识产权，同时，我国也是世界上唯一掌握这项技术的国家。国际电工委员会认为，中国建成世界上电压等级最高、输电能力最强的交流输电工程，是电力工业发展史上的一个重要里程碑，中国在世界特高压输电领域的引领地位从此确立。

百年电力发展史，也反映出中国人民百年奋斗史，愿我们的国家越来越强大，在各个专业领域都能取得卓越的成就。

技能提升　　全国技能大赛试题解析

全国职业技能大赛(现代电气控制系统安装与调试)真题见附录，现节选真题 M1 电动机部分进行解析。

一、机床电气控制系统

机床电气控制系统由以下电气控制回路组成。

(1)主轴电动机 M1 控制回路(M1 为三相异步电动机，由变频器实现模拟量控制，加减速时间分别为 0.2 s、0.8 s)。

(2)冷却电动机 M2 控制回路(M2 为双速电动机，需要考虑过载、联锁保护，低速时热继电器整定电流为 0.3 A，高速时热继电器整定电流为 0.35 A)。

(3)刀架换刀电动机 M3 控制回路(M3 为三相异步电动机，可实现正反转运行)。

(4)Y 轴进给电动机 M4 控制回路(M4 为步进电动机，每转需要 2 000 脉冲)。

(5)X 轴进给电动机 M5 控制回路(M5 为伺服电动机，连接滚珠丝杠副系统。伺服电动机参数设置如下：伺服电动机每旋转一周需要 4 000 脉冲)。

(6)电动机旋转以"顺时针旋转为正向，逆时针旋转为反向"为准。

二、主轴电动机 M1 的调试

按下启动按钮 SB1 后，M1 电动机运行，频率从 10 Hz 连续变化到 50 Hz，每秒增加 4 Hz，再次按下 SB1 后，M1 电动机以当前的频率运行，再次按下 SB1，调试结束。M1 调试过程中，HL1 以 1Hz 的周期闪烁。

三、程序编写

程序变量如图 8-22 所示。

机床控制 ▸ PLC_1 [CPU 1212C DC/DC/DC] ▸ PLC 变量

	名称	变量表	数据类型	地址	保持	可从...	从 H...	在 H...	注释
1	SB1电机选择按钮	默认变量表	Bool	%I0.0		☑	☑	☑	
2	SB2	默认变量表	Bool	%I0.1		☑	☑	☑	
3	M1正转信号	默认变量表	Bool	%Q8.0		☑	☑	☑	
4	PLC模拟量地址	默认变量表	Int	%QW112		☑	☑	☑	
5	Tag_5	默认变量表	Bool	%M200.0		☑	☑	☑	
6	Tag_6	默认变量表	Bool	%M200.1		☑	☑	☑	
7	Tag_7	默认变量表	Bool	%M210.0		☑	☑	☑	
8	M2电机高速	默认变量表	Bool	%Q8.3		☑	☑	☑	
9	M2电机低速	默认变量表	Bool	%Q8.2		☑	☑	☑	
10	Tag_10	默认变量表	Bool	%M210.1		☑	☑	☑	
11	Tag_11	默认变量表	Bool	%M210.2		☑	☑	☑	
12	M3电机正转	默认变量表	Bool	%Q8.4		☑	☑	☑	
13	M3电机反转	默认变量表	Bool	%Q8.5		☑	☑	☑	
14	SB4	默认变量表	Bool	%I0.3		☑	☑	☑	
15	SB3	默认变量表	Bool	%I0.2		☑	☑	☑	
16	步进_脉冲	默认变量表 ▾	Bool	%Q0.0 ▾		☑	☑	☑	
17	步进_方向	默认变量表	Bool	%Q0.1		☑	☑	☑	
18	Tag_16	默认变量表	Bool	%M220.0		☑	☑	☑	
19	Tag_17	默认变量表	Bool	%M220.1		☑	☑	☑	
20	Tag_18	默认变量表	Bool	%M221.0		☑	☑	☑	
21	Tag_19	默认变量表	Bool	%M221.1		☑	☑	☑	
22	伺服_脉冲	默认变量表	Bool	%Q0.2		☑	☑	☑	
23	伺服_方向	默认变量表	Bool	%Q0.3		☑	☑	☑	
24	SA1	默认变量表	Bool	%I0.4		☑	☑	☑	
25	伺服点动速度	默认变量表	Real	%MD1000		☑	☑	☑	
26	SA2	默认变量表	Bool	%I0.5		☑	☑	☑	
27	<添加>					☑	☑	☑	

图 8-22　程序变量

程序编写：本部分为 M1 电动机子程序（手动调试），由于本书没有涉及触摸屏部分知识，所以部分操作功能由按钮代替。SB2 为正转启动按钮。

主轴电动机 M1 程序如下。

程序段 1：保存启动按钮置位次数，以达到多次置位启动按钮实现不同功能的目的。

程序段 2：C2 计数为 1 时使 Q8.0 置位给出变频器正转信号。

程序段 3：给出启动信号同时，向 PLC 模拟量模块中送出模拟量，用于控制电动机运行速度和频率，启动时默认模拟量为 5 560，表示电动机运行频率为 10 Hz，给变频器 QW112。定时器 T1 每秒给 M200 一个信号。

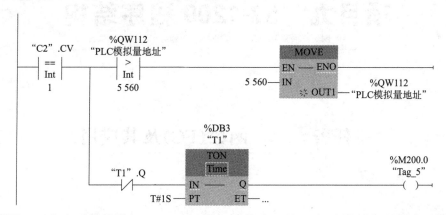

程序段 4：为达到每秒增加 4 Hz，运用加法指令，按照定时器设定的频率改变模拟量数值。

上升沿目的是使每秒增加一次更精准。比较指令目的是在电动机达到最大频率 50 Hz 后不再向上增加。

程序段 5：C2 计数为 2 时此程序段以上程序不在使能。模拟量数值自动保存在当前位置，故只需要使变频器以当前频率正转。

程序段 6：C2 计数为 3 时变频器启动信号失去使能，变频器停止。

用移动指令将 0 送到 C2 当前计数值，以达到循环目的。

用移动指令将 0 送到 PLC 模拟量模块中，使当前频率归零，以便再次启动。

项目九　S7-1200 程序结构

任务一　函数(FC)及其应用

任务目标

1. 掌握块的概念;
2. 掌握函数块(FC)的概念;
3. 会正确地配置块的参数;
4. 熟练使用函数块(FC)调作方法;
5. 培养学生独立思考,用专业技能解决实际问题的能力。

任务描述

某一车间,两台设备由两台电动机带动,两台电动机要实现星形-三角形降压启动,设备1星形转换到三角形的时间为5 s,设备2星形转换到三角形的时间为10 s,用带参数FC编程(只编自动程序),当用多种设备实现同一函数时可用该方式编程。

知识储备

一、块

(一)块的概念

TIA博途软件编程方法有线性化编程、模块化编程和结构化编程3种。

1. 线性化编程

线性化编程就是将整个程序放在循环控制组织块OB1中,CPU循环扫描执行OB1中的全部指令。其特点是结构简单、概念简单,但由于所有指令都在一个块中,程序的某些部分可能不需要多次执行,而扫描时,重复扫描所有的指令,会造成资源浪费、执行效率低。对于大型的程序要避免线性化编程。

2. 模块化编程

模块化编程就是将程序根据功能分为不同的逻辑块，每个逻辑块完成不同的功能。在 OB1 中可以根据条件调用不同的功能或者函数块。其特点是易于分工合作，调试方便。由于逻辑块是有条件调用，所以提高了 CPU 的效率。

3. 结构化编程

结构化编程就是将过程要求中类似或相关的任务归类，在函数或函数块中编程，形成通用的解决方案。通过不同的参数调用相同的函数或者通过不同的背景数据块调用相同的函数块。一般而言，工程上用 S7-1200 PLC 编写的程序都不是小型程序，所以通常采用结构化编程方法。

结构化编程具有如下一些优点。

(1)各单个任务块的创建和测试可以相互独立地进行。

(2)通过使用参数，可将块设计得十分灵活。例如，可以创建一钻孔循环，其坐标和钻孔深度可以通过参数传递进来被再利用。

(3)块可以根据需要在不同的地方以不同的参数据记录进行调用，也就是说，这些块能够在预先设计的库中，是供用于特殊任务的"可重用"块。

(二)块的介绍

组织块 OB 是程序的主体，它可以调用函数块 FB，也可以调用函数 FC，函数或函数块还可以调用其他的函数或函数块，这种被调用的函数或函数块调用其他的函数或函数块的方式称为嵌套，嵌套深度(允许调用的层数)可查 CPU 模块手册获得。函数与函数块的主要区别在于：函数没有数据块，而函数块有用作存储的数据块。各种块的说明见表 9-1。

表 9-1　各种块的说明

块	简要描述
组织块(OB)	操作系统与用户程序的接口，决定用户程序的结构
函数块(FB)	用户编写的包含经常使用的功能的子程序，有专用的背景数据块
函数(FC)	用户编写的包含经常使用的功能的子程序，没有专用的背景数据块
背景数据块	用于保存 FB 的输入、输出参数和静态变量，其数据在编译时自动生成
全局数据块	存储用户数据的区域，供所有的代码块共享

(三)块的结构

数据块(DB)有全局数据块、背景数据块和用户定义数据块 3 种数据类型。

全局数据块又称共享数据块，用于存储全局数据，所有逻辑块(OB、FC、FB)都可以访问全局数据块中存储的数据。

块由变量声明表和程序组成。每个逻辑块都有变量声明表，变量声明表是用来说明块的局部数据。而局部数据包括参数和局部变量两大类。在不同的块中可以重复声明和使用同一局部变量，因为它们在每个块中仅有效一次。

局部变量包括静态变量和临时变量两种。

参数是在调用块与被调用块之间传递的数据，包括输入、输出和输入输出变量。

局部数据声明类型见表 9-2。

表 9-2　局部数据声明类型

变量名称	变量类型	说明
输入	Input	为调用模块提供数据，输入给逻辑模块
输出	Output	从逻辑模块输出数据结果
输入/输出	InOut	参数值既可以输入，也可以输出
静态变量	Static	静态变量存储在背景数据块中，块调用结束后，变量被保留
临时变量	Temp	临时变量存储 L 堆栈中，块执行结束后，变量消失

二、函数(FC)

函数是不带"记忆"的逻辑块。所谓不带"记忆"，表示没有背景数据块。当完成操作后，数据不能保持。这些数据为临时变量，对于那些需要保存的数据只能通过全局数据块来存储。

调用函数时，需用实参来代替形参。

FC 有两个作用：一是作为子程序应用；二是作为函数应用。FC 的形参通常称为接口区。

变量声明表：每个逻辑块前部都有一个变量声明表，在变量声明表中定义逻辑块要用到局部数据。

在变量声明表中，用户可以设置变量的各种参数，如变量的名称、数据类型、默认值和注释。FC 的变量类型有 Input(输入)、Output(输出)、InOut(输入/输出)、Temp(临时变量)、Constant(常数)和 Return(返回值)。在 FC 结束调用时将输出 Return 变量(如果有定义)，使用 OUT 类型的变量可以输出多个变量，比 Return 有更大的灵活性。Temp 变量保存在临时局部数据存储区，在 CPU 内部，由 CPU 根据所执行的程序块的情况临时分配，一旦程序块执行完成，该区域将被收回，在下一个扫描周期，执行到该程序块时再重新分配 Temp 存储区。

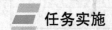 **任务实施**

1. 参数设置

(1)新建一个项目，本例为"启停控制(FC)"。在 TIA 博途软件项目视图的项目树中，选中并执行"PLC_1"→"程序块"→"添加新块"命令，如图 9-1 所示，弹出"添加新块"界面。

(2)如图 9-2 所示，在"添加新块"界面中，选择创建块的类型为"函数"，再输入函数的名称(本例为 FC 星三角启动)，之后选择编程语言(本例为 LAD)，最后单击"确定"按钮，弹出"程序编辑器"界面。

(3)在 TIA 博途软件项目视图的项目树中，双击函数块"星三角启动(FC1)"，打开函数，弹出"程序编辑器"对话框，先选中 Input(输入参数)，新建参数"tart"和"Stop1"，数据类型为"Bool"。

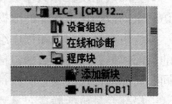

图 9-1　添加新块

再选中 InOut(输入/输出参数)，新建参数“Motor”，数据类型为“Bool”，如图 9-3 所示。

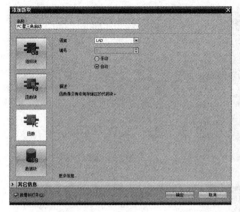

图 9-2　创建函数

FC星三角启动

		名称	数据类型	默认值	注释
1		▼ Input			
2		■ 启动	Bool		
3		■ 停止	Bool		
4		■ 转换时间	Time		
5		▼ Output			
6		■ 主接	Bool		
7		■ 星接	Bool		
8		■ 三角接	Bool		
9		▼ InOut			
10		■ ▸ 定时器	IEC_TIMER		
11		▼ Temp			
12		■ <新增>			
13		▼ Constant			
14		■ <新增>			

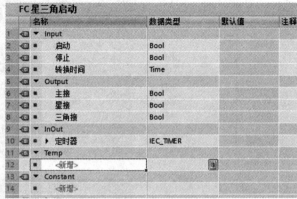

图 9-3　变量声明表

2. 程序编写

(1)在“函数 FC1”中，输入如图 9-4 所示的程序，此程序能实现星三角启动，再保存程序。

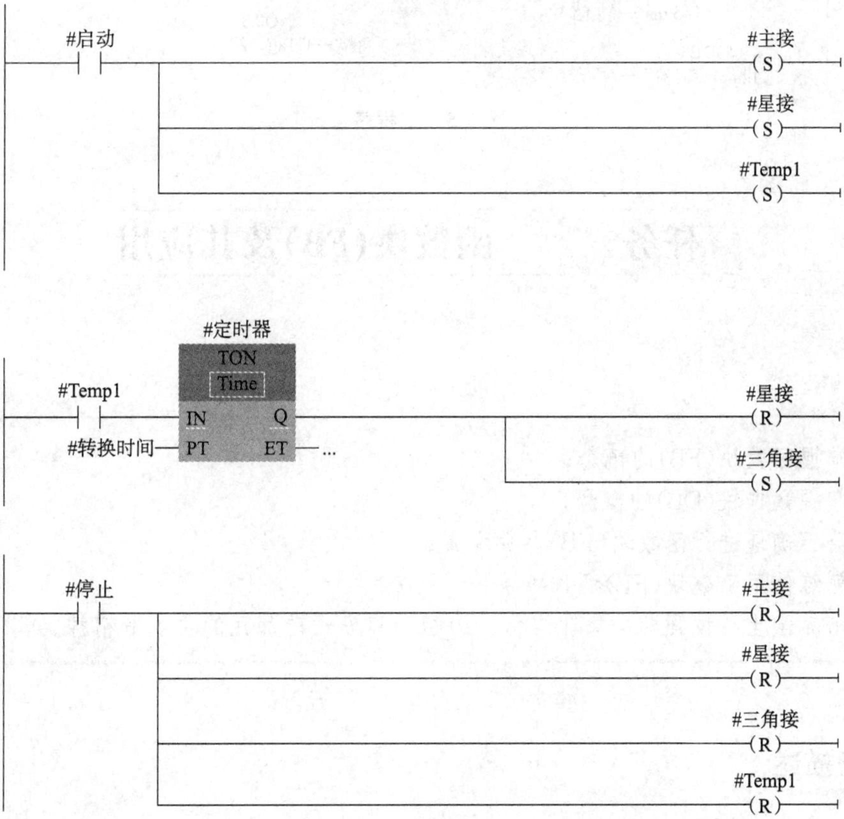

图 9-4　函数 FC1 程序

(2)在 TIA 博途软件项目视图的项目树中，双击“Main[OB1]”，打开主程序块“Main[OB1]”，选中新创建的函数"星三角启动（FC1）"，并将其拖拽到程序编辑器中，如图 9-5 所示。至此，项目创建完成。

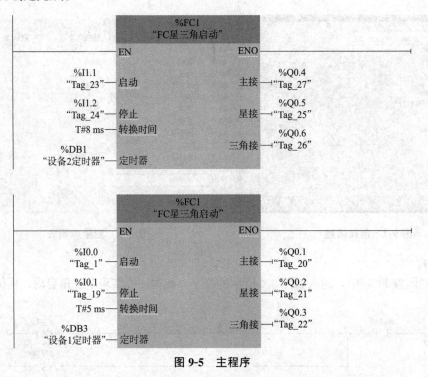

图 9-5　主程序

任务二　　函数块（FB）及其应用

任务目标

1. 掌握函数块（FB）的概念；
2. 掌握数据块（DB）的概念；
3. 会正确地进行函数块（FB）参数配置；
4. 熟练使用函数块（FB）调作方法；
5. 培养学生科技强国、文化自信、为祖国建设添砖加瓦的主人翁精神。

任务描述

某一车间，两台设备由两台电动机带动，两台电动机要实现星形-三角形降压启动，设备 1 星形转换到三角形的时间为 5 s，设备 2 星形转换到三角形的时间为 10 s，用 FB 背景数据编程（只编自动程序部分）。

一、函数块（FB）

函数块是用户所编写的有固定存储区的块。FB 为带"记忆"的逻辑块，它有一个数据结构与函数块参数表完全相同的数据块（DB），通常称该数据块为背景数据块。当函数块被执行时，数据块被调用；函数块结束，调用随之结束。存放在背景数据块中的数据在 FB 块结束以后，仍能继续保持，具有"记忆"功能。一个函数块可以有多个背景数据块，使函数块可以被不同的对象使用。

函数块（FB）在程序的体系结构中位于组织块之下，它包含程序的部分，在 OB1 中可以被多次调用。与 FC 相比，每次调用 FB 都必须分配一个背景数据块，函数块的所有形参和静态数据都存储在一个单独的、被指定给该函数块的数据块中，用来存储接口数据（Temp 类型除外）和运算的中间数据。当调用 FB 时，该背景数据块会自动打开，实际参数的值被存储在背景数据块中；当块退出时，背景数据块中的数据仍然保持。

FB 的接口区比 FC 多了一个静态数据区（STAT），用来存储中间变量。程序调用 FB 时，形参不像 FC 那样必须赋值，可以通过背景数据块直接赋值。FB 和 FC 一样，都是用户自己编写的程序块，块插入方式与 FC 的相同。FB 也是由变量声明表和程序指令组成的。

FB 和 FC 相同的变量类型有 Input（输入）、Output（输出）、InOut（输入输出）、Temp（临时变量）及 Constant（常数）。FB 没有返回值（Return）变量，而有静态（Staitc）变量类型，静态变量类型存储在 FB 的背景数据块中，当 FB 被调用完成以后，静态变量的数据仍然有效，其内容被保留，在 PLC 运行期间，能读出或修改它的值。

可以在 FB 的变量声明表中给形参赋初值，它们被自动写入相应的背景数据块。

函数（FC）没有背景数据块，不能给变量分配初值，所以必须给 FC 分配实参。STEP 7 为 FC 提供了一个特殊的输出参数返回值（RET VAL），调用 FC 时，可以指定一个地址作为实参来存储返回值。

函数和函数块的调用必须用实参代替形参，因为形参是在函数或函数块的变量声明表中定义的。为保证函数或函数块对同一类设备的通用性，在编程中不能使用实际对应的存储区地址参数，而要使用抽象参数，就是形参。块在被调用时，必须将实际参数（实参）替代形参，从而可以通过函数或函数块实现对具体设备的控制。这里必须注意：实参的数据类型必须与形参一致。

二、数据块（DB）

数据块（DB）用来分类存储用户程序运行所需的大量数据或变量值，也是用来实现各逻辑块之间的数据交换、数据传递和共享数据的重要途径。与逻辑块不同，数据块只有变量声明表部分，没有程序指令部分。

数据块定义在 S7 系列 PLC 的 CPU 的存储器中，用户可在存储器中建立一个或多个数据块，每个数据块可大可小，但 CPU 对数据块数量及数据总量有限制，如对于 CPU 314，用作数据块的存储器最多为 8 kb，用户定义的数据总量不能超出这个限制。在编写程序时，对数据块必须遵循先定义后使用的原则，否则将造成系统错误。

根据访问方式的不同，这些数据可以在全局符号表或全局数据块（又称为共享数据块）中声明，称为全局变量；也可以在 OB、FC 和 FB 的变量声明表中声明，称为局部变量。数据块分为全局数据块和背景数据块两种，如图 9-6 所示。

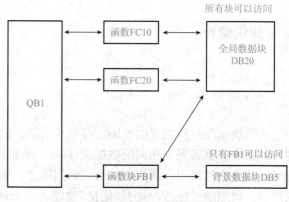

图 9-6　全局数据块和背景数据块

1. 全局数据块

全局数据块的主要作用是为用户程序提供一个可保存的数据区，它的数据结构和大小并不依赖于特定的程序块，而是由用户自己定义的。

2. 背景数据块

背景数据块是与某个 FB 或 SFB 相关联的，其内部数据的结构与其对应的 FB 或 SFB 的变量声明表一致，背景数据块只能被指定的函数块 FB 使用。背景数据块与全局数据块的区别在于，在背景数据块中不可以增加或删除变量，在全局数据块中可增加或删除变量。

函数块(FB)的编程步骤与 FC 块是一样的，下面我们通过具体的任务来学习函数块(FB)的编程设计与应用。

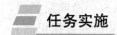

任务实施

1. 参数设置

(1)添加新块(图 9-7)。

图 9-7　添加新块

(2)编辑 FB 的变量声明表。在 FB 的接口 Input 中定义了 2 个参数，在 Output 中定义了 3 个参数，在静态变量 Static 中定义了转换时间，如图 9-8 所示。

	名称	数据类型	默认值	保持	可从 HMI/...	从 H...	在 HMI ...	设定值	注释
1	▼ Input								
2	启动	Bool	false	非保持	✔	✔	✔		
3	停止	Bool	false	非保持	✔	✔	✔		
4	▼ Output								
5	主接	Bool	false	非保持	✔	✔	✔		
6	星接	Bool	false	非保持	✔	✔	✔		
7	三角接	Bool	false	非保持	✔	✔	✔		
8	▼ InOut								
9	▸ 定时器	IEC_TIMER							
10	▼ Static								
11	转换时间	Time	T#0ms	非保持	✔	✔	✔		
12	▼ Temp								
13	tp1	Bool							
14	▼ Constant								
15	<新增>								

图 9-8　变量声明表

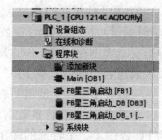

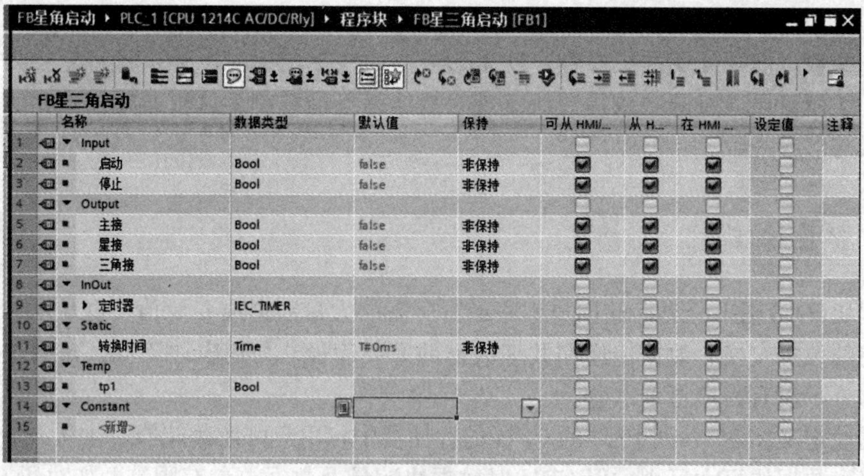

2. 程序编写

(1)FB 星形-三角形启动程序如图 9-9 所示。

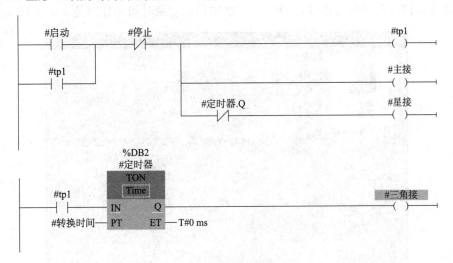

图 9-9　函数 FB 程序

(2)在 TIA 博途软件项目视图的项目树中，双击"Main[OB1]"，打开主程序块"Main[OB1]"，选中新创建的函数"星三角启动(FB1)"，并将其拖拽到程序编辑器中，如图 9-10 所示。至此，项目创建完成。

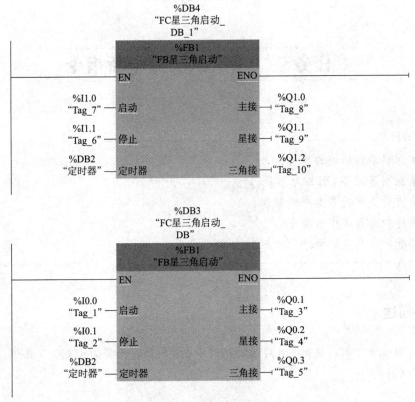

图 9-10　主程序

(3)背景数据块 DB。背景数据块 DB 可以通过编制 FB150 产生，也可在程序块中添加新块，如图 9-11 所示。

在仿真、调试程序时可在设备 DB1、DB2 中设定转换时间，分别是 5 s 与 10 s。

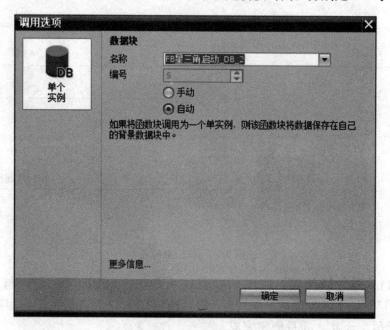

图 9-11　编制 FB 产生 DB

任务三　　组织块与中断指令

任务目标

1. 掌握启动组织块的事件；
2. 掌握程序循环 OB 的功能；
3. 会进行正确的各类中断操作；
4. 熟练使用各类中断指令；
5. 培养学生高度的责任心、精进的意识。

任务描述

当 I0.0 由 1 变 0 时，延时 5 s 后启动延时中断 OB20，并将输出 Q0.0 置位。要使用延时中断组织块。

一、事件和组织块

1. 启动组织块事件

组织块(OB)是操作系统与用户程序的接口，出现启动组织块的事件时，由操作系统调用对应的组织块。如果当前不能调用 OB，则按照事件的优先级将其保存到队列。如果没有为该事件分配 OB，则会触发默认的系统响应。启动组织块的事件的属性见表 9-3，为 1 的优先级最低。

表 9-3　启动 OB 的事件

	事件类型	OB 编号	OB 个数	启动事件	OB 优先级
1	程序循环	1 或≥123	≥1	启动或结束前一个程序循环 OB	1
2	启动	100 或≥123	≥0	从 STOP 切换到 RUN 模式	1
3	时间中断	≥10	最多 2 个	已达到启动时间	2
4	延时中断	≥20	最多 4 个	延时时间结束	3
5	循环中断	≥30		固定的循环时间结束	8
6	硬件中断	40～47 或≥123	≤50	上升沿(≤16 个)、下降沿(≤16 个)	18
				HSC 计数值＝设定值，计数方向变化，外部复位，最多各 6 次	18
7	状态中断	55	0 或 1	CPU 接收到状态中断，例如从站中的模块更改了操作模式	4
8	更新中断	56	0 或 1	CPU 接收到更新中断，例如更改了从站或设备的插槽参数	4
9	制造商中断	57	0 或 1	CPU 接收到制造商或配置文件特定的中断	4
10	诊断错误中断	82	0 或 1	模块检测到错误	5
11	拔出/插入中断	83	0 或 1	拔出/插入分布式 I/O 模块	6
12	机架错误	86	0 或 1	分布式 I/O 的 I/O 系统错误	6
13	时间错误	80	0 或 1	超过最大循环时间，调用的 OB 仍在执行，错过时间中断，STOP 期间错过时间中断，中断队列溢出，因为中断负荷过大丢失中断	22

如果插入/拔出中央模块，或超出最大循环时间两倍，CPU 将切换到 STOP 模式。系统忽略过程映像更新期间出现的 I/O 访问错误。块中有编程错误或 I/O 访问错误时，保持RUN 模式不变。

启动事件与程序循环事件不会同时发生，在启动期间，只有诊断错误事件能中断启动事件，其他事件将进入中断队列，在启动事件结束后处理它们。OB 用局部变量提供启动信息。

2. 事件执行的优先级与中断队列

优先级、优先级组和队列用来决定事件服务程序的处理顺序。每个 CPU 事件都有它的优先级，表 9-3 给出了各类事件的优先级。优先级的编号越大，优先级越高。时间错误中断具有最高的优先级。

事件一般按优先级的高低来处理，先处理高优先级的事件。优先级相同的事件按"先来先服务"的原则来处理。S7-1200 从 V4.0 开始，可以用 CPU 的"启动"属性中的复选框"OB 应该可中断"(图 9-12)来设置 OB 是否可以被中断。

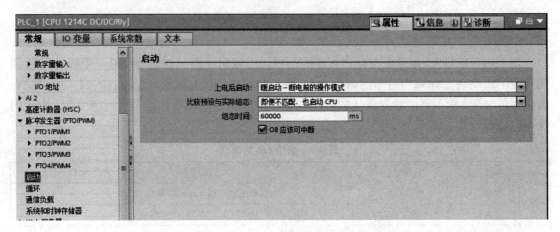

图 9-12 设置启动方式

优先级大于等于 2 的 OB 将中断循环程序的执行。如果设置为可中断模式，优先级为 2 到 25 的 OB 可被优先级高于当前运行的 OB 的任何事件中断，优先级为 26 的时间错误会中断所有其他的 OB。如果未设置可中断模式，优先级为 2 到 25 的 OB 不能被任何事件中断。

如果执行可中断 OB 时发生多个事件，CPU 将按照优先级顺序处理这些事件。

3. 程序循环 OB 的功能

程序循环 OB 在 CPU 处于 RUN 模式时，周期性地循环执行。可在程序循环 OB 中放置控制程序的指令或调用其他功能块(FC 或 FB)。主程序(Main)为程序循环 OB，要启动程序执行，项目中至少有一个程序循环 OB。操作系统每个周期调用该程序循环 OB 一次，从而启动用户程序的执行。

S7-1200 允许使用多个程序循环 OB，按 OB 的编号顺序执行。OB1 是默认设置，其他程序循环 OB 的编号必须大于或等于 123。程序循环 OB 的优先级为 1，可被高优先级的组织块中断；程序循环执行一次需要的时间即程序的循环扫描周期时间。最长循环时间缺省设置为 150 ms。如果程序超过了最长循环时间，操作系统将调用 OB80(时间故障 OB)；如果 OB80 不存在，则 CPU 停机。

操作系统的执行过程如图 9-13 所示。

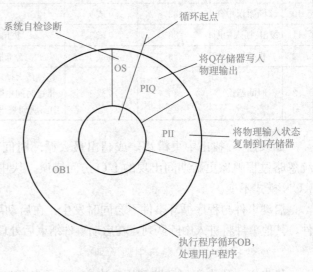

图 9-13 操作系统的执行过程

（1）操作系统启动扫描循环监视时间；

（2）操作系统将输出过程映像区的值写到输出模块；

（3）操作系统读取输入模块的输入状态，并更新输入过程映像区；

（4）操作系统处理用户程序并执行程序中包含的运算；

（5）当循环结束时，操作系统执行所有未决的任务，如加载和删除块，或调用其他循环 OB；

（6）CPU 返回循环起点，并重新启动扫描循环监视时间。

二、主程序组织块

1. 启动组织块及其应用

启动组织块（Startup）在 PLC 的工作模式从 STOP 切换到 RUN 时执行一次。完成启动组织块扫描后，将执行主程序循环组织块（如 OB1）。

2. 延时中断组织块及其应用

延时中断 OB 在经过一段指定的时间延时后，才执行相应的 OB 的程序。

S7-1200 最多支持 4 个延时中断 OB，通过调用"SRT_DINT"指令启动延时中断 OB。在使用"SRT_DINT"指令编程时，需要提供 OB 号、延时时间，当到达设定的延时时间，操作系统将启动相应的延时中断 OB；尚未启动的延时中断 OB 也可以通过"CAN_DINT"指令取消执行，同时还可以使用"QRY_DINT"指令查询延时中断的状态。延时中断 OB 的编号必须为 20～23，或大于等于 123。

（1）相关的指令功能（表 9-4）。

表 9-4　相关指令的功能

	指令名称	功能说明
1	SRT_DINT	当指令的使能输入 EN 上生成下降沿时，开始延时时间，超出参数 DTIME 中指定的延时时间之后，执行相应的延时中断 OB
2	CAN_DINT	使用该指令取消已启动的延时中断（由 OB NR 参数指定的 OB 编号）
3	QRY_DINT	使用该指令查询延时中断的状态

（2）延时中断 OB 的执行过程（图 9-14）。

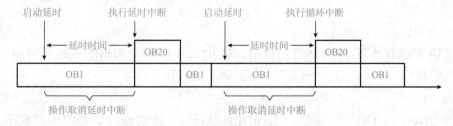

图 9-14　执行过程

1)调用"SRT DINT"指令启动延时中断;

2)当到达设定的延时时间时,操作系统将启动相应的延时中断 OB;

3)图例中,延时中断 OB20 中断程序循环 OB1 优先执行;

4)当启动延时中断后,在延时时间到达之前,调用"CAN_DINT"指令可取消已启动的延时中断。

3. 循环中断组织块及其应用

所谓循环中断就是经过一段固定的时间间隔中断用户程序,循环中断很常用。

(1)循环中断指令。循环中断组织块是很常用的,TIA 博途软件中有 9 个固定循环中断组织块(OB30~OB38),另有 11 个未指定,相关指令的功能见表 9-5。

表 9-5　相关指令的功能

	指令名称	功能说明
1	SET_CINT	设置指定的中断 OB 的间隔扫描时间、相移时间,以开始新的循环中断程序扫描过程
2	QRY_CINT	使用该指令查询循环中断的状态

(2)循环中断 OB 的执行过程(图 9-15)。

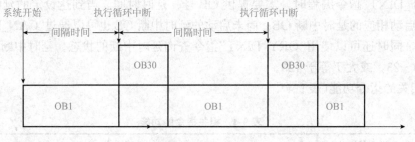

图 9-15　执行过程

1)PLC 启动后开始计时;

2)当到达固定的时间间隔后,操作系统将启动相应的循环中断 OB;

3)图例中,到达固定的时间间隔后,循环中断 OB30 中断程序循环 OB1 优先执行。

任务实施

1. 参数设置

在 TIA 博途软件项目视图的项目树中,双击"添加新块",弹出图 9-16 所示的界面。选中"组织块"和"Time delay Interrupt",单击"确定"按钮。

2. 程序编写

打开 OB20,在 OB20 中编程,当延时中断执行时,置位 Q0.0,如图 9-17 所示。

图 9-16　添加新组织块

```
                                                                    %Q0.0
                                                                   "Tag_28"
                                                                    ─( S )─┤
```

图 9-17　OB20 中的程序

在 OB1 中编程调用"SRT_DINT"指令启动延时中断；调用"CAN_DINT"指令取消延时中断；调用"ORY DINT"指令查询中断状态。在"指令"→"扩展指令"→"中断"→"延时中断"中可以找相关指令。

程序段 1：

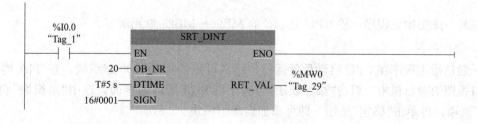

程序段 2：

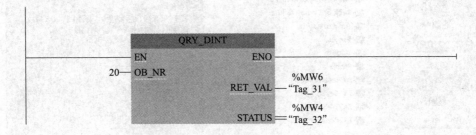

程序段 3：

```
                QRY_DINT
         EN              ENO
    20 — OB_NR
                      RET_VAL —— %MW6
                                "Tag_31"

                       STATUS —— %MW4
                                "Tag_32"
```

测试结果：当 I0.0 由 1 变 0 时，延时 5 s 后延时中断执行，可看到 CPU 的输出 Q0.0 指示灯亮；当 I0.0 由 1 变 0 时，在延时的 5 s 到达之前，如果 I0.1 由 0 变 1 则取消延时中断，OB20 将不会执行。

使用延时中断需要注意什么？

（1）延时中断＋循环中断数量≤4；

（2）延时时间为 1～60 000 ms，若设置错误的时间，状态返回值 RET_VAL 将报错 16 ♯8091；

（3）延时中断必须通过"SRT_DINT"指令设置参数，使能输入 EN 下降沿开始计时；

（4）使用"CAN DINT"指令取消已启动的延时中断；

（5）启动延时中断的间隔时间必须大于延时时间与延时中断执行时间之和，否则会导致延时错误。

 小试身手

案例一　编写初始化程序

编写一段初始化程序，将 CPU 1214C 的 MB20～MB23 单元清零。

1. 参数设置

一般初始化程序在 CPU 启动后就运行，所以可以使用 OB100 组织块。在 TIA 博途软件项目视图的项目树中，双击"添加新块"，弹出图 9-18 所示的界面，选中"组织块"和"Startup"选项，再单击"确定"按钮，即可添加启动组织块。

MB20～MB23 实际上就是 MD20，其程序如图 9-18 所示。

图9-18 添加组织块

2. 程序编写

在 OB100 中的程序如下。

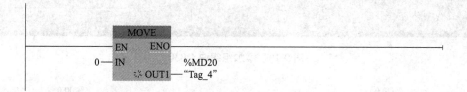

案例二 实现周期为 1 s 的方波输出

运用循环中断，使 Q0.0 500 ms 输出为 1，500 ms 输出为 0 即实现周期为 1 s 的方波输出，很显然要使用循环中断组织块。

1. 参数设置

在 TIA 博途软件项目视图的项目树中，双击"添加新块"按钮，弹出图 9-19 所示的界面，选中"组织块"和"Cyclic interrupt"，循环时间定为 500 ms，单击"确定"按钮。这个步骤的含义：设置组织块 OB30 的循环中断时间是 500 ms，再将组态完成的硬件下载到 CPU 中。

打开 OB30，在程序编辑器中输入程序，当循环中断执行时，Q0.0 以方波形式输出。

2. 程序编写

主程序在 OB1 中，如图 9-20 所示。在 OB1 中编程调用"SET_CINT"指令，当 I0.0 接通时，可以重新设置循环中断时间，例如，Cycle＝1 s（即周期为 2 s）；调用"QRY_CINT"
指令可以查询中断状态。

图 9-19　添加组织块 OB30

```
      %Q0.0                                                    %Q0.0
     "Tag_28"                                                 "Tag_28"
   ─────┤／├───────────────────────────────────────────────────( )────
```

图 9-20　在 OB30 中的程序

在 OB1 中的程序如下。

程序段 1：

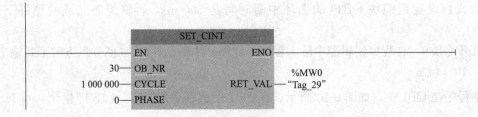

程序段2：

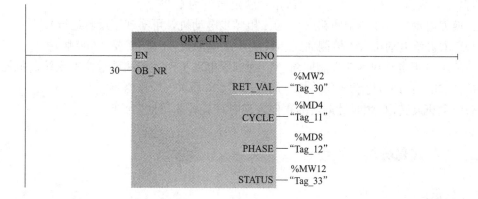

 知识拓展

　　一丝不苟是指做事认真细致，一点儿不马虎，也指严谨细致的工作作风，认真负责的工作态度。在待人接物做事时，一丝不苟是一种宝贵的职业精神，需要我们加以学习。

哈电机车工裴永斌荣膺"中国质量工匠"

　　2017年全国质量奖评选活动由中国质量协会、中华全国总工会主办。2017年度全国质量奖个人获奖名单，公布了包括裴永斌在内的10名中国质量工匠和8名中国杰出质量人。裴永斌是东北三省唯一入选的"中国质量工匠"。作为哈电机公司的一线职工，裴永斌30余载专注于车工岗位，练就了一手加工弹性油箱的"绝活儿"，无数次优质高效地完成了急难险重的加工任务。裴永斌加工的弹性油箱是用来支撑上千吨水轮发电机组平稳运转的关键部件，其生产难度除尺寸及表面粗糙度要求严格外，更主要的是加工内圆时根本无法观察到车削情况。在这样的难度下，裴永斌不仅能够"盲车"出合格的弹性油箱，而且仅凭"手感"，就能准确判断出弹性油箱尺寸是否加工到位、表面粗糙度是否达到图纸要求，被誉为"金手指"。在执着精品质量的过程中，裴永斌凭借德技双馨获得了全国劳动模范等众多荣誉，并在央视纪录片《大国重器》中亮相。

技能提升　全国技能大赛试题解析

　　全国职业技能大赛（现代电气控制系统安装与调试）真题见附录，现节选真题主程序部分进行解析。

一、机床电气控制系统

　　机床电气控制系统由以下电气控制回路组成。

　　(1)主轴电动机M1控制回路(M1为三相异步电动机，由变频器实现模拟量控制，加减速时间分别为0.2 s、0.8 s)。

（2）冷却电动机 M2 控制回路（M2 为双速电动机，需要考虑过载、联锁保护，低速时热继电器整定电流为 0.3 A，高速时热继电器整定电流为 0.35 A）。

（3）换刀电动机 M3 控制回路（M3 为三相异步电动机，可实现正反转运行）。

（4）Y 轴进给电动机 M4 控制回路（M4 为步进电动机，每转需要 2 000 脉冲）。

（5）X 轴进给电动机 M5 控制回路（M5 为伺服电动机，连接滚珠丝杠副系统。伺服电动机参数设置如下：伺服电动机每旋转一周需要 4 000 脉冲）。

（6）电动机旋转以"顺时针旋转为正向，逆时针旋转为反向"为准。

二、主程序部分调试过程

程序变量如图 9-21 所示。

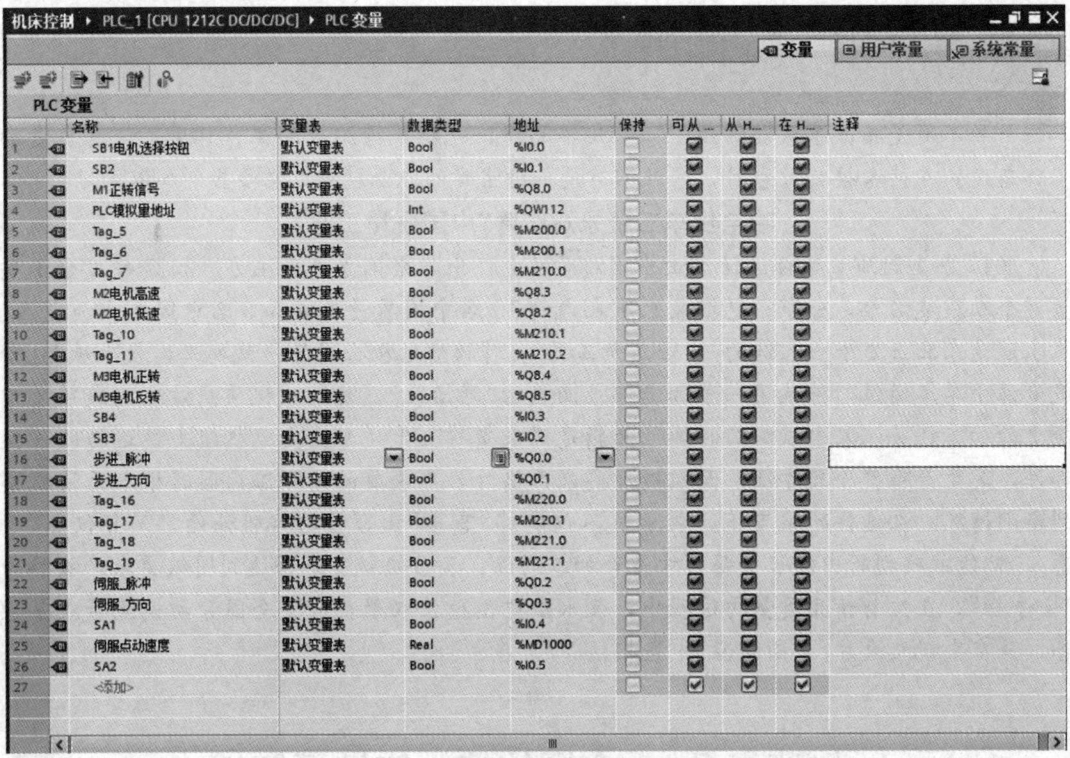

图 9-21　程序变量

程序编写：本部分为主程序部分（手动调试），由于本书没有涉及触摸屏部分知识，所以部分操作功能由按钮代替。

三、程序编写

程序段 1：保存选择按钮 SB1 置位次数。通过计数引用不同电动机函数块，进行不同电动机调试。

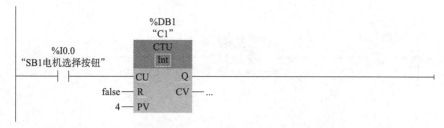

程序段 2：C1 计数为 0 时引用 M1 变频函数块对 M1 电动机进行控制。

程序段 3：C1 计数为 1 时引用 M2 双速函数块对 M2 电动机进行控制。

程序段 4：C1 计数为 2 时引用 MB 正反转函数块对 M3 电动机进行控制。

程序段 5：C1 计数为 3 时引用 M4 步进函数块，对 M4 电动机进行控制。

程序段 6：C1 计数为 4 时引用 M5 伺服电动机函数块，对 M5 电动机进行控制。

程序段 7：C1 计数为 5 时用移动指令将 0 送到 C1 当前计数值使之再次从零计数，以达到循环选择目的。

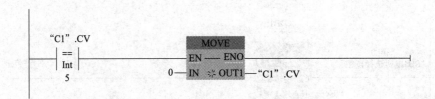

项目十　运动控制与网络通信

任务一　技能大赛 M4 步进电动机的调试

>> **任务目标**

1. 掌握伺服控制系统的概念;
2. 掌握工艺对象轴参数设置;
3. 会正确地进行模拟量转换公式的推导;
4. 熟练使用运动控制指令;
5. 培养学生攻坚克难、自主创新精神,增加学生的民族自豪感。

▌ 任务描述

全国职业技能大赛(现代电气控制系统安装与调试)真题 M4 电动机部分解析,节选真题 M4 电动机部分进行解析。

▌ 知识储备

一、机床电气控制系统

机床电气控制系统由以下电气控制回路组成。

(1)主轴电动机 M1 控制回路(M1 为三相异步电动机,由变频器实现模拟量控制,加减速时间分别为 0.2 s、0.8 s)。

(2)冷却电动机 M2 控制回路(M2 为双速电动机,需要考虑过载、联锁保护,低速时热继电器整定电流为 0.3 A,高速时热继电器整定电流为 0.35 A)。

(3)换刀电动机 M3 控制回路(M3 为三相异步电动机,可实现正反转运行)。

(4)Y 轴进给电动机 M4 控制回路(M4 为步进电动机,每转需要 2 000 脉冲)。

(5)X 轴进给电动机 M5 控制回路(M5 为伺服电动机,连接滚珠丝杠副系统。伺服电动机参数设置如下:伺服电机每旋转一周需要 4 000 脉冲)。

(6)电动机旋转以"顺时针旋转为正向,逆时针旋转为反向"为准。

二、Y 轴进给电动机 M4 调试过程

用触摸屏设置步进电动机速度（60～150 r/min）后，按下启动按钮 SB1 后，步进电动机 M4 正转运行，旋转 2 圈，停 2 s 后反转运行，然后旋转 2 圈，停 2 s 后正转运行，以此为周期循环 3 次后停止，调试结束。M4 电机调试过程中，正转时 HL2 以 1 Hz 频率闪烁，反转时 HL2 以 2 Hz 频率闪烁，停止时 HL2 长亮。

三、伺服运动与脉冲

1. 伺服的概念

伺服系统（Servomechanism）又称随动系统，是用来精确地跟随或复现某个过程的反馈控制系统。伺服系统是使物体的位置、方位、状态等输出被控量能够跟随输入目标（或给定值）的任意变化的自动控制系统，它的主要任务是按控制命令的要求，对功率进行放大、变换与调控等处理，使驱动装置输出的力矩、速度和位置控制非常灵活方便。在很多情况下，伺服系统专指被控制量（系统的输出量）是机械位移或位移速度、加速度的反馈控制系统，其作用是使输出的机械位移（或转角）准确地跟踪输入的位移（或转角）。

一套伺服系统必须具备 3 个部分：指令部分（就是发信号的控制器，PLC 有，单片机也有），驱动部分（也称伺服驱动器）、执行部分（伺服电动机）。伺服系统的作用：可实现步进和伺服控制器的功能。控制模式有以下 3 种。

（1）转矩控制模式：就是让伺服电动机按给定的转矩进行旋转。

（2）速度控制模式：就是电动机速度设定和电动机上所带编码器的速度反馈形成闭环控制，以保证伺服电动机实际速度和设定速度一致。

（3）位置控制模式：就是上位机给到电动机的设定位置和电动机本身的编码器位置反馈信号或者设备本身的直接位置测量反馈进行比较形成位置环，以保证伺服电动机运动到设定的位置。

伺服的特点如下。

（1）精确的检测装置：组成速度和位置闭环控制。

（2）有反馈比较原理与方法：根据检测装置实现信息反馈的原理不同，伺服系统多种反馈比较的方法也不相同。常用的有脉冲比较、相位比较和幅值比较 3 种。

（3）高性能的伺服电动机：用于高效和复杂型面加工的数控机床。伺服系统经常处于频繁的启动和制动过程中，要求电动机的输出力矩与转动惯量的比值大，以产生足够大的加速或制动力矩。要求伺服电动机在低速时有足够大的输出力矩且运转平稳，以便在与机械运动部分连接中尽量减少中间环节。

宽调速范围的速度调节系统，即速度伺服系统。从系统的控制结构看，数控机床的位置闭环系统可看作位置调节为外环、速度调节为内环的双闭环自动控制系统，其内部的实际工作过程是把位置控制输入转换成相应的速度给定信号后，再通过调速系统驱动伺服电动机，实现实际位移。数控机床的主运动要求调速性能也比较高，因此要求伺服系统为高性能的宽调速系统。

2. 伺服控制系统的分类

根据伺服控制系统组成中是否存在检反馈环节及检测反馈环节所在的位置,伺服控制系统可分为开环伺服控制系统、半闭环伺服控制系统和全闭环伺服控制系统 3 类。各类控制系统的组成、功能和特点如下。

(1)开环伺服控制系统。没有检测反馈装置的伺服控制系统称为开环伺服控制系统。其结构原理如图 10-1 所示。常用的执行元件是步进电动机,通常以步进电动机作为执行元件的开环系统是步进式伺服系统,在这种系统中,如果是大功率驱动,用步进电动机作为执行元件。

驱动电路的主要任务是将指令脉冲转化为驱动执行元件所需的信号。开环伺服控制系统结构简单,但精度不是很高。

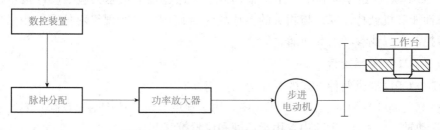

图 10-1　开环伺服控制系统结构原理

(2)半闭环伺服控制系统。通常把检测元件安装在电动机轴端而组成的伺服控制系统称为半闭环伺服控制系统。其结构原理如图 10-2 所示。它与全闭环伺服控制系统的区别在于其检测元件位于系统传动链的中间,工作台的位置通过电动机上的传感器或安装在丝杆轴端的编码器间接获得。

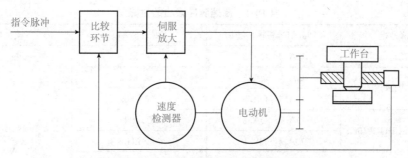

图 10-2　半闭环伺服控制系统结构原理

由于部分传动链在系统闭环之外,故其定位精度比全闭环的精度差。由于测量角位移比测量线位移容易,并可在传动链的任何转动部位进行角位移的测量和反馈,故微结构比较简单,调整、维护也比较方便。

(3)全闭环伺服控制系统。全闭环伺服控制系统主要由执行元件、检测元件、比较环节、驱动电路和被控对象 5 部分组成。其结构原理如图 10-3 所示。全闭环伺服控制系统将位置检测器件直接安装在工作台上,从而可获得工作台实际位置的精确信息。检测元件将被控对象移动部件的实际位置检测出来并转换成电信号反馈给比较环节。

3. 运动控制简介

运动控制起源于早期的伺服控制。简单地说,运动控制就是对机械运动部件的位置、速度等进行实时的控制管理,使其按照预期的运动轨迹和规定的运动参数进行运动。本项目的运动控制的驱动对象是伺服系统。

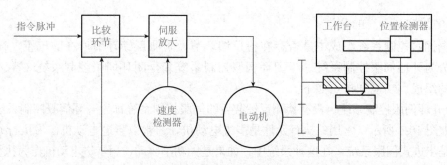

图 10-3　全闭环伺服控制系统结构原理

S7-1200 PLC 在运动控制中使用了轴的概念，通过轴的组态，包括硬件接口、位置定义、动态性能和机械特性等，与相关的指令块组合使用，可实现绝对位置、相对位置、点动、转速控制及寻找参考点等功能。

4. 脉冲(PTO)输出配置

S7-1200 CPU 提供两种方式的开环运动控制。

(1)脉宽调制(PWM)：内置于 CPU 中，用于速度、位置或占空比控制。

(2)运动轴：内置于 CPU 中，用于速度和位置控制。

CPU 提供了最多 4 个数字量输出，这 4 个数字量输出可以组态为 PWM 输出，或者组态为运动控制输出。为 PWM 操作组态输出时，输出的周期是固定的，脉宽或脉冲占空比可通过程序进行控制。脉宽的变化可用于在应用中控制速度或位置。S7-1200 CPU 高速脉冲输出的性能见表 10-1。

表 10-1　高速脉冲输出的性能

CPU/信号板	CPU/信号板输出通道	脉冲频率	支持电压
CPU 1211C	QA.0～QA.3	100 kHz	
CPU 1212C	QA.0～QA.3	100 kHz	
	QA.4，QA.5	20 kHz	
CPU 1214C、CPU 1215C	QA.0～QA.3	100 kHz	
	QA.4～QB.1	20 kHz	+24 V，PNP 型
CPU 1217C	QA.0～QA.3	1 MHz	
	QA.4～QB.1	100 kHz	
SB 1222、200 kHz	QE.0～QE.3	200 kHz	
SB 1223、200 kHz	QE.0，QE.1	200 kHz	
SB 1223	QE.0，QE.1	20 kHz	

S7-1200 PLC 通过板载或信号板上的输出点，可以输出占空比为 50% 的 PTO 信号。其组态步骤如下。

(1)在项目树中选择"设备组态"，选择"属性"选项卡中的"脉冲发生器"，在"常规"栏中勾选"启用该脉冲发生器"复选框，使能脉冲输出，如图 10-4 所示。

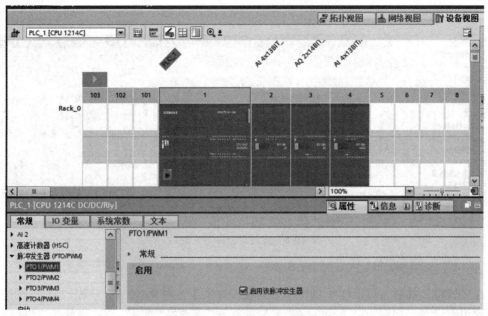

图 10-4 使能脉冲输出

（2）在"参数分配"栏选择"信号类型"为"PTO"输出。如果没有扩展信号板，那么选择唯一的集成 CPU 输出；如果扩展了信号板，则可以选择信号板输出或集成 CPU 输出。一旦进行选择，则默认的硬件输出点就确定了，硬件标志符默认值为 265，如图 10-5 所示。

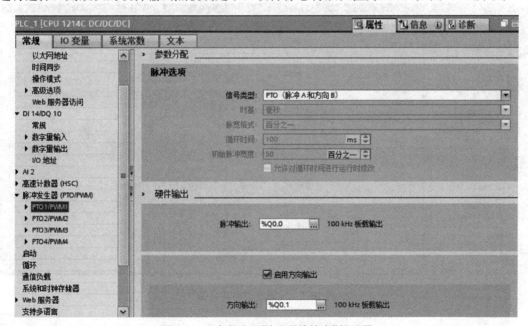

图 10-5 "参数分配"与"硬件输出"栏设置

四、运动控制基本配置

1. 工艺对象轴参数设置

在项目树中，选择"工艺对象"→"新增对象"选项，如图 10-6 所示，在打开的对话框中定义轴名称和编号。

图 10-6　添加对象并定义轴名

2. 基本参数组态

在完成轴添加后，可以在项目树中看到已添加的工艺对象"轴 1"，双击"组态"按钮，进行参数组态设置，如图 10-7 所示。在"工艺对象-轴"区选择"轴_1"，在"硬件接口"区设置脉冲发生器的输出位置，可以选择"集成 CPU 输出"或"信号板输出"。当选择"集成 CPU 输出"时，对应的"脉冲输出"和"方向输出"端子分别为"Q0.0""Q0.1"；"测量单位"可以是mm(毫米)、m(米)、in(英寸)、ft(英尺)、pulse(脉冲数)。

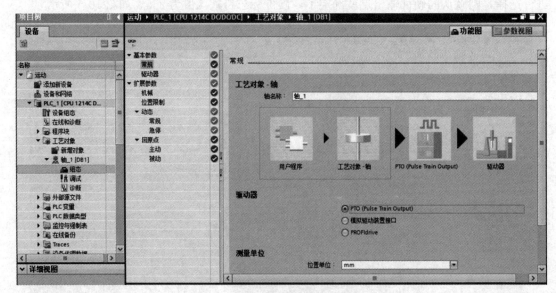

图 10-7　设置轴的基本参数

3. 扩展参数设置

(1)扩展参数中的驱动器信号：在"驱动器信号"栏选择"启用驱动器"，设置使能驱动器的输出点。选择"就绪输入"，当驱动设备正常时会给一个开关量输出，此信号可接入 CPU，告知运动控制驱动器正常，如果驱动器不提供这种接口，此项设置为"TRUE"，如图 10-8所示。

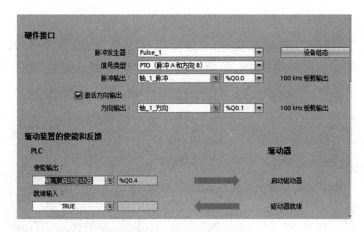

图 10-8 设置驱动器信号

(2)扩展参数中的机械参数：在"机械"栏设置电动机每旋转一周的脉冲数及电动机每转一周产生的机械负载距离，如图 10-9 所示。

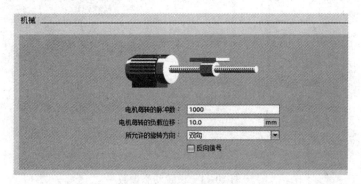

图 10-9 设置机械参数

(3)扩展参数中的位置监视参数：一旦在"位置限制"栏勾选"启用硬限位开关"复选框，就可以设置"硬件下限位开关输入"和"硬件上限位开关输入"；限位点的有效电平可以设置为高电平有效或低电平有效。勾选"启用软限位开关"复选框后就可以设置"软限位开关下限位置"和"软限位开关上限位置"的值，如图 10-10 所示。

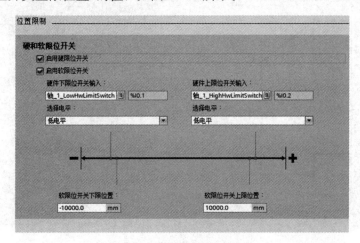

图 10-10 设置位置监视参数

4. 动态参数设置

(1)在"常规"栏设置轴的常规参数。"速度限值的单位"可以选择"转/min""脉冲/s""mm/s"3种；"最大转速"为系统运行的最大速度值；"启动停止速度"为系统运行的启停速度及加速度和减速度值(或加速时间、减速时间)，如图10-11所示。

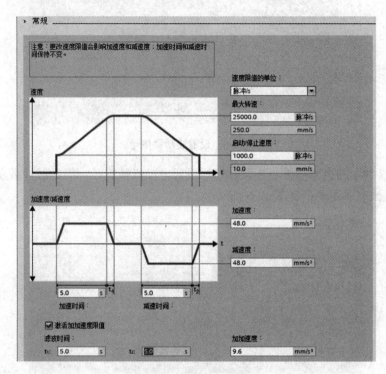

图10-11　设置动态参数

(2)在"急停"栏设置轴的急停参数。设置"最大转速"和"启动/停止速度"的值，如图10-12所示。

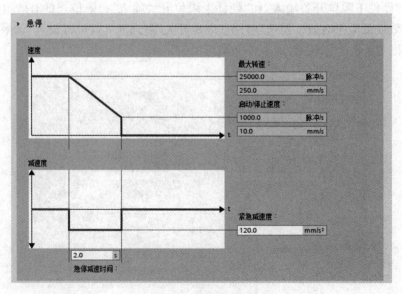

图10-12　设置急停参数

（3）在"回原点"栏设置回原点参数。包括设置"参考点开关一侧"、勾选"允许硬限位开关处自动反转"复选框。在选择前述第二项功能后，若轴在碰到参考点前碰到限位点，此时系统认为参考点在反方向，会按组态好的斜坡减速曲线停车并反转；若该功能没有被选择，并且轴到达硬件限位，则回参考点的过程会因为错误被取消，并紧急停止，如图 10-13 所示。

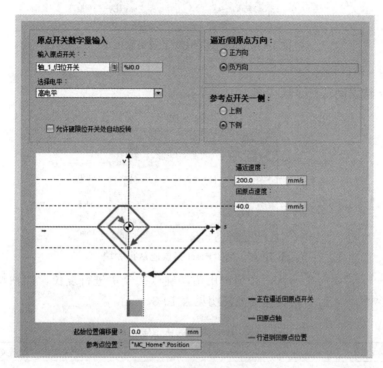

图 10-13　设置回原点

五、运动控制指令

1. MC_POWER 系统使能指令

轴在运动之前，必须使能指令块，其具体参数说明见表 10-2。

表 10-2　MC_POWER 系统使能指令参数说明

输入/输出	说明	数据类型
EN	使能	Bool
Axis	已组态好的工艺对象名称	TO_Axis_1
StopMode	模式 0 时，按照组态好的急停曲线停止；模式 1 时，为立即停止，输出脉冲立即封死	Int
Enable	为 1 时，轴使能；为 0 时，轴停止	Bool
ErrorID	错误 ID 码	Word
ErrorInfo	错误信息	Word

MC_POWER 系统使能指令如图 10-14 所示。

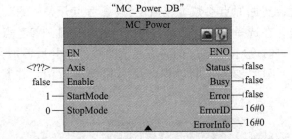

图 10-14　MC_POWER 系统使能指令

2. MC_Reset 错误确认指令块

MC_Reset 错误确认指令块如图 10-15 所示。

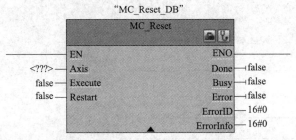

图 10-15　MC_Reset 错误确认指令块

如果存在一个错误需要确认，必须调用错误确认指令块进行复位，如轴硬件超程，处理完成后，必须复位才行。其具体参数说明见表 10-3。

表 10-3　MC_Reset 错误确认指令块参数说明

输入/输出	说明	数据类型
EN	使能	Bool
Axis	已组态好的工艺对象名称	TO_Axis_1
Execute	上升沿使能	Bool
DONE	FALSE 确认待决的错误	Bool
ERROR	TRUE 执行命令期间出错	Bool

3. MC Home 回参考点指令块

MC Home 回参考点指令块如图 10-16 所示。

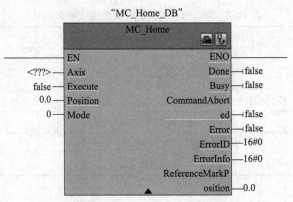

图 10-16　MC Home 回参考点指令块

参考点在系统中有时作为坐标原点，对于运动控制系统是非常重要的。MC Home 回参考点指令块具体参数说明见表 10-4。

表 10-4　MC Home 回参考点指令块参数说明

输入/输出	说明	数据类型
EN	使能	Bool
Axis	已组态好的工艺对象名称	TO_Axis_1
Execute	上升沿使能	Bool
Position	当关达到参考输入点的绝对位置(模式 2，3)；位置值(模式 1)；修正值(模式 2)	Real
Mode	为 1 时直接绝对回零；为 2 时被动回零；为 3 时主动回零	Int
Done	1：任务完成	Bool
Busy	1：正在执行任务	Bool

4. MC_Halt 停止轴指令块

MC_Halt 停止轴指令块如图 10-17 所示。

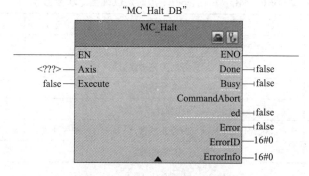

图 10-17　MC_Halt 停止轴指令块

MC_Halt 停止轴指令块用于停止轴的运动，当上升沿使能 Execute 后，轴会按照组态好的减速曲线停车。MC_Halt 停止轴指令块具体参数说明见表 10-5。

表 10-5　MC_Halt 停止轴指令块参数说明

输入/输出	说明	数据类型
EN	使能	Bool
Axis	已组态好的工艺对象名称	TO_Axis_1
Execute	上升沿使能	Bool
Done	1：速度达到零	Bool
Busy	1：正在执行任务	Bool
CommandAborted	1：任务在执行期间被另任务中止	Bool

5. MC_MoveRelative 相对定位轴指令块

MC_MoveRelative 相对定位轴指令块如图 10-18 所示。

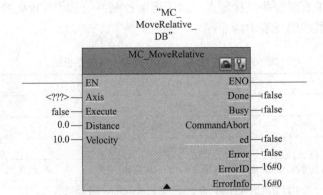

图 10-18　MC_MoveRelative 相对定位轴指令块

MC_MoveRelative 相对定位轴指令块的执行不需要建立参考点，只需要定义距离、速度和方向即可，当上升沿使能 Execute 后，轴按照设定的速度和距离运行，其方向由距离中的正负号（＋/－）决定。MC_MoveRelative 相对定位轴指令块具体参数说明见表 10-6。

表 10-6　MC_MoveRelative 相对定位轴指令块参数说明

输入/输出	说明	数据类型
EN	使能	Bool
Axis	已组态好的工艺对象名称	TO_Axis_1
Execute	上升沿使能	Bool
Distance	运行距离正或者负	Real
Velocity	定义的速度限制：启动/停止速度≤Velocity≤最大速度	Real
Done	1：速度达到零	Bool
Busy	1：正在执行任务	Bool
CommandAborted	1：任务在执行期间被另任务中止	Bool

6. MC_MoveAbsolute 绝对定位轴指令块

MC_MoveAbsolute 绝对定位轴指令块如图 10-19 所示。

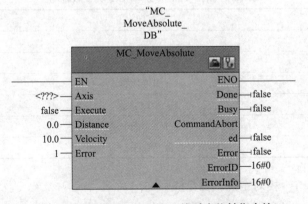

图 10-19　MC_MoveAbsolute 绝对定位轴指令块

MC_MoveAbsolute 绝对定位轴指令块的执行需要建立参考点，通过定义距离、速度和方向即可。

当上升沿使能 Execute 后，轴按照设定的速度和绝对位置运行。MC_MoveAbsolute 绝对定位轴指令块具体参数说明见表 10-7。

表 10-7　MC_MoveAbsolute 绝对定位轴指令块参数说明

输入/输出	说明	数据类型
EN	使能	Bool
Axis	已组态好的工艺对象名称	TO_Axis_1
Execute	上升沿使能	Bool
Position	绝对目标位置	Real
Velocity	定义的速度限制：启动/停止速度≤Velocity≤最大速度	Real
Done	1：速度达到零	Bool
Busy	1：正在执行任务	Bool
CommandAborted	1：任务在执行期间被另任务中止	Bool

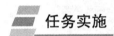 任务实施

1. 参数配置

程序变量如图 10-20 所示。

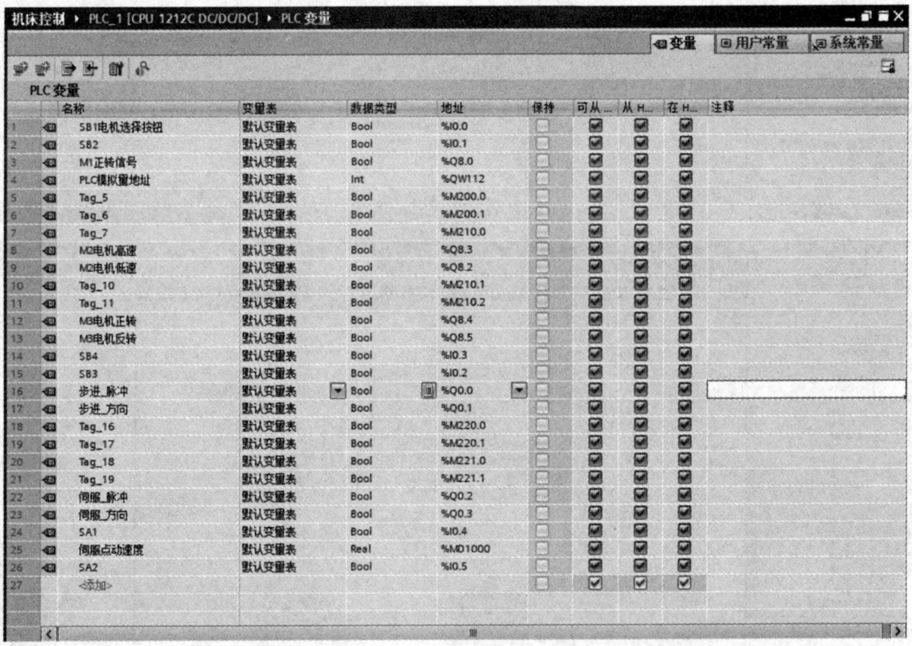

图 10-20　程序变量

程序编写：本部分为 M4 电动机子程序（手动调试），由于本书没有涉及触摸屏部分知识，所以部分操作功能由按钮代替。

M4 电动机运动轴参数设置如图 10-21 所示。

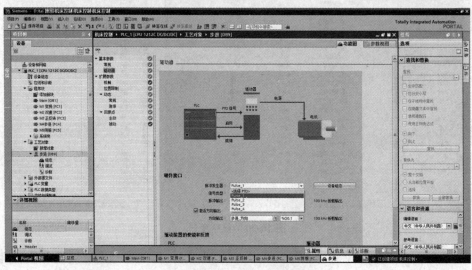

图 10-21　M4 电动机运动轴参数设置

2. 程序编写

程序段1：通过在 Power 块选择已经组态好的步进轴，使工艺对象处于使能状态。

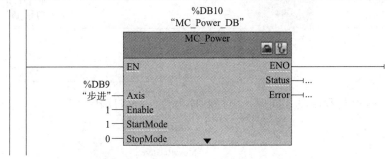

Axis：选择需要的工艺对象。

Enable：1 代表使之置 1，即持续使工艺对象使能。

程序段2：按下启动按钮 SB2，使中间继电器置位，为后续程序持续使能。

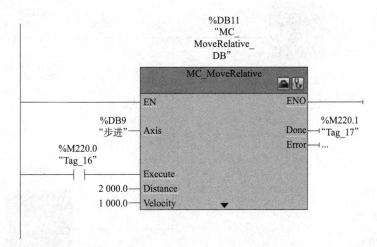

程序段3：运用相对运动块控制工艺对象动作。

Axis：选择需要的工艺对象。

Execute：启动信号。

Distance：需要位移的路程。单位为组态中设置的（这里是脉冲）。

Velocity：位移时的速度。单位为组态中设置的（这里是脉冲）。

Done：在此运动块设置的动作完成后给出的完成信号。

M4 电动机子程序如下。

程序段4：动作完成后使定时器 T11 使能，定时 2 s 结束后，置位中间继电器 M221.0 为下一步动作使能，同时复位 M220.0。

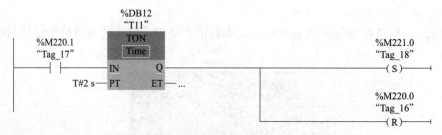

程序段 5：这里与程序段 3 同理，但是脉冲为负，所以反转。

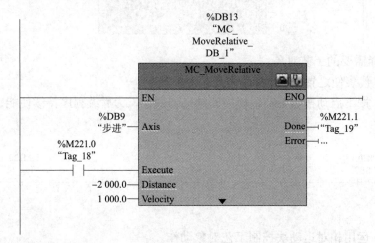

程序段 6：反转同时定时器 T12 使能，定时 2 s 后复位 M221.0，并且再次置位 M220.0，使程序段 3 的程序再次动作，以达到循环目的。

计数器 C10 的一个信号用于记录循环次数，并且在 C10 计数为 2 时不再让 M220.0 置位，以停止循环。此处启动按钮 SB2 的作用为在再次启动程序时，使计数器 C10 从开始计数。

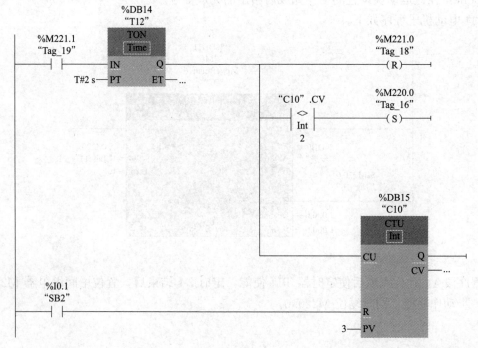

任务二　两台 S7-1200 的以太网通信

>> 任务目标

1. 掌握 S7-1200 通信概念；
2. 掌握 S7-1200 通信分类；
3. 会正确地进行两台 S7-1200 的通信；
4. 熟练使用 S7-1200 的通信指令；
5. 培养学生自力更生、艰苦奋斗、锲而不舍、敢为人先的拼搏精神。

任务描述

两台 S7-1200 PLC：一台做主机（分配 IP 地址为 192.168.0.11），另一台做从机（分配 IP 地址为 192.168.0.21）。要求：主机的 8 个按钮控制从机的 8 盏灯，从机的 8 个按钮控制主机的 8 盏灯。

知识储备

一、S7-1200 通信概念

S7-1200 PLC 的 CPU 集成了一个 PROFTNET 通信口，支持以太网和基于 TCP/IP 和 UDP 的通信标准。这个 PROFINET 物理接口是支持 10/100 Mbit/s 的 RJ45 口，支持电缆交叉自适应，因此，一个标准的或是交叉的以太网线都可以用于这个接口。使用这个通信口可以实现 S7-1200 CPU 与编程计算机设备、HMI 触摸屏，以及其他 S7 系列 PLC 的 CPU 之间的通信。

PROFINET 是 PROFIBUS（Process Field Bus）国际组织（PROFIBUS International，PI）推出的基于工业以太网的开放的现场总线标准（IEC 61158 中的类型 10）。PROFTNET 通过工业以太网，连接从现场层到管理层的设备，可以实现从公司管理层到现场层的直接、透明的访问，PROFINET 融合了自动化世界和 IT 世界，PROFINET 可以用于对实时性要求更高的自动化解决方案。

PROFINET 使用以太网和 TCP/UDP/IP 作为通信基础，TCP/UDP/IP 是 IT 领域通信协议事实上的标准。TCP/UDP/IP 提供了以太网设备通过本地和分布式网络的透明通道中进行数据交换的基础。对快速性没有严格要求的数据使用 TCP/IP，响应时间在 100 ms 数量级，可以满足工厂控制级的应用。PROFINET 能同时用一条工业以太网电缆满足 3 个自动化领域的需求，包括 IT 集成化领域、实时（Real-Time，RT）自动化领域和同步实时（Isochronous Real-Time，IRT）运动控制领域，它们不会相互影响。

PROFINET 的实时(RT)通信功能适用于对信号传输时间有严格要求的场合，例如，用于传感器和执行器的数据传输。通过 PROFINET，分布式现场设备可以直接连接到工业以太网，与 PLC 等设备进行通信。其响应时间与 PROFIBUS-DP 等现场总线相同或者更短，典型的更新循环时间为 1~10 ms，完全能满足现场级的要求。PROFINET 的实时性可以用标准组件来实现。

PROFINET 的同步实时(IRT)功能用于高性能的同步运动控制。IRT 提供了等时执行周期，以确保信息始终以相等的时间间隔进行传输。IRT 的响应时间为 0.25~1 ms，波动小于 1 μs。IRT 通信需要特殊的交换机的支持，等时同步数据传输的实现基于硬件更完善的功能。

二、S7-1200 通信分类

S7-1200 通信指令包括 S7 通信、开放式用户通信、Web 服务器、其他、通信处理器及远程服务。

S7 协议是专门为西门子控制产品优化设计的通信协议，它是面向连接的协议。在设行数据交换之前，必须与通信伙伴建立连接。面向连接的协议具有较高的安全性。

连接是指两个通信伙伴之间为了执行通信服务建立的逻辑链路，而不是指两个站之间用物理媒体(例如电缆)实现的连接。S7 连接是需要组态的静态连接，静态连接要占用 CPU 的连接资源。基于连接的通信分为单向连接和双向连接，S7-1200 仅支持 S7 单向连接。

单向连接中的客户机(Client)是向服务器(Server)请求服务的设备，客户机调用 CET/PUT 指令读、写服务器的存储区。服务器是通信中的被动方，用户不用编写服务器的 S7 通信程序，S7 通信是由服务器的操作系统完成的。因为客户机可以读、写服务器的存储区，故单向连接实际上可以双向传输数据。V2.0 及以上版本的 S7-1200 CPU 的 PROFI-NET 通信口可以做 S7 通信的服务器或客户机。

任务实施

1. 参数配置

主机组态好网络，并调用对应的功能块，而从机只要设置好 IP 地址即可，一般无须编程。

以太网通信程序编写步骤如下。

(1)在 TIA 博途软件项目视图的项目树中，双击"添加新设备"按钮，先添加 PLC_1 CPU 模块"POU121C"，并启用时钟存储器字节；再添加 PLC_1 CPU 模块"CPU_1214C"，并"启用时钟存储器字节"，如图 10-22 所示。

(2)先选中 PLC_1 的"设备视图"选项卡，再选中 CPU 1214C 模块绿色的 PN 接口，选中"属性"选项卡，再选中"以太网地址"选项，最后设置 IP 地址，如图 10-23 所示。

用同样的方法设置 PLC_2 的 IP 地址为 192.168.0.21。

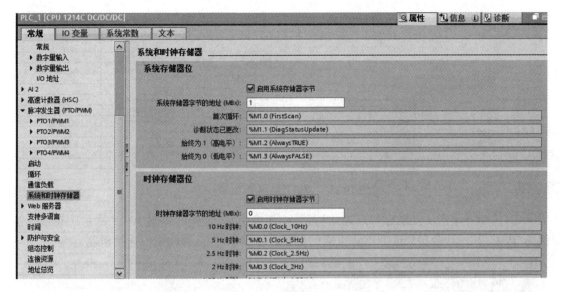

图 10-22　硬件配置

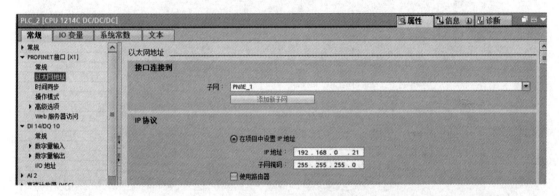

图 10-23　修改以太网地址

2. 连接组态

（1）选中"网络视图"→"连接"选项卡，选择"S7 连接"选项，再用鼠标把 PLC_1 的 PN 口选中并按住不放，拖拽到 PLC_2 的 PN 口释放鼠标，如图 10-24 所示。

图 10-24　建立 S7 连接

（2）在 TIA 博途软件项目视图的项目树中，打开"PLC_1"的主程序块，选中"指令"→"S7 通信"选项，再将"PUT"和"GET"拖拽到主程序块，如图 10-25 所示。

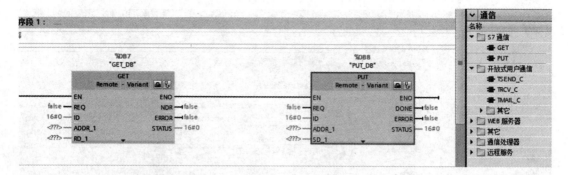

图 10-25　调用函数块 PUT 和 GET

（3）选中并单击 1 处图标，选择"组态"→"连接参数"选项，如图 10-26 所示。先选择伙伴为"PLC_2"，其余参数选择默认生成的参数，修改 PLC_2 属性里的连接机制。

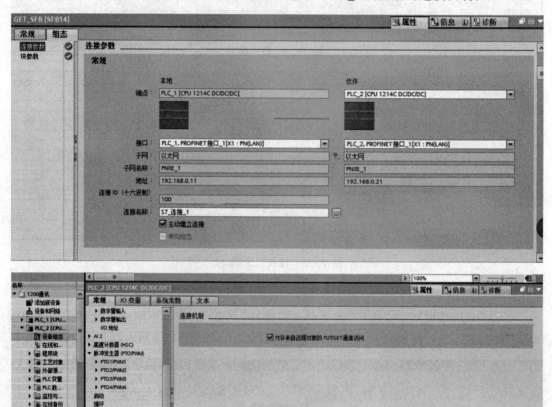

图 10-26　打开组态参数

（4）发送函数块 PUT 按照图 10-27 所示参数配置。每一秒激活一次发送操作，每次将客户端 IB0 数据发送到伙伴站 QB0 中，接收函数块 GET 按照图 10-27 所示参数配置。每一秒激活一次接收操作，每次将伙伴站 IB0 发送来的数据存储在客户端 QB0 中。

（5）客户端的程序如图 10-28 所示，服务端无须编写程序。

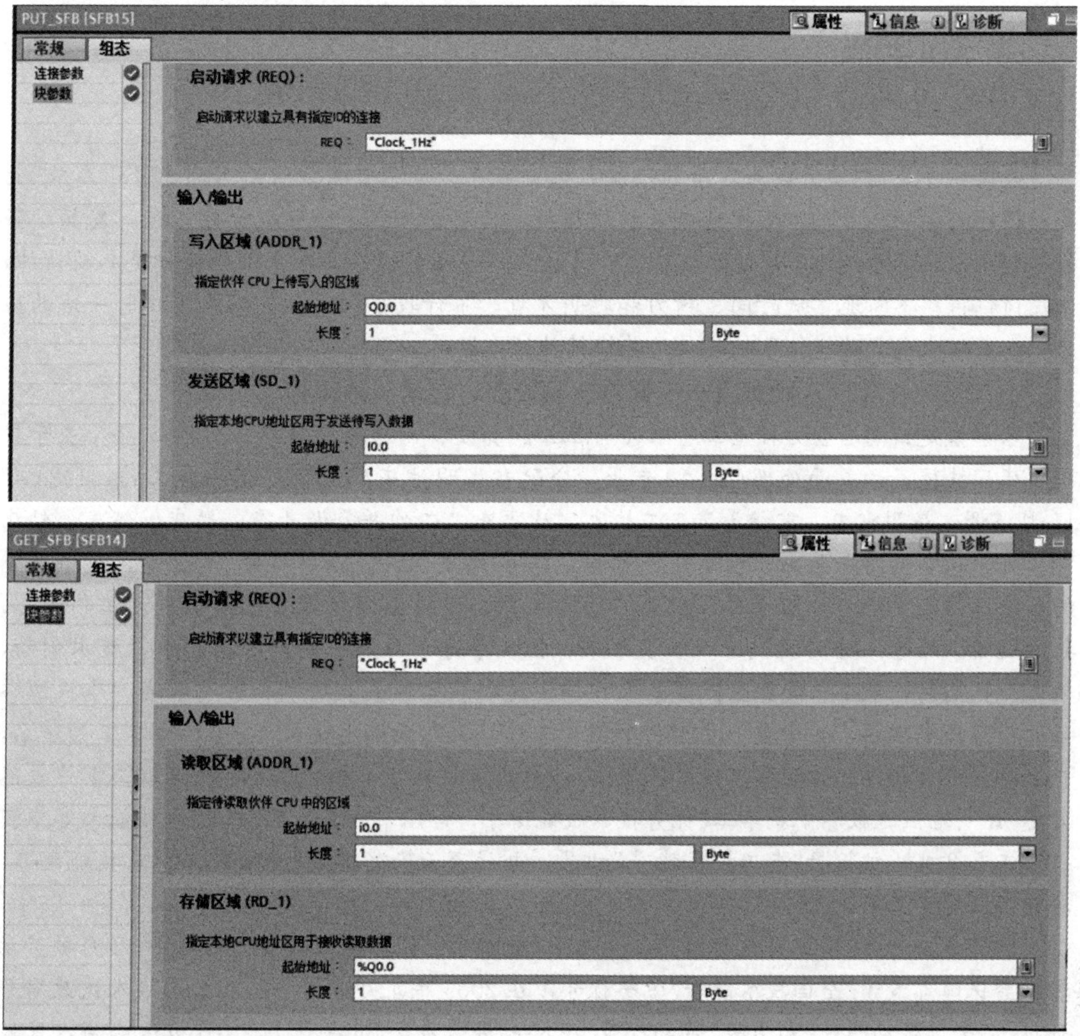

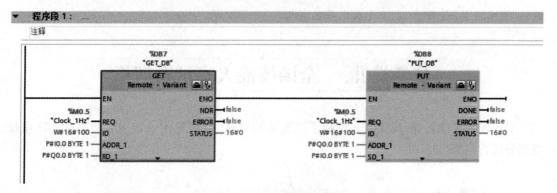

PUT_SFB [SFB15]

属性 | 信息 | 诊断

常规 | 组态

连接参数 ✓
块参数 ✓

启动请求 (REQ)：

启动请求以建立具有指定ID的连接

REQ : "Clock_1Hz"

输入/输出

写入区域 (ADDR_1)

指定伙伴 CPU 上待写入的区域

起始地址 : Q0.0

长度 : 1   Byte

发送区域 (SD_1)

指定本地CPU地址区用于发送待写入数据

起始地址 : I0.0

长度 : 1   Byte

GET_SFB [SFB14]

属性 | 信息 | 诊断

常规 | 组态

连接参数 ✓
块参数

启动请求 (REQ)：

启动请求以建立具有指定ID的连接

REQ : "Clock_1Hz"

输入/输出

读取区域 (ADDR_1)

指定待读取伙伴 CPU 中的区域

起始地址 : i0.0

长度 : 1   Byte

存储区域 (RD_1)

指定本地CPU地址区用于接收读取数据

起始地址 : %Q0.0

长度 : 1   Byte

图 10-27 配置块参数

程序段 1 : ___

注释

%DB7
"GET_DB"
GET
Remote - Variant

EN   ENO
            NDR ─ false
%M0.5   ERROR ─ false
"Clock_1Hz" ─ REQ   STATUS ─ 16#0
W#16#100 ─ ID
P#I0.0 BYTE 1 ─ ADDR_1
P#Q0.0 BYTE 1 ─ RD_1

%DB8
"PUT_DB"
PUT
Remote - Variant

EN   ENO
            DONE ─ false
%M0.5   ERROR ─ false
"Clock_1Hz" ─ REQ   STATUS ─ 16#0
W#16#100 ─ ID
P#Q0.0 BYTE 1 ─ ADDR_1
P#I0.0 BYTE 1 ─ SD_1

图 10-28 客户端的程序

劳模精神是指"爱岗敬业、争创一流、艰苦奋斗、勇于创新、淡泊名利、甘于奉献"的劳动模范的精神。首先，劳模精神是钻研精神，只有干一行、爱一行、钻一行，发扬顽强拼搏和追求卓越的精神，才能出类拔萃，才能"淬炼"成劳模；其次，劳模精神是奉献精神，立足岗位持续不断地奉献时间、精力和聪明才智，不计较个人得失，不在乎一时一地的得失，在奉献中成就劳模，奉献精神是劳模精神的内核。

耿家盛——坚守一颗匠心，传承一种精神

耿家盛是云南冶金力神重工有限公司拉丝成套设备制造分公司车工。1982年毕业于昆明机床厂技校产品表面处理（油漆）专业，分配在昆明铣床厂从事产品油漆工作。1984年11月，调入昆明重工，重新学习车工技术，从事车工工作并兼做油漆、铣床、镗床、钻床等工作。耿家盛同志在良好的家风熏陶下，本着"踏实做人，认真做事"的信念，对所担负的各项工作勤于思考，勇于钻研技术，善于实践，坚持不懈地把自己锻炼成为工作勤奋、技术过硬、思想上进的现代工人。多年来，他几乎每年都有一两样小改小革，技术创新，为工厂提高生产效率、降低生产成本做出重大贡献。耿家盛多次参加公司和省、市技协举办的岗位技术比赛，其中在1990年"全国青工技术大赛云南省选拔赛"中获得车工第2名，在2001年"大西洋杯昆明职工技术技能比赛"中获得鼓励奖，在2003年"全国职工职业技能大赛"昆明地区选拔赛中获车工"优秀技术技能选手"称号，在云南省职工技术技能大赛中获得车工第2名，被授予"车工技术能手"称号，并代表云南省参加"全国职工职业技能大赛"决赛，获得车工第14名。

耿家盛在2004年4月被全国总工会授予"全国五一劳动奖章"，在2004年12月被劳动和社会保障部授予"全国技术能手"荣誉称号，在2005年4月被国务院和云南省人民政府分别授予"全国劳动模范"和省级"劳动模范"荣誉称号，在2006年2月20日被云南省人民政府授予"兴滇技能人才荣誉"称号，在2006年7月4日被云南省委、云南省人民政府授予首届"兴滇人才奖"并给予30万元人民币的奖励。

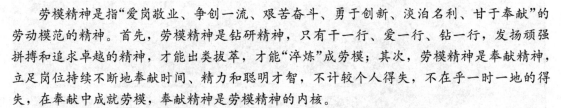

技能提升　全国技能大赛试题解析

全国职业技能大赛（现代电气控制系统安装与调试）真题见附录，现节选真题M5电动机部分进行解析。

一、机床电气控制系统由以下电气控制回路组成

(1)主轴电动机M1控制回路（M1为三相异步电动机，由变频器实现模拟量控制，加减速时间分别为0.2 s、0.8 s）。

(2)冷却电动机M2控制回路（M2为双速电动机，需要考虑过载、联锁保护，低速时热

继电器整定电流为 0.3 A，高速时热继电器整定电流为 0.35A）。

（3）换刀电动机 M3 控制回路（M3 为三相异步电动机，可实现正反转运行）。

（4）*Y* 轴进给电动机 M4 控制回路（M4 为步进电动机，每转需要 2 000 脉冲）。

（5）*X* 轴进给电动机 M5 控制回路（M5 为伺服电动机，连接滚珠丝杠副系统。伺服电动机参数设置如下：伺服电动机每旋转一周需要 4 000 脉冲）。

（6）电动机旋转以“顺时针旋转为正向，逆时针旋转为反向”为准。

二、*X* 轴进给电动机 M5 调试过程

SA1 可实现 *X* 轴进给电动机 M5 的手动、自动调试（竖向挡位为手动调试，横向挡位为自动调试）。

手动调试：在触摸屏中，可以单击向左、向右按钮点动运行，SA2 可以切换点动的速度，竖向挡位时以 8 mm/s 的速度点动运行，横向挡位时以 4 mm/s 的速度点动运行（已知滑台丝杠的螺距为 4 mm），点动过程中可切换 SA2 改变当前点动速度。

三、程序编写

程序变量如图 10-29 所示。

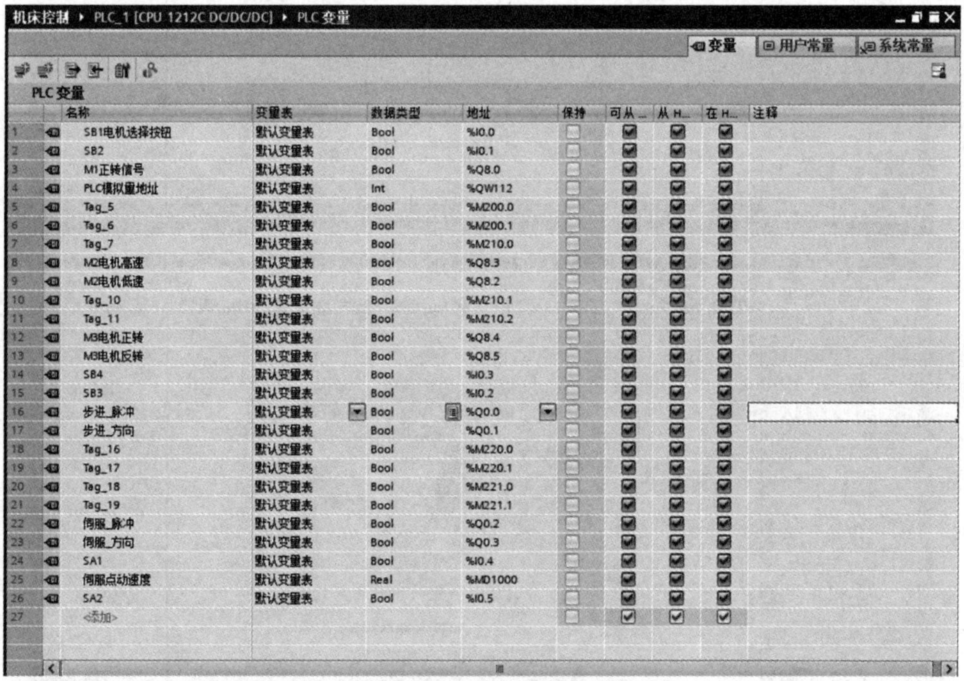
机床控制 ▸ PLC_1 [CPU 1212C DC/DC/DC] ▸ PLC 变量

变量 | 用户常量 | 系统常量

PLC 变量

	名称	变量表	数据类型	地址	保持	可从...	从 H...	在 H...	注释
1	SB1电机选择按钮	默认变量表	Bool	%I0.0	☐	☑	☑	☑	
2	SB2	默认变量表	Bool	%I0.1	☐	☑	☑	☑	
3	M1正转信号	默认变量表	Bool	%Q8.0	☐	☑	☑	☑	
4	PLC模拟量地址	默认变量表	Int	%QW112	☐	☑	☑	☑	
5	Tag_5	默认变量表	Bool	%M200.0	☐	☑	☑	☑	
6	Tag_6	默认变量表	Bool	%M200.1	☐	☑	☑	☑	
7	Tag_7	默认变量表	Bool	%M210.0	☐	☑	☑	☑	
8	M2电机高速	默认变量表	Bool	%Q8.3	☐	☑	☑	☑	
9	M2电机低速	默认变量表	Bool	%Q8.2	☐	☑	☑	☑	
10	Tag_10	默认变量表	Bool	%M210.1	☐	☑	☑	☑	
11	Tag_11	默认变量表	Bool	%M210.2	☐	☑	☑	☑	
12	M3电机正转	默认变量表	Bool	%Q8.4	☐	☑	☑	☑	
13	M3电机反转	默认变量表	Bool	%Q8.5	☐	☑	☑	☑	
14	SB4	默认变量表	Bool	%I0.3	☐	☑	☑	☑	
15	SB3	默认变量表	Bool	%I0.2	☐	☑	☑	☑	
16	步进_脉冲	默认变量表	Bool	%Q0.0	☐	☑	☑	☑	
17	步进_方向	默认变量表	Bool	%Q0.1	☐	☑	☑	☑	
18	Tag_16	默认变量表	Bool	%M220.0	☐	☑	☑	☑	
19	Tag_17	默认变量表	Bool	%M220.1	☐	☑	☑	☑	
20	Tag_18	默认变量表	Bool	%M221.0	☐	☑	☑	☑	
21	Tag_19	默认变量表	Bool	%M221.1	☐	☑	☑	☑	
22	伺服_脉冲	默认变量表	Bool	%Q0.2	☐	☑	☑	☑	
23	伺服_方向	默认变量表	Bool	%Q0.3	☐	☑	☑	☑	
24	SA1	默认变量表	Bool	%I0.4	☐	☑	☑	☑	
25	伺服点动速度	默认变量表	Real	%MD1000	☐	☑	☑	☑	
26	SA2	默认变量表	Bool	%I0.5	☐	☑	☑	☑	
27	<添加>				☐	☑	☑	☑	

图 10-29　程序变量

程序编写：本部分为 M5 电动机子程序（手动调试），由于本书没有涉及触摸屏部分知识，所以部分操作功能由按钮代替。

M5 电动机运动轴参数设置如图 10-30 所示。

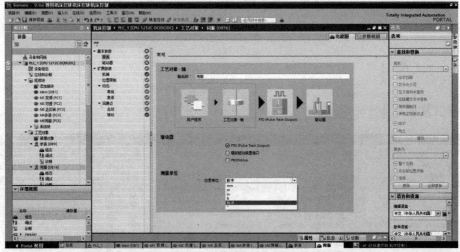

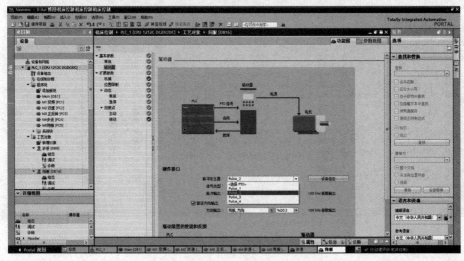

图 10-30　M5 电动机运动轴参数设置

程序段 1：使能轴给予工艺对象使能。

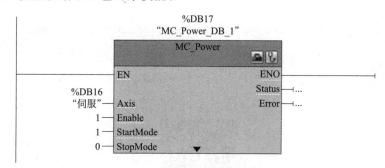

程序段 2：以点动模式运行工艺对象，EN 启动信号 SA1。

Axis：选择电动机所要控制的工艺对象。

JogForward：点动正向运行。

JogBackward：点动反向运行。

Velocity：点动运行的速度。

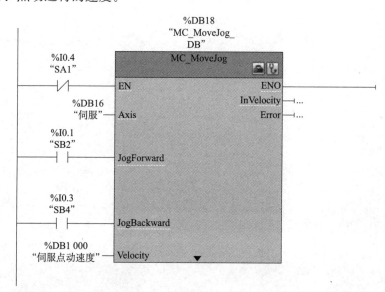

程序段 3：通过旋转置位开关 SA2 对 MD1000 赋予不同的值，即通过 SA2 切换点动运行速度。

附　录

参 考 文 献

［1］廖常初．S7-1200 PLC 编程及应用［M］．2 版．北京：机械工业出版社，2010．

［2］何琼．可编程控制器技术［M］．北京：高等教育出版社，2014．

［3］廖常初．西门子人机界面（触摸屏）组态与应用技术［M］．3 版．北京：机械工业出版社，2018．

［4］王仁祥，王小曼．S7-1200 编程方法与工程应用［M］．北京：中国电力出版社，2011．

［5］朱文杰．S7-1200 PLC 编程设计与案例分析［M］．北京：机械工业出版社，2011．

［6］向晓汉．西门子 S7-300/400 PLC 完全精通教程［M］．北京：化学工业出版社，2015．

［7］崔坚．SIMATIC S7-1500 PLC 与 TIA 博途软件使用指南［M］．2 版．北京：机械工业出版社，2020．

［8］刘长清．S7-1500 PLC 项目设计与实践［M］．北京：机械工业出版社，2016．

［9］向晓汉．西门子 S7-1500 PLC 完全精通教程［M］．北京：化学工业出版社，2018．

［10］陈贵银，祝福．西门子 S7-1200 PLC 编程技术与应用工作手册式教程［M］．北京：电子工业出版社，2021．